图像处理中的数学模型与方法

杨文莉　黄忠亿　孔旺　著

中国矿业大学出版社
· 徐州 ·

内 容 提 要

数字图像处理，是将图像信息转换成数字信号，并利用计算机进行处理的过程，在众多科学与工程等领域中有着广泛的应用.本书主要阐述图像处理中涉及的数学模型和数学方法，包括正则化技术、偏微分方程数值算法、优化算法、机器学习方法等；主要介绍这些数学模型与方法在图像去噪去模糊、图像分割、图像超分辨率重建、图像融合、图像修复等图像处理反问题中的应用.

本书可以作为图像处理、计算数学等相关专业本科生和研究生的专业阅读资料，也可供图像处理应用领域的工程师等专业技术人员参考学习.

图书在版编目(CIP)数据

图像处理中的数学模型与方法 / 杨文莉，黄忠亿，孔旺著. — 徐州 ：中国矿业大学出版社，2025. 2.
ISBN 978 - 7 - 5646 - 6655 - 2
Ⅰ. TN911.73
中国国家版本馆 CIP 数据核字第 2025SG5829 号

书　　名　图像处理中的数学模型与方法
Tuxiang Chuli zhong de Shuxue Moxing yu Fangfa
著　　者　杨文莉　黄忠亿　孔　旺
责任编辑　张　岩
出版发行　中国矿业大学出版社有限责任公司
（江苏省徐州市解放南路　邮编 221008）
营销热线　(0516)83885370　83884103
出版服务　(0516)83995789　83884920
网　　址　http://www.cumtp.com　**E-mail**:cumtpvip@cumtp.com
印　　刷　徐州中矿大印发科技有限公司
开　　本　787 mm×1092 mm　1/16　**印张** 11.5　**字数** 225 千字
版次印次　2025 年 2 月第 1 版　2025 年 2 月第 1 次印刷
定　　价　48.00 元
（图书出现印装质量问题，本社负责调换）

前　言

图像处理是利用计算机对图像信息进行分析，以达到我们所需目标的过程，它在多个行业中扮演着重要的角色，从医学诊断到电影制作，从安全监控到机器人技术，无所不在.常见的图像处理方式有图像编码、图像复原、图像增强、图像压缩、图像分割和图像融合等.本书旨在向读者介绍图像处理中的一些数学模型和方法，帮助读者理解图像处理背后的原理和技术，并掌握相关的数学工具和算法.

在本书中，我们将深入探讨图像处理中的各种数学模型和方法，包括正则化技术、量身定做有限点方法、优化方法和机器学习方法等，以及它们在图像去噪去模糊、图像修复、图像分割、图像融合和图像超分辨重建等方面的应用.我们将从基础概念开始，逐步引导读者探索复杂的数学技术，同时结合实际案例和应用场景进行剖析，帮助读者将理论知识与实践技能相结合，更好地应用于实际工程和研究中.

具体地，本书主要包括以下一些研究内容.

(1) 正则化方法.正则化方法可以有效求解反问题领域中的不适定问题.图像处理中的正则化技术的基本思想是用图像的先验知识即正则项作为优化原则对图像处理反问题进行建模.本书介绍了正则化技术的概念、图像处理中的正则化技术和基于正则化技术的一些图像处理模型，包括图像去噪去模糊的正则化模型、图像修复的正则化模型、图像分割的正则化模型、红外与可见光图像融合的正则化模型和图像超分辨率重建的正则化模型.

(2) 奇异摄动问题.奇异摄动问题对应方程的解会产生边界层和内层，解本身或者其空间/时间导数在这些边界层/内层区域变化很快，且数值解法如果处理不当会使得数值解产生伪振荡.

(3) 量身定做有限点方法.量身定做有限点方法可以有效求解奇异摄动问

题，通过选取问题局部结构的特殊基函数构造数值格式，因此不需要很密的网格剖分就可以在边界层/内层区域得到高精度近似解.我们展示了使用量身定做有限点方法求解图像分割模型、图像超分辨重建模型和图像融合模型的数值结果.

(4) 图像处理反问题.图像处理反问题可以看作最小化能量泛函的优化问题，因此可以将增广拉格朗日方法、交替方向乘子方法、惯性近端交替方向乘子方法、分裂布雷格曼方法等优化算法用于图像处理优化问题的数值求解中.我们具体展示了使用增广拉格朗日方法/交替方向乘子方法求解莱斯去噪和去模糊的优化问题的过程.

(5) 机器学习方法.机器学习是利用数据来推导出模型，从而实现对数据的理解、分类、预测或决策.我们主要介绍了基于稀疏表示的图像去噪算法.

本书是在作者近年来科研工作的基础上完成的.特别感谢美国阿拉巴马大学的朱炜教授在科研过程中给予的悉心指导和帮助.我们也要感谢中国矿业大学出版社的帮助，感谢国家自然科学基金项目(No.12001529、No.12025104、No.12201299、No.11871298、No.81930119)、中国工业与应用数学学会项目(No.2025410001)、江苏省自然科学基金项目(No.BK20220870)和中国矿业大学科研项目(No.2024ZDPYCH1004、No.2024KYJD2007)的资助.同时向所有参考文献的作者表示感谢.

限于作者水平有限，本书难免会有错误和不完善之处，敬请专家、读者批评指正，我们将不胜感激.

著　者

2024 年 3 月

目　录

第 1 章 绪论

图像处理包括模拟图像 (比如光学成像) 和数字图像处理.数字图像处理是指使用计算机将图像信号转换成数字信号，并进行分析的过程，如图像编码、图像复原、图像增强、图像压缩、图像分割、图像超分辨率重建、图像融合等.它在计算机视觉、医学影像、安防监控、工业检测和数字媒体等领域有着广泛的应用.随着计算机技术和人工智能的发展，图像处理技术在实际应用中发挥着越来越重要的作用，为人类带来了许多便利和创新.

1.1 图像处理反问题

现实中的图像在传输、生成、采集的过程中常常受到成像设备与外部环境等因素的干扰，使得图像质量下降，典型表现为图像模糊、含有噪声、信息丢失和图像分辨率低等.减少图像中噪声和模糊、修复丢失信息、提升图像分辨率的过程就是图像去噪、去模糊、图像修复和图像超分辨率重建.这些也是我们在图像复原中主要关心的问题，它的实质是图像退化过程的逆过程，根据得到的降质图像信息对含有噪声、模糊、信息丢失和低分辨率的图像进行处理以恢复原来的图像，最终所得图像是原始图像在某种意义下的最优近似.

1.1.1 图像去噪、去模糊

1.1.1.1 问题背景

图像中的噪声主要来源于图像获取和传输的过程，在图像获取时，成像传感器会受到元件质量和周边环境因素等的影响.比如，用CCD摄像机获取图像时，光照水平和传感器的温度会影响所拍摄图像的噪声分布.图像在传输的过程中，也会因图像传输信道干扰而受到污染.比如，使用无线网络传输的图像会受到光照和其他大气扰动的污染.常见的噪声类型包括高斯噪声、泊松噪声、瑞利噪声、脉冲噪声(椒盐噪声)、伽马噪声、莱斯噪声等.

由于在磁共振成像的过程中傅里叶逆变换中含有一非线性算子将初始的高斯噪声转变成了莱斯噪声，因此磁共振图像含有的噪声是莱斯分布的.莱斯噪声是一种信号噪声，但不同于高斯噪声、泊松噪声、拉普拉斯噪声等.当图像信噪比较高时，莱斯噪声分布趋于高斯分布，当信噪比约为0时，莱斯噪声分布趋于瑞利分布，但在低信噪比的情况下，莱斯噪声分布既不趋于高斯分布也不趋于瑞利分布，如图1.1所示.

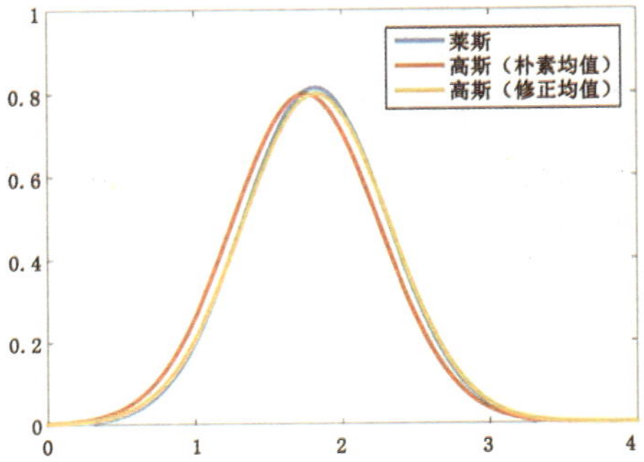

(a) 高信噪比

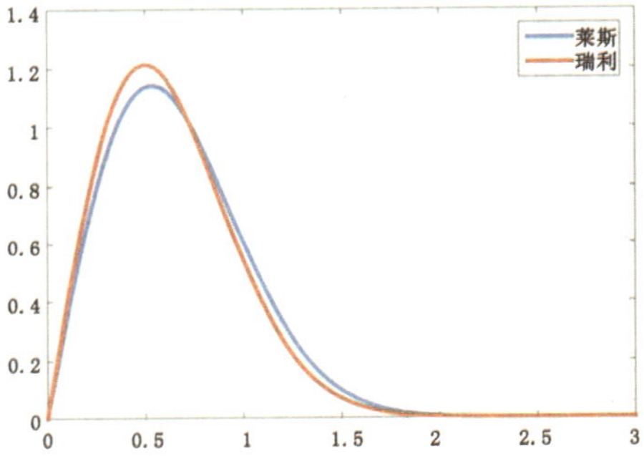

(b) 低信噪比

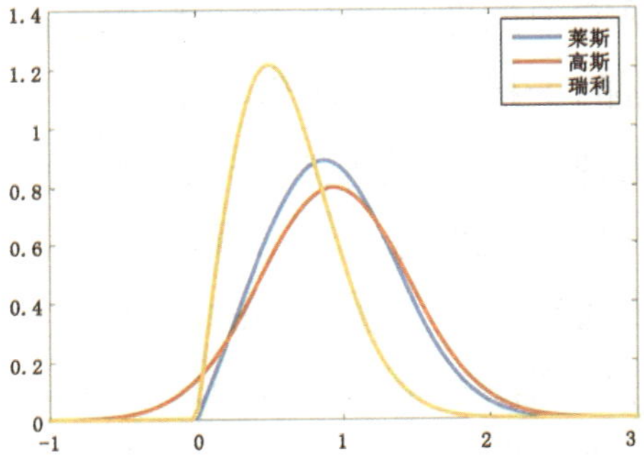

(c) 中信噪比

图 1.1　莱斯噪声分布

针对不同的噪声有不同的可行处理算法.加性噪声，其信号是固定的，噪声部分不随信号变化，但是乘性噪声往往由不理想的信道引起，与信号是相乘的关系，因此难以消除.为消除信号中的乘性噪声，通过对原始信号进行同态变换——对数变换，将乘性噪声转变为加性噪声，去除噪声与信号的相倚性；并运用小波分析方法进一步对变换后的信号进行去噪处理；最后，联合指数逆变换获得提取的真实信号，以达到消除原始信号中乘性噪声的目的.目前现有的一些去噪方法均是在加性噪声（且默认为高斯白噪声）的基础上进行的.加性噪声的消除方法有很多，如自适应滤波、经验模态分解方法等.自适应滤波是在维纳滤波、卡曼滤波等线性滤波基础上发展起来的一种最佳滤波方法；经验模态分解方法是为了精确描述频率随时间的变化而提出的一种自适应的、直观的瞬时频率分析方法.小波变换是众多去噪方法中具有代表性的一种，信噪分离和弱信号提取是小波在信号分析中应用的重要方面.利用小波或小波包分解，可以将信号分解成不同的频段，从而实现信噪分离.

造成图像模糊退化的原因很多，比如拍摄时，成像设备与场景之间的相对运动产生的运动模糊；射线辐射、大气湍流等造成的图像畸变或降质；镜头对焦不准确产生的散焦模糊；传感器、底片感光和摄像扫描的非线性或者遥感仪器的不稳定性产生的图像几何失真.由于引起图像模糊退化的因素很多，性质各不相同，描述图像模糊退化过程所建立的数学模型也各不相同，因此要根据不同的处理环境，采用不同的图像去模糊方法和估计准则.图像模糊退化导致图像中成像系统每个点呈现出若干个点的混合叠加效果，一般用点扩散函数表征成像过程中的点扩散性质，也称之为模糊核或者模糊函数.若成像系统的模糊核已知，则图像复原为常规反卷积问题，比如，在生物科学方面，通过复原荧光显微镜所采集的细胞内部逐层切片图，来重现生物活体细胞内部组织的三维构成；在医学影像方面，对肿瘤周围组织进行显微观察，获取肿瘤安全切缘与癌肿原发部位之间关系的定量数据.如若成像系统中的模糊核未知，则图像复原为盲反卷积问题，如在天文观测方面，采用迭代盲反卷积进行气动光学效应图像复原等.

1.1.1.2 研究动态

降质图像是由成像系统的模糊加上系统噪声而形成的，过程如图 1.2所示.图像去噪、去模糊显然是一个信号的求逆问题，一般要比求解正问题困难很多.这是由于反问题往往是病态的、不适定的，具体表现为解不连续地依赖于初始值(观测图像)，也就是说即便降质图像的退化机制是已知的，观测图像中的轻微噪声和模糊都会导致解的很大波动.为了得到反问题的稳定解，经常需要一些额外的先验知识以及解的一些约束条件.常见的图像去噪去模糊的方法主要有逆滤波方法、滤波方法和正则化方法等.

1. 逆滤波复原

逆滤波是最早使用的一种无约束复原方法，根据模糊核和降质图像，在一定的误差准则下得到原始图像的估计，已被成功应用于航天器传来的降质图

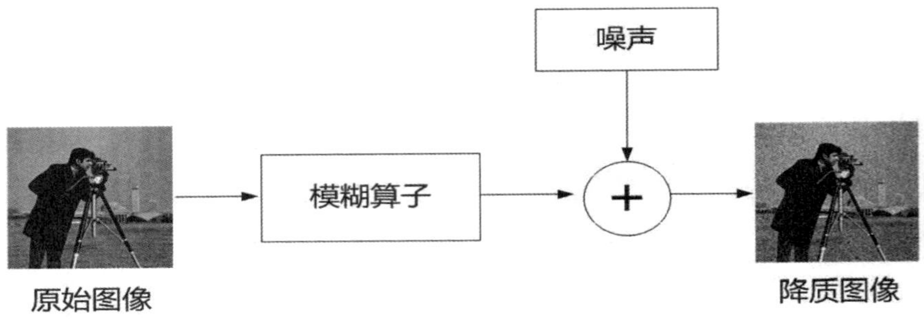

图 1.2　降质图像产生的过程

像.假设输入图像$f(x,y)$经过模糊核$h(x,y)$和噪声$n(x,y)$的污染后，产生退化图像$g(x,y)$，即

$$g(x,y)=f(x,y)*h(x,y)+n(x,y). \tag{1-1}$$

对上述方程取傅里叶变换，则其在频率域上可以写成

$$G(u,v)=F(u,v)H(u,v)+N(u,v). \tag{1-2}$$

逆滤波复原采用退化图像的傅里叶变换除以退化传递函数$H(u,v)$，求得输入图像傅里叶变换的最佳估计值$\hat{F}(u,v)$:

$$\hat{F}(u,v)=\frac{G(u,v)}{H(u,v)}=F(u,v)+\frac{N(u,v)}{H(u,v)}. \tag{1-3}$$

可见，逆滤波方法只适用于信噪比高，且退化传递函数$H(u,v)$不存在病态性质的图像去噪去模糊问题.

2. 滤波复原

滤波复原除了需要事先知道退化模糊算子，还需要将原始图像和噪声的特性作为先验知识.

(1)维纳滤波

维纳滤波是基于平稳随机过程的模型，将图像和噪声均视为平稳随机过程.在模糊算子、未退化图像和噪声的功率谱都已知的前提下，维纳滤波求得的输入图像傅里叶变换的最佳估计值为

$$\hat{F}(u,v)=[\frac{1}{H(u,v)}\frac{|H(u,v)|^2}{|H(u,v)|^2+|N(u,v)|^2/|F(u,v)|^2}]G(u,v). \tag{1-4}$$

若满足平稳随机过程和线性系统两个条件，则维纳滤波将会取得较为满意的复原效果.

(2)约束最小平方滤波

约束最小平方滤波仅要求噪声的均值和方差已知，其核心思想是约束平滑度来降低模糊算子对噪声的敏感.约束最小平方滤波求得的输入图像傅里叶变换的最佳估计值为

$$\hat{F}(u,v)=[\frac{H^*(u,v)}{|H(u,v)|^2+\gamma P(u,v)}]G(u,v), \tag{1-5}$$

其中γ的取值可控制对估计图像所加光滑性约束的程度，$H^*(u,v)$为$H(u,v)$ 的共轭矩阵，且$|H(u,v)|^2=H^*(u,v)H(u,v)$， $P(u,v)$为拉普拉斯核的傅里叶变换.

(3)几何均值滤波

几何均值滤波是维纳滤波的推广，其求得的输入图像傅里叶变换的最佳估计值为

$$\hat{F}(u,v)=[\frac{H^*(u,v)}{|H(u,v)|^2}]^\alpha[\frac{H^*(u,v)}{|H(u,v)|^2+\beta|N(u,v)|^2/|F(u,v)|^2}]^{1-\alpha}G(u,v), \tag{1-6}$$

其中α和β是非负的实常数.

(4)空域去噪滤波

对于只含有噪声的图像复原，可以采用空域滤波方法.常见的空域滤波主要有均值滤波、统计排序滤波和自适应滤波.算术平均滤波是最简单的均值滤波，它在降低图像噪声的同时会模糊图像；几何均值滤波实现的平滑效果类似于算术均值滤波，但损失的图像细节更少；谐波平均滤波主要用于处理盐粒噪声和高斯噪声；反谐波平均滤波适用于消除或者降低椒盐噪声.统计排序滤波的响应主要是基于滤波器周围邻域中的像素值的顺序.中值滤波是最著名的统计排序滤波，它能有效降低随机噪声，尤其是冲激噪声，且模糊度很小；最大最小值滤波适用于椒盐噪声；中点滤波适用于高斯噪声和均匀噪声.自适应滤波要优于前面所讨论的滤波，其考虑了图像不同点的特征变化.自适应局部降噪滤波类似于算术平均滤波和几何均值滤波，但其复原的图像更清晰；自适应中值滤波能够处理更大概率的噪声，且能够在保留图像细节的同时平滑非冲激噪声.

3. 图像去噪去模糊的正则化方法

正则化方法就是将图像的一些先验知识或者解的一些约束条件融入图像反问题的求解过程中，以抑制噪声，并获得具有一定平滑性的解.

(1)基于小波变换的正则化方法

通常，基于小波变换的正则化方法采用的最小化函数有三种形式，分别称为基于分析的方法、基于合成的方法和均衡正则化方法[1].其中均衡正则化方法的最小化函数形式为

$$\min_{x} |x|_1 + \frac{\gamma}{2}\|(I - W^{\mathrm{T}}W)x\|_2^2 + \frac{\lambda}{2}\|KWx - f\|_2^2, \tag{1-7}$$

这里 $WW^{\mathrm{T}} = I$ 为标准的紧框架，Wx 表示图像的一个估计.经典小波对于图像处理的局限性，主要表现为它仅适用于低信噪比的图像，且无法最优逼近图像中的边缘信息，分解尺度难以选择.之后很多学者发展了小波理论的多尺度几何分析，包括脊波变换和曲波变换[2,3]等，这些方法能够更好地建模图像的细节和边缘特征.

(2)基于图像稀疏表示的正则化方法

基于图像稀疏表示的正则化方法是图像复原的重要技术途径，如果图像具有稀疏性，那么我们就可以通过某组过完备基或字典中的少数几个元素进行有效逼近.典型的图像稀疏表示过程如图 1.3 所示.

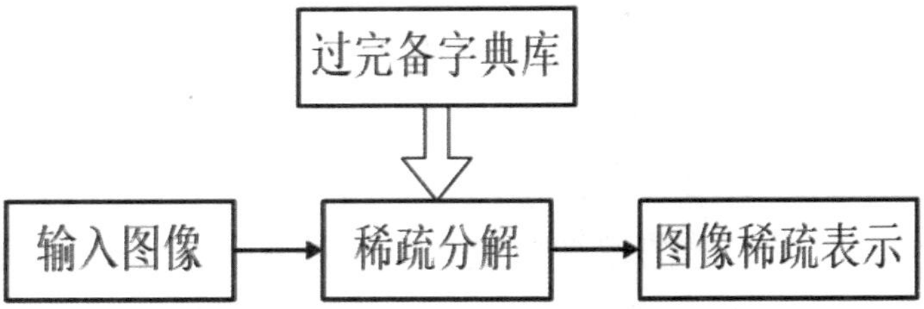

图 1.3　图像稀疏表示过程

根据过完备稀疏表示理论，基于图像稀疏表示的正则化方法的最小化目标函数的形式为

$$\min_{x} \|y - \phi x\|_2^2 + \lambda\|x\|_0, \tag{1-8}$$

其中，ϕ 是一个合适的过完备字典，y是待表示的目标信号，x是稀疏表示系数.其中较为典型的稀疏约束有：多尺度小波变换域的稀疏约束和全变分域的

稀疏约束.多尺度小波变换域通过一组过完备正交基对图像进行稀疏表示，在变换域中对图像进行稀疏约束，从而提高图像的复原质量.然而，变换域中对某些系数直接通过硬阈值或者软阈值方法加以收缩，会导致空域中的振铃效应.全变分域的稀疏约束技术充分考虑到图像的梯度稀疏先验知识，并且能很好地应用于各类噪声的去除，因此基于全变分能量泛函的去噪技术是一种重要的图像去噪方法，并且适用于多种类型噪声的图像去噪问题.

(3)基于偏微分方程的正则化方法

基于偏微分方程的去噪方法，包括基于基本的迭代格式和基于变分法的思想两类.基于基本的迭代格式的方法，如Perona-Malik 过滤器(非线性滤波)[4]等非线性扩散过滤器[5]，能够平滑图像锐化边缘，但是容易得到病态问题，不稳定.基于变分法的思想[6]，以能量泛函的形式建立图像处理的模型，通过求解能量泛函的极小值达到平滑状态，如TV 模型等.近年来，由于偏微分方程的扩散各向异性和局部适应性，其在图像处理中有着越来越广泛的应用，并且吸引了越来越多学者的注意.对于图像去噪目前使用较为广泛和主流的模型是1992年L. I. Rudin, S. Osher 和E. Fatemi 提出的非线性全变分去噪模型(ROF 模型)[7]:

$$\min_u \int_\Omega |Du|\mathrm{d}x + \frac{\lambda}{2}\int_\Omega (f-u)^2\mathrm{d}x, \tag{1-9}$$

其中全变分项作为正则项.ROF 模型最显著的特征在于能够保持图像的边缘信息.这是首次在偏微分方程的去噪方法中将变分理论用于图像处理，由于含有噪声的图像的全变分往往大于原始图像的全变分，因此可以将图像去噪问题转化为求解能量泛函最小值的问题.ROF模型使用有界变差空间对图像进行建模，BV空间中的函数允许存在不连续的跳跃,使得边缘等信息的保持有了理论依据.从此全变分开始被广泛应用到不同的图像处理任务中.

为了去除磁共振成像中的莱斯噪声，很多莱斯去噪模型被提出[8–11].2011年Getreuer等提出了一种有效去除莱斯噪声的ROF 模型[9]:

$$\min_u \int_\Omega |Du|\mathrm{d}x + \lambda\int_\Omega [\frac{u^2}{2\sum^2} - \log I_0(\frac{fu}{\sum^2})]\mathrm{d}x, \tag{1-10}$$

其中$f = u + \eta$, f是降质图像，u是初始的干净图像，η是噪声，第一项称为正则项，第二项称为保真项，其中保真项根据贝叶斯定理和噪声的概率密度分布得到.贝叶斯定理的应用如下：

$$\max_u P(u|f) \Leftrightarrow \max_u P(u)P(f|u) \Leftrightarrow \min_u\{-\log P(u) - \log P(f|u)\}. \tag{1-11}$$

由于全变分的不可微性，给全变分模型的数值求解带来很多困难，首先，我们给出它的梯度流[12]形式：

$$\frac{\partial u}{\partial t} = \nabla \cdot (\frac{\nabla u}{|\nabla u|}) - \lambda(u - f). \tag{1-12}$$

正则项是控制模型扩散方向和扩散程度的项, 在图像的边缘处，$|\nabla u|$ 较大，扩散系数 $\frac{1}{|\nabla u|}$ 相应地就会偏小，说明在边缘处扩散较弱，可以有效地保护边缘；在图像平滑区域，扩散系数相对较大，扩散程度较强，有利于噪声去除.保真项通常用来衡量观测数据和真实数据之间的拟合程度，一般情况下，根据图像和噪声的先验知识来推导出合适的保真项，ROF模型中的保真项对应于高斯噪声的概率密度分布函数，Luminita模型中的保真项对应于莱斯噪声的概率密度分布函数.用于以上非线性扩散问题的传统差分格式具有以下特点：一是效率低，差分格式并不能很好地逼近原来的变分方程；二是稳定性条件决定了时间步长通常要很小，因此要达到足够高的精度需要迭代步数多，所需时间长.最近，有很多快速算法被引入，包括由Chan 等提出的初始对偶方法[13,14]，Chambolle's 方法[15]，由Osher 等[16]提出的分裂布雷格曼方法和由Wu 等[17]提出的增广拉格朗日方法. 当采用分裂布雷格曼方法或增广拉格朗日方法时，会产生带有小参数的抛物方程或椭圆型方程(奇异摄动问题)的子问题，通常使用一般的差分格式或谱方法进行求解.例如，为了求解线性椭圆型方程，五点格式被广泛用于离散拉普拉斯算子.在某种意义上，五点格式相当于用多项式逼近方程的解，不利于保持图像边缘信息.在本书中，我们提出一种新的数值格式，即量身定做有限点方法(tailored finite point method, TFPM)[18]，得到莱斯去噪模型[9] 更准确的解，这将有助于提高恢复图像的质量.

在众多科学与工程领域的数学物理问题中，经常面临求解一些带小参数的偏微分方程初边值问题.我们通常将这类问题称为奇异摄动问题，小参数为奇异摄动参数，一般出现在最高阶导数项前.奇异摄动问题的退化问题通常会导致偏微分方程降阶或方程类型改变，从而使得原来的定解条件不再适定，其解一般含有边界层、内层或初始层，解本身或其导数在此区域内变化剧烈，导致这类问题的理论分析和数值求解都很棘手.为了得到稳定高效的数值算法，很多学者都尽可能地利用解的渐近展开形式和方程的特点来设计数值格式.量身定做有限点方法最初由Han, Huang 和 Kellogg提出，来求解奇异摄动问题[19].求解边界层/内层问题时，传统的数值方法需要很细的网格剖分以达到一个令人满意的结果.同时，使用经典数值方法求解时，如果网格还没有细密到可以捕捉这些边界层/内层，往往会导致数值解的伪振荡.量身定做有限点方法能够有效求解奇异摄动问题[20,21]和非平衡辐射扩散方程[22].量身定做有限点方法的基本思想是，选取局部近似(退化)偏微分方程的解作为基函数来近似原问题的解.因此，在合理的计算代价下，量身定做有限点方法能够获得比传统方法更高的精度.

基于全变分复原的图像存在较为严重的阶梯效应，因此全变分方法出现许多变种.例如，将差分算子加以推广，将横竖两方向的差分算子推广为多方向差分算子，或将差分算子推广为分数阶差分算子；针对稀疏收缩算子加以改进，例如将基于L_1范数的全变分推广为基于L_p伪范数的全变分，提高对图像梯度稀疏性的刻画能力；将一阶差分梯度推广为高阶差分梯度，如广义全变分正则化；将像素级别的梯度信息推广为交叠组合梯度信息，采用交叠组稀疏全变分技术提高图像平滑区域与边缘区域之间的差异性，并有效抑制全变分的阶梯效应.

1.1.2　图像分割

1.1.2.1　问题背景

在对图像的研究和应用中，人们往往对图像中特定的、具有独特性质的区域感兴趣.这些区域通常被称为目标或前景.图像分割是把图像分割成具有不同特性的区域，并提取出感兴趣对象的过程.从20世纪70 年代起图像分割问题就吸引了众多研究人员的兴趣，是图像处理中的一个经典难题.在图像分割领域学者们已经提出了上百种分割方法，但每种方法都局限于特定的分割对象，到目前为止还不存在一个通用的方法.比如，局部体效应或者病变组织等影响导致的CT 医学图像中待检测的目标物体灰度不均匀和边界模糊；水下图像和超声图像中的信噪比低等对分割技术的精度和抗噪性有较高的要求.图像分割是从图像处理到图像分析的关键步骤，比如对特定目标的提取或者对某些参数的测量，需要在图像分割的基础上进行.

图像分割是将整个图像区域分割成若干个互不相交的非空子区域的过程，每个子区域内部连通，且同一区域内部具有相同或相似的灰度、颜色、纹理等特性.对于灰度图像，区域内部的像素通常具有灰度相似性，而在区域边界处具有灰度不连续性.图像分割的数学描述是：

设整个图像区域为Ω，区域上相似性测量的逻辑准则为$f(\cdot)$，对整个图像区域Ω 的分割就是把Ω分成满足如下条件的非空子区域$\Omega_1, \Omega_2, \cdots, \Omega_m$：

- $\bigcup_{i=1}^{m} \Omega_i = \Omega$,
- 对于所有的i和j，$i \neq j$, 有$\Omega_i \bigcap \Omega_j = \varnothing$,
- 对于$i = 1, 2, \cdots, m$,有$f(\Omega_i)$ =TRUE,
- 对于$i \neq j$, 有$f(\Omega_i \bigcup \Omega_j)$ =FALSE,
- 对于$i = 1, 2, \cdots, m$, Ω_i 是连通的区域.

根据上述通用的图像分割的定义，分割出的各个区域需同时满足均匀性 (指该区域的所有像素点均满足一些特征如灰度、纹理、彩色等的某种相似性) 和连通性 (指存在连接该区域内任意两个点的某条路径全部在该区域内) 的条件.

典型的图像分割方法有：基于区域的MS模型等二阶模型，主要利用区域内灰度的相似性；基于曲线进化的演变活动轮廓模型、Snake主动模型、测地线活动轮廓模型等，主要利用区域间灰度的不连续性；基于区域和边界技术相结合的方法.根据使用的知识特点与层次，图像分割方法包括：数据驱动分割，利用先验知识直接对图像进行处理；模型驱动分割，需要建立在先验知识的基础上.根据分割过程处理策略不同，图像分割方法包括：并行算法，分割过程中的判断和决定可独立同时进行；串行算法，分割过程的后续处理需要前期结果.由于不同类型的图像在分割中的难点不同，因此图像分割作为前沿学科充满了挑战，引起了众多学者的关注，尤其是最近几年，越来越多的交叉学科的研究人员将一些新的理论和方法应用于图像分割.

1.1.2.2 研究动态

图像分割是图像处理中的一个基本难题.它在医学成像、物体检测、视频监控等方面具有广泛的应用.在过去的30年中，学者们已经提出了许多不同的方法来解决这个问题.这些方法包括基于区域的、基于边界的和基于特定理论的.其中基于区域的方法有阈值法、区域生长法、分水岭分割法等；基于边界的方法如基于曲面拟合、边界曲线拟合、反应扩散方程、多尺度方法等；还有基于特定理论的方法，有基于模糊理论[23]的方法、基于支持向量机的方法、基于小波变换的方法等.

传统的图像分割方法包括基于区域的分割方法、基于边界的分割方法和基于区域和边界技术相结合的分割方法.

1. 基于区域的分割方法

基于区域的分割方法是以直接寻找区域为基础的分割技术，基本思想是根据图像数据特征将图像空间划分为不同的区域.也就是根据图像灰度、纹理、颜色和图像像素统计的均匀性等图像的空间局部特征，把图像中的像素划归到各个物体或区域中，进而将图像分割成若干个不同区域的一种分割方法.基于区域的分割方法主要有阈值法、区域生长法、分裂合并法、聚类分割法和分水岭分割法等.

(1)阈值法

阈值法的基本原理：通过设置不同的特征阈值，将像素点分为若干类.阈值法是一种最常用的并行区域技术，其中阈值是用于区分不同目标的灰度值.如果图像中只有目标和背景两大类，那么只需要选取一个阈值将目标和背景分开，称为单阈值分割；如果图像中有多个目标，就需要选取多个阈值将各个目标分开，称为多阈值分割.阈值法分割的结果依赖于阈值的选取，因此阈值的设定是阈值法的关键.可以简单地将阈值法分为全局阈值法、局部阈值法和模糊阈值法.常用的全局阈值法选取有利用图像灰度直方图的峰谷法、最小误差法、最大类间方差法、最大熵自动阈值法及其他方法.阈值分割的优点是计算简单，运算效率高，速度快，对于灰度相差很大的不同目标和背景能够进行有效的分割；当图像灰度差异不明显或者是不同目标的灰度值范围有重叠时，应采用局部阈值法或者模糊阈值法，但效果也不是很明显.缺点是阈值法只考虑了图像像素的灰度值而没有考虑空间信息，因而对噪声敏感，对从事图像分割人员的先验知识依赖过强.在阈值的设置上还没有很好的解决方法，将遗传算法用在阈值的筛选上，选取能最优分割图像的阈值，这可能是基于阈值分割的图像分割法的发展趋势(已有很多成果)；在实际应用中，阈值法通常与其他方法结合使用，或许可以作为图像分割的第一次分割.

(2)区域生长法

区域生长法的基本原理：从若干种子点或种子区域出发，按照一定的生长准则，对邻域像素点进行判别并连接，直到完成所有像素点的连接.区域生长法是一种典型的串行区域分割方法，其特点是将处理过程分解为多个顺序步骤，其中后续步骤的处理要根据对前面步骤结果进行判断后确定.采用区域生长法的关键在于种子点的位置、生长准则和生长顺序等.其中种子点可以采用人工交互或者自动方法设定；生长准则往往和具体问题有关，直接影响最后形成的区域，如果选取不当，就会造成过分割和欠分割的现象.区域生长法的优点是计算简单，对于较均匀的连通目标有较好的分割效果.缺点是需要确定种子点，对噪声敏感，可能导致区域内部有空洞且分割结果与种子点的选择有很大关系；由于它是串行算法，当目标较大时，分割速度较慢，因此在设计算法时，要尽量提高算法的高效性；区域的一致性不易定义；对图像中不相邻而灰度值相同或相近的区域，不能一次分割出来，只能一次分割一个区域.区域生长法很容易产生图像过分割的现象，分水岭算法就是典型的例子.因此在实际应用中，也经常将区域生长法与其他方法相结合，特别是与分裂合并法和基于边界的分割方法相结合，以期获得更好的分割结果.另外，模糊连接度方法与区域生长法结合也是一个发展方向.

(3)分裂合并法

分裂合并法的基本原理：从整幅图像出发，逐步分裂合并得到各个区域.一种利用四叉树表达方法的分割方法如下：R 代表整个正方形图像区域，P代表检验准则.

- 对任意区域R_i，若$P(R_i)$ =FALSE，就将其分裂为不重叠的四等份.
- 对相邻的两个区域R_i, R_j,若$P(R_i \cap R_j)$ =TRUE，就将它们合并.
- 若进一步分裂和合并都不可能了，则结束.

分裂合并法的关键是分裂合并准则的设计.分裂合并法的优点是对复杂图像的分割或者是对自然景物等先验知识不足的图像分割效果较好，缺点是算法较复杂，计算量大，分裂还可能破坏区域的边界.

(4)聚类分割法

(特征空间)聚类分割法的基本原理：将图像空间中的像素用对应特征空间点表示，根据它们在特征空间的聚类对特征空间进行分割，然后将它们映射回原图像空间，得到分割结果.

聚类总体上可包括硬聚类、概率聚类、模糊聚类等方法.目前聚类方法中常用的有模糊C-均值算法(FCM)、K均值算法、EM和分层聚类.FCM算法是基于目标函数的非线性迭代最优化方法，基本思想是使目标函数或价值函数最小，利用初始化确定若干个初始聚类中心，通过多次迭代循环，不断调整和优化聚类中心，最终使类内方差最小，从而实现聚类.该算法是一种非监督模糊聚类后再标定的过程，适于分割有模糊性和不确定性特点的医学图像，如超声图像.其优点是可形成原始图像的细致的特征空间，不会产生偏移；无须人为干预，分割过程是完全自动的；对噪声敏感度较低. 缺点是该算法在应用到大数据量时，收敛速度慢，耗时多；易受初始值的影响，初始值的选取会影响算法的收敛速度，不当的初始值可能使算法陷入局部极小点，得到错误的结果；传统的FCM没有考虑空间信息，对噪声和灰度不均匀敏感.特别地，对单特征的医学图像，如磁共振，不便直接使用该方法进行分割，可在原图像基础上构造冗余特征图，新特征将充分考虑图像像素间特征相关性和空间连通性，再利用FCM 在二维特征空间进行分割；再比如利用FCM分割脑磁共振图像中的白质、灰质和脑脊液的组织结构，磁共振图像由于成像过程中许多因素的影响，几乎都存在不均匀的特点，为此出现了两类改进方法：第一种方法是对不均匀图像先校正再进行分割；第二种方法是分割的同时补偿偏移场效应(已取得成功).K 均值算法是先选K个初始类均值，然后将各个像素归入离它最近的类并计算新的类均值，迭代执行前面的步骤直到新旧类均值之差小于某一阈值.EM算法是把图像的每一个像素的灰度值看作几个概率分布(一般用高斯分布)按一定比例的混合，通过优化最大后验概率的目标函数来估计这几个概率分布的参数和它们之间的混合比例.分层聚类是通过一系列类别的连续合并和分裂完成，聚类过程可以通过利用一个类似树的结构来表示.

(5)分水岭分割法

分水岭分割方法，是一种基于拓扑理论的数学形态学的分割方法.目前较著名且使用较多的有两种算法：一种是自下而上地模拟泛洪的算法；另一种是自上而下地模拟降水的算法.这里介绍泛洪算法的思想：此地形中最低区域(种子区域)即盆地，当水从盆地不断地浸入其中，则该地形由谷底向上逐渐地被淹没；当两个集水盆地的水将要汇合时，可在汇合处建立堤坝，直到整个地形都被淹没，从而就得到了各个堤坝(分水岭)和一个个被堤坝分开的盆地(目标物体).分水岭算法的优点是：可以得到单一像素宽度的连续边界，能检测出图像中粘连物体的微弱边缘，能够准确定位边缘，运算简单，易并行化处理.缺点是对图像噪声极为敏感，易产生过分割，对低对比度图像易丢失重要轮廓.其主要应用是从背景中提取出接近一致的目标.由变化较小的灰度表征的区域有较小的梯度值.因此，在实践中，经常采用分水岭分割梯度图像，而不是应用到图像本身.

2. 基于边界的分割方法

基于边界的分割方法是人们研究最早的方法，也是研究最多的方法.它是利用不同区域间像素灰度值不连续的特点检测出区域间的边缘，从而实现图像的分割.根据处理的顺序不同，可以将基于边界的分割方法分为串行边缘检测和并行边缘检测.串行边缘检测指要想确定当前像素点是否属于欲检测边缘上的点，取决于先前像素的验证结果；并行边缘检测指当前像素点是否属于欲检测边缘上的点取决于当前像素点及其邻近像素点，可以同时用于图像中所有的像素点.

(1)基于曲面拟合的方法

基于曲面拟合方法的基本原理：将灰度看成高度，用一个曲面来拟合一个小窗口内的数据，然后根据该曲面来确定边缘点.该方法是一种基于局部函数图像的方法.

(2)基于边界曲线拟合的方法

基于边界曲线拟合的方法的基本原理：根据图像梯度等信息找出能正确表示边界的(平面)曲线从而实现图像分割的目的.其优点是：由于它直接给出的是边界曲线，而不是像一般的方法找出的是离散的、不相关的边缘点，因而对图像分割的后续处理如物体识别等高层处理有很大的帮助.

(3)并行微分算子法(图像滤波法)

并行微分算子法的基本原理：基于对平滑滤波后的图像求一阶导数的极大值或二阶导数的过零点(零交叉点)来决定边缘.更具体讲，为减少噪声对图像的影响，通常在求导前先对图像进行滤波.图像滤波是用某个滤波算子与图像做卷积运算：

$$\frac{\mathrm{d}}{\mathrm{d}x}(f(x) * g(x)) = \frac{\mathrm{d}}{\mathrm{d}x}f(x) * g(x) = f(x) * \frac{\mathrm{d}}{\mathrm{d}x}g(x)$$

可见对滤波算子与图像的卷积结果求一阶导数，相当于用算子的一阶导数与图像做卷积，高阶导数有同样的结果.这样，只要事先给出算子的一阶或者二阶导数，就可以将图像平滑滤波与对平滑后的图像求一阶或二阶导数在一步完成，是一种并行边界技术.常用的一阶导数算子有梯度算子、Prewitt算子和Sobel算子，二阶导数算子有Laplacian 算子，还有Kirsch 算子和Wallis算子等非线性算子.梯度算子不仅对边缘信息敏感，而且对像素点也很敏感.

图像滤波法的关键是滤波器的设计.常用的滤波器主要是高斯函数的一阶和二阶导数，可控滤波器和 B- 样条滤波器.高斯函数的一阶导数在噪声抑制和边缘检测间取得了较好的平衡；高斯函数的二阶导数产生的LOG(Laplacian of Gauss)算子，对噪声比较敏感，并且由于通常产生的是2像素宽的边缘，所以很少直接用于边缘检测，一般在已知边缘像素后用于确定该像素是在图像的明区还是暗区.采用并行微分算子方法的问题是一阶导数的极大值或二阶导数的过零点对应的像素点是否真的就是边缘点.近年来出现了一些文章给出确定真伪边缘点的方法，基本采用的是对边缘点的强度用某些准则或方式设置一个阈值的方法.

(4)多尺度方法

多尺度方法中的尺度有两种不同的定义，一种指滤波尺度，即滤波器采用的窗口宽度；一种指空间和灰度的尺度.多尺度滤波的基本原理：利用不同尺度的滤波算子对图像进行卷积，并考察由此得到的边缘点随尺度变化而具有的性质，结合多种尺度下的信息最终决定边缘点.常用的多尺度滤波算子是LOG算子，这种算子的尺度就是高斯函数的方差δ，因为对于高斯函数而言，距离其均值3δ以外的函数值极小，在离散采样的情况下可以忽略，从而方差δ就决定了滤波算子的窗宽，一般是距中心3δ.1986年，人们就通过各种角度证明了高斯核函数满足所谓的尺度定理，即高斯核函数是具有随着尺度增加，不会检测到新的边缘点这一性质的唯一函数.在较粗的尺度下，能相对较准确地检测到实际边缘点去掉伪边缘点，但对边缘点的定位不准确；在细的尺度下，对边缘点的定位较准确，但会检测出很多伪边缘点.因此尺度定理保证了利用高斯核函数可以随着尺度的增大，伪边缘点会被逐步去掉，而不产生新的伪边缘点，这样就可以先在较粗的尺度下检测边缘点，然后逐步减少尺度，跟踪到细尺度下去给边缘点准确定位.由于图像的复杂性，对图像中不同区域不加区分地采用同样尺度的滤波器会带来检测、定位不准确等问题.

(5)多分辨率方法

多分辨率方法的基本原理：较大的物体能在较低的分辨率下存在，而噪声却不能，因此从初始图像用规则或不规则的方式逐步降低分辨率，得到金字塔形的一个图像序列，再在此基础上进行图像分割.多分辨率方法一般与其他方法一起使用，这里仅介绍两种比较纯粹的基于多分辨率的方法.一种是用规则方式生成图像序列，即上一幅图像是由下一幅图像通过取构成一个小方块的相邻四个点的均值作为一点从而将图像的分辨率降低一半得到的；一种是用不规则方式生成图像序列，如采用图来链接不同分辨率下的图像之间的对应点.确定性超栈(多分辨率图像序列)就是每个子节点(较高分辨率下的像素点)仅与一个父节点(相邻较低分辨率下的像素点)链接；随机性超栈是每个子节点以一定概率与多个父节点链接.

(6)基于反应-扩散方程的方法

基于反应-扩散方程的方法，其基本原理是对传统意义上的高斯核函数进行多尺度滤波.多尺度滤波是将原始图像$I(x,y,0)$与高斯核函数$G(x,y,t)$(其中t是方差即尺度)来做卷积得到图像$I(x,y,t)$，即$I(x,y,t)=I(x,y,0)*G(x,y,t)$.1986年，Hummel 指出上式可看作热传导扩散方程

$$I_t=\triangle I=I_{xx}+I_{yy}.$$

1990年， Perona等提出非线性扩散方程

$$I_t=\operatorname{div}(c(x,y,t)\nabla I)=c(x,y,t)\triangle I+\nabla c\cdot\nabla I,$$

其中$c(x,y,t)$是扩散系数，且$c(x,y,t)=g(\|\nabla I(x,y,t)\|)$，$g$是一个非负单调减函数，即扩散系数随着图像梯度的增加而减小，这样就保证了区域内部(∇I小)以较快的速度扩散，边缘点(∇I 大)则不再扩散，从而起到边缘增强的作用，但噪声也同样会被增强，为避免这一问题，可先对图像进行平滑滤波再进行非线性扩散.

(7)串行边界查找法

串行边界查找法的基本原理：通过查找高梯度值的像素点，然后将它们连接起来形成曲线表示对象的边缘.缺点是串行边界查找法通常受起始点的影响，以前检测到的结果对下一像素的判断有很大影响.困难是如何连接高梯度的像

素点，因为通常它们是不相邻的；而且由于噪声也是高频的，可能会造成一些错误边缘点的检测.最具代表性的串行边界查找法是将边缘检测问题转化为图论中寻求最小代价路径的问题，称图搜索.求最小代价有两种方法：一种是贪婪法，即通过全局搜索找到最小代价的路径，缺点是计算量太大；另一种是动态规划的优化方法，为加快运算速度只求次优解.

(8)基于形变模型的方法

基于形变模型的方法的基本原理：通过使用从图像数据得到的约束信息(自底向上)和目标位置、大小和形状等先验知识(自顶向下)，可有效地对目标进行分割、匹配和跟踪分析.从物理学角度，可将形变模型看作一个在施加外力和内部约束条件下自然反应的弹性物体.形变模型包括形变轮廓模型(snake模型)和三维形变表面模型.基于形变轮廓模型的分割过程就是使轮廓曲线在外能和内能的作用下向物体边缘靠近，外力推动轮廓运动，内力保持轮廓的光滑性.三维形变表面模型是活动轮廓模型在三维空间的推广形式，可以更高效、更快地利用三维数据，且更少地需要人机交互或指导. 形变模型的主要优点是能够直接产生闭合的参数曲线或曲面，并对噪声和伪边界有较强的鲁棒性，还有一些形变模型利用了形状先验知识和标记点集合等先验知识，可使分割结果更健壮和准确.缺点是参数形变模型的固定参数与内部能量约束限制了几何灵活性，不能随意改变拓扑形状，并且对初始形状敏感.为此，研究人员已提出了多种方法克服其局限性，提高算法自动化程度，同时维持形变模型的原有优点.其中一种方法是改进约束和交互支配模型的能量或内外力函数；另一种方法是结合水平集(level set)曲线演化技术，提出了几何形变模型的方法.轮廓对应于一个更高维曲面演化函数的零水平集，可用某种形式的偏微分方程来表示演化函数，利用图像信息(如边缘)来控制曲面演化过程的停止.该方法的主要特征是可以自然地改变拓扑，因为水平集不需要被简单连通，即使在水平集改变拓扑时，更高维表面仍能维持一个简单函数.偏微分方程控制波前演化，当引入一些其他控制机制如内部形变能量和外部用户交互时，隐含公式远非参数公式方便；并且更高维的隐含表面公式不容易间接通过更高维表示在水平集上施加任何几何或拓扑约束，因此隐含公式可能会限制分割的易用性、高效性和自动程度.

(9)边界跟踪法

边界跟踪分为两种，一种是区域边界未知，但区域本身在图像中已经定义，那么边界可通过确定区域的内边界和外边界来唯一检测.相应的边界跟踪法分为4邻域跟踪和8邻域跟踪，内边界可以通过4 邻域和8邻域跟踪，外边界使用4 邻域跟踪，扩展边界(相邻区域的单一共同边界)使用8邻域跟踪，采用查表法时使得跟踪效率比传统方法要高，并且可使用并行算法.另一种是在没有定义区域的灰度图像中跟踪边界的情况下，区域边界可以使用图像中高梯度像素的简单路径来表示.边界跟踪从作为边界像素概率高的点开始，然后把最有可能方向上的下一元素加入，为了找到后续边界元素，通常要计算在可能边界延续像素处的边界梯度的幅度和方向.

(10)边缘松弛法

边缘松弛法的基本原理：根据给定的边缘上下文规则来定义，是一种迭代方法，其中边缘的信度或者收敛到边缘终结或者收敛到边缘形成边界.边缘松弛法是一种并行技术，可以极大提高速度，但是经过较大数目的迭代后常常会产生漂移，得到比预期差的结果.

3. 基于区域和边界技术相结合的分割方法

边缘检测能够获得灰度或彩色值的局部变化强度，区域分割能够检测特征的相似性与均匀性.基于区域和边界技术相结合的分割方法的基本原理：结合边缘检测和区域分割的优点，通过边缘点的限制避免区域的过分割，同时通过区域分割补充漏检边缘，使轮廓更完整.基于区域与边界技术相结合的方法比单独的方法健壮性更强，但是，大多数仍需要好的初值避免局部最小，且多数方法将先验模型用于基于区域的统计，在无法获得先验知识的情况下这些方法的可用性较差.

近年来，随着各学科许多新理论和新方法的提出，人们也提出来许多结合一些特定理论、方法和工具的图像分割技术.由于图像分割技术至今尚没有通用的自身理论，所以每当有新的数学工具或方法提出来，人们就尝试着将其用于图像分割，因此提出不少特殊的算法.例如，基于数学形态学的方法、基于模糊理论的方法、基于神经网络的方法、基于支持向量机的方法、基于图论的方法、基于免疫算法的方法、基于粒度计算理论的方法、基于小波变换的方法、基于统计学的方法等.

我们主要关注的是基于偏微分方程的图像分割方法，典型的有演变活动轮廓模型，这些轮廓可以位于物体边界[24,25]上.经典的Snake主动模型[24]由Kass等提出，其中主动轮廓通过内部力(例如规则性)和外部轮廓从图像强度的不均匀分布驱动到期望的边界.随后，Caseslles等[26]提出使用测地线活动轮廓进行图像分割.

文献中还有许多基于区域的图像分割模型，它们不是使用曲线进化而是采用变分思想[27–30]. 最有名的变分模型之一是1989年由Mumford和Shah提出的Mumford-Shah 模型[28]:

$$F^{MS}(u,C)=\mu \text{Length}(C)+\lambda\int_{\Omega}|u_0-u|^2\text{d}x\text{d}y+\nu\int_{\Omega\backslash C}|\nabla u|^2\text{d}xy, \tag{1-13}$$

其中第一项称正则项，第二项为数据保真项，第三项为平滑项.他们将给定的图像作为一个函数进行处理，并通过最小化某些设计的泛函来搜索其分段平滑近似，并将对象边界定义为近似函数的相邻小块之间的过渡.事实上，除了图像分割之外，Mumford-Shah 模型还存在很多变形，几乎可应用于图像处理中的所有研究内容，如图像去噪、修补和配准等.众所周知的有2001年由 Chan 和Vese提出的无边界的活动轮廓(Chan-Vese)模型[25],可以看作Mumford-Shah模型的一个特例(也称为二相流分片常数MS模型)，它寻求一个二值图像，使用水平集函数[31]来近似给定的图像，其能量泛函为:

$$\begin{aligned}E^{CV}(\phi,c_1,c_2)=&\mu\int_{\Omega}\delta(\phi(x,y))|\nabla\phi(x,y)|\text{d}x\text{d}y\\&+\int_{\Omega}H(\phi(x,y))|I(x,y)-c_1|^2\text{d}x\text{d}y\\&+\int_{\Omega}(1-H(\phi(x,y)))|I(x,y)-c_2|^2\text{d}x\text{d}y.\end{aligned}\tag{1-14}$$

且给出了多相流分片常数MS模型[32]用来分割出多个目标区域.2006年由Esedoḡlu 等[33] 提出了基于MBO的MS模型[34],

$$\begin{aligned}MS_{\epsilon}(u,c_1,c_2)=&\int_{\Omega}(\epsilon|\nabla u|^2+\frac{1}{\epsilon}W(u))\text{d}x\text{d}y\\&+\lambda\int_{\Omega}\{u^2(c_1-f)^2+(1-u)^2(c_2-f)^2\}\text{d}x\text{d}y.\end{aligned}\tag{1-15}$$

当$\epsilon\to 0$时，$MS_{\epsilon}\xrightarrow{\tau}MS$. 尽管它们的形式不同，但上述分割模型都是基于灰度的，也就是说，它们的输出主要依赖于给定图像的灰度值.但是，由于真实图像的性质，真实图像可能不能被灰度值很好地定义.具体来说，对象的某些部分可能会被其他部分遮挡，甚至会丢失.例如，在医学图像中，靶器官可以与其他器官或组织混合.因此，这些基于强度的模型可能无法成功分割出感兴趣的对象.为了解决这个问题，可将先前的分割模型进行合并处理[35].另一种可能的方法是对这些活动轮廓施加有效的规律性条件.最近，在文献[36,37]中，作者通过使用欧拉弹性函数作为活动轮廓的正则化提出分割模型.这些模型能够集合缺失或破碎的部分以形成完整的对象，并且它们比Chan-Vese 模型更适合捕获具有细长结构的物体.

实际上，自从Mumford对于图像分割进行深入研讨[38]以来，欧拉弹性函数已被广泛用于图像处理中的变分模型的开发[36,37,39].例如，Shen等[40]将欧拉弹性函数作为内插问题的内插器.他们的模型能够连接相对较大的间距，这是通过使用基于总变差的调节器无法实现的.尽管这些高阶模型能够有效地完成图像修复、去噪和分割中的许多任务，但由于相关的欧拉- 拉格朗日方程是高度非线性和四阶的，因此它们在理论分析和数值计算上都难以处理.与众所周知的Rudin-Osher-Fatemi 模型[7] 等其他低阶变分模型相比，这些曲率依赖模型可以实现更多的功能，但需付出更多的计算代价.

1.1.3 图像修复

1.1.3.1 问题背景

图像修复是图像退化过程的逆过程，根据得到的退化图像信息对信息丢失的图像进行处理以恢复原来的图像，在实际生活和科学研究中有着十分重要的应用，比如古代珍贵字画的修复、电影后期处理、图像中多余物体的去除、艺术工艺的保护、老照片中划痕信息的修补、网络传输中丢失或损坏的视频信息的修复、天文学中的虹膜识别和生物学中的指纹识别等.图像修复实际是根据待修复区域周围的有效信息(未被遮挡或者未被损坏的信息)经过一定的修复规则(模型)自动地将图像填充到待修复区域，受损地方的信息被完全填补直到接近原始图像.

从数学的角度来讲，一般图像的退化过程是一个正问题，而图像修复是图像退化过程的逆过程，通常是一个不适定的反问题.所谓正问题，一般按照某种自然顺序(时间顺序、因果顺序、空间顺序等)来研究系统的分布形态或者演化过程，即相当于已知输入和系统求输出；反问题是相对正问题而言的，它是根据系统的演化结果，由可观测的输出现象来探求系统的内部规律或所受的外部影响，即相当于已知输出和系统求输入.对于图像修复来说，如果待修补区域比较大或者破损区域结构复杂，那么就会因使用不同的修复规则得到不同的修复结果，也就是解的不唯一性.鉴于图像修复的重要应用价值，越来越多的学者开始致力于提高修复图像质量的研究.

1.1.3.2 研究动态

1. 基于变分原理的图像复原方法

Bertalmio[41]等首次提出数字图像修复的概念，并首次将偏微分方程的思想引入图像修复中，提出BSCB模型，它的核心思想是把未受损或未遮挡区域的有效信息(主要是梯度信息和灰度信息)沿着等灰度线方向扩散到待修复区域内，直至待修复区域的灰度值趋于稳定.现在大部分的非纹理图像修复方法都是基于偏微分方程的方法.

大量的数值实验表明基于偏微分方程的图像修复模型可以很好地处理含有小面积受损区域的图像.把修复问题转化成极小化某个能量泛函的数学模型，这个能量泛函通常由两项构成，分别为数据保真项和正则项，然后通过变分法的思想来求解这个数学模型，就得到了退化图像在某种意义下的一个近似解，从而达到图像修复的效果.由于BSCB模型的修复速度太慢，因而局限了它的发展.2002年Chan等[42]将TV 去噪模型推广到TV 修复模型：

$$\min_u \int_\Omega |Du| \mathrm{d}x + \frac{\lambda}{2} \int_{\Omega \setminus D} (f-u)^2 \mathrm{d}x, \tag{1-16}$$

其中Ω是整个图像区域，D是待修复区域，f是给定的待修复的图像.2002年Esedoḡlu等[43]将MS分割模型推广到MS修复模型.这两类模型都是二阶模型，能够修复的图像只能限定在仅包含较小尺度受损区域的图像，并且在断裂边缘的连接上也达不到连通性的要求.随后Chan又提出曲率驱动扩散(curvature-driven diffusion, CDD)的图像修复模型，其特点是能够修复较大受损区域，但由于该模型为非线性高阶模型，计算复杂.

为了修复含有大范围信息缺失的图像，越来越多的学者开始尝试使用合适的高阶模型进行图像修复.2007 年Bertozzi等[44] 提出了应用于二值图像修复的

修正Cahn-Hilliard[45,46] 模型:

$$u_t = -\Delta(\epsilon\Delta u - \frac{1}{\epsilon}W'(u)) + \lambda(x)(f - u), \tag{1-17}$$

其中 u 满足 $\frac{\partial u}{\partial n} = \frac{\partial \Delta u}{\partial n} = 0 \text{ on } \partial\Omega, W(u) = u^2(u-1)^2$,

$$\lambda(x) = \begin{cases} 0, & x \in D, \\ \lambda_0, & x \in \Omega \backslash D. \end{cases} \tag{1-18}$$

由于模型的非凸性，一般采用凸分裂的思想进行求解，但是需要定义很多参数，并且需要不断地从大到小调整ϵ，而且当$\epsilon \ll 1$时传统凸分裂算法已经不能很好地逼近原始方程的真实解.这是由于当$\epsilon \ll 1$时，方程为奇异摄动问题，传统的数值格式在边界层和内层附近会产生伪振荡.我们可以使用量身定做有限点方法进行数值求解，所需选取的参数更少，且其计算的结果更加精确.

2. 基于纹理合成的图像复原方法

基于纹理合成的图像恢复方法是一种基于块的分析，它的基本思想是在待修复区域的边界上任意选取一个像素点，以该点为中心，根据图像的几何形状，选取大小合适的纹理块，然后在待修复区域的周围寻找与之最为匹配的纹理块来替代该纹理块，最终修复结果在视觉上是相似且连续的.其中最经典的算法是由Criminisi 等[47]提出的，该算法在基于样本的纹理合成算法的基础上结合图像结构扩散的特点，来修复图像中的大面积破损，得到很好的修复效果.此方法主要由三步组成：优先权计算、搜索和复制.之后很多学者开始改进这三个步骤，给出更新颖的图像修复方法[48,49].

1.1.4 图像超分辨率重建

1.1.4.1 问题背景

图像超分辨率重建是指通过提高图像的空间分辨率来改善图像质量.在数字图像处理领域，图像通常是由像素组成的，分辨率决定了图像的细节水平.在许多数字图像成像设备中，CCD和CMOS图像传感器被广泛使用以获取数字图像，但其分辨率水平和成本远没有满足人们的消费需求，特别是高端科技研发的需要.图 1.4 为典型的成像降质过程，成像系统的输入为连续观测场景，一般可近似假设场景是带限信号.在超分辨率重建中，高分辨率图像可看成对原始带限场景信号进行采样生成的以离散信号形式表征的图像，图像无混叠效应.但是实际上，由于自然光线变化、镜头光学散焦引起的光学模糊，设定镜头与目标场景之间的运动、拍摄角度或大气湍流干扰引起的图像平移、旋转、仿射等多种因素，造成获取图像模糊降质.模糊后的图像在图像传感器或模/数转换过程中不可避免会带来信号的丢失，这种欠采样会造成图像的混叠效应，这是由于低密度像素采集设备使得图像采样率低于带限场景采样率，必然造成频谱混叠.下采样的图像还会受到光电噪声、色彩滤波噪声、热敏噪声、传输存储噪声、压缩量化噪声、配准中的误差等的影响.因此光学成像系统最终获取的图像是经过扭曲、模糊、下采样和噪声污染的低分辨率图像，如图1.4所示.

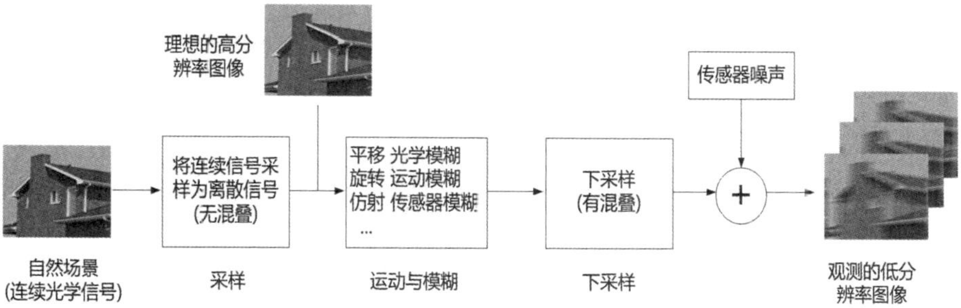

图 1.4　低分辨率图像产生的过程

图像超分辨率重建技术旨在从给定的低分辨率图像中恢复出高分辨率图像的细节信息，可以看作低分辨率图像生成过程的逆过程.超分辨率重建在视频监控、卫星成像、生物医学成像、视频标准转换、视频增强和复原、数字拼嵌、虚拟现实和太空探索等方面具有广泛的应用前景和实用意义.图像超分辨率重建技术的研究和发展对于提升图像处理领域的技术水平具有重要意义，也为实际应用提供了更多可能性和机会.

1.1.4.2　研究动态

图像超分辨率重建是一种从一个或多个低分辨率图像中估计高分辨率图像而又不损失信噪比的过程，在医学成像、高清电视、卫星成像、合成孔径雷达中具有广泛的应用.在本书中，我们主要考虑单帧图像超分辨率重建，目的是通过对单个图像进行上采样来获得高分辨率图像，这对于实际应用中的图像增强具有重要意义.通常，不可能完全恢复低分辨率图像中缺少的精细特征的细节，因此我们只能希望重建一些非常特殊的结构，或者产生视觉上令人愉悦的高频纹理.原始图像经过卷积算子和下采样算子的作用成为低分辨率图像，这一过程的逆过程，即由低分辨率图像得到超分辨率图像是不适定问题.目前，国内外学者已经提出了一些模型和算法来处理该问题，如基于插值的方法，基于统计的方法，机器学习方法[50,51]，基于最小二乘法的方法，基于傅里叶级数的方法以及其他变分方法.

1. 图像超分辨率重建的频域方法

(1) 基于傅里叶变换的频域方法

1984年，Tsai等[52]首次明确提出超分辨率重建的概念，通过一个频域公式将高分辨率图像与多帧低分辨率图像建立关联，利用连续和离散傅里叶变换的平移和混叠特性求解图像的混叠效应，以改善图像的空间分辨率，从而实现图像的超分辨率重建.

(2) 基于离散余弦变换的频域方法

为了减少超分辨率重建过程中的存储要求和计算量，Rhee等[53]采用基于离散余弦变换的方法代替离散傅里叶变换，同时采用多通道自适应确定正则系数以克服欠定系统的病态性.传统的频域方法理论基础简单，算法复杂度低，因此在理论推导的数值计算方面都具有一定的优势，具有直观的消除变形超分辨率机制.但是，它同时也具有不可回避的缺点，即它局限于处理全局整体运动情况，难以处理局部运动或者局部平移的情况，且在处理过程中难以嵌入图像先验作为适当的正则项.另外，传统的频域方法没有考虑运动模糊、噪声污染，因此处理复杂自然图像的退化模型的能力有限.

(3) 基于小波变换的频域方法

2000年,小波变换的引入使得频域方法可以较好地处理图像局部的不同情况，包括离散小波变换（discrete wavelet transform，DWT）、离散小波框架变换（discrete wavelet frame transform，DWFT）[54]、脊波变换和曲波变换[2,3]等.它已被很多学者成功应用于图像修复、图像超分辨率重建、图像盲去模糊[55]、图像融合[56]、视频分割[57] 等场景.DWT 和DWFT 具有不同的时间-频率分辨率，因此能够为局部图像特征提供更好的稀疏逼近.而DWT 使用抽取的方法，DWFT不使用，这让DWT方法对于配准误差非常敏感，具有定位信号和图像中奇异点的特性.在图像处理中，DWT 的主要缺点是在所有尺度上给对应的图像边缘赋予大量系数，这些系数对于重建图像边缘都是必要的，这将使DWT处理较长弯曲边缘时效率低下.近期，脊波变换和曲波变换的出现，提高了处理图像上的长直线和曲线奇异点的效率.

2. 图像超分辨率重建的空域方法

在空域框架内也有很多算法被提出，包括融合-复原法，也称插值-复原法；统计法，如最大似然法（maximum likelihood, ML），最大后验法（maximum a posteriori, MAP）等.

(1) 融合-复原方法

融合-复原方法，也称图像插值，是解决图像超分辨率问题的最直接方法，主要有最近邻插值方法、双线性插值方法、双三次插值方法等.插值法的核心思想是利用图像先验信息，形成低分辨率图像和高分辨率图像像素映射关系，重构高分辨率图像，实现图像超分辨率复原.

1)最近邻插值

最近邻插值是图像处理中普遍使用的图像尺寸缩放算法，由于其实现简单计算速度快的特性深受工程师们的喜爱.最近邻插值的思想是以周围4个相邻像素点中欧式距离最短的一个邻点的灰度值作为插值点的灰度值，由于仅考虑最近邻、影响最大的邻点灰度值作为插值，没有考虑其他像素的影响，因此插值的图像很容易出现块状，或者严重的锯齿效应.若放大倍数过大，则用最近邻插值方法重构的图像会出现马赛克效应.

2)双线性插值

双线性插值方法，又称双线性内插法，是一种比较实用的插值方法.其核心思想是待插点像素值取原图像中与其相邻的四个点像素值的水平和垂直两个方向的线性内插，即根据带采样点与周围四个相邻点的距离确定相应的权重，从而计算出待插点的加权像素值.与最近邻插值相比，双线性插值利用了相邻四个像素点，因此其克服了重构图像的锯齿效应，但双线性插值本质属于低通滤波，重构效果依旧不好，复原图像较模糊.

3)双三次插值

双三次插值方法，又称双立方插值，是二维空间中最常用的插值方法.其核心思想是待插点像素值取原图像中与其最近的十六个点像素值的加权平均，在这里需要使用两个多项式插值三次函数，三次运算可以得到更接近高分辨率图像的放大效果，但也导致了运算量的急剧增加.双三次插值是用于在图像中“插值”或增加“像素”数量/密度的一种方法，能够增大显示面积以及/或者分辨率.双三次插值的重构效果比最近邻插值和双线性插值都好，能够精确地插补图形，但它速度也几乎是最慢的.双线性插值的速度则要快一些，但没有前者精确.在商业性图像编辑软件中，经常采用的是速度最快，但也是最不准确的最近相邻插值.其他一些插值技术通常只在高档或单独应用的程序中出现.

4)其他插值方法

在文献中，用于实现插值的方法也是不同的.图像插值可以基于所选的适当基函数或合成函数的数字卷积来实现，也可以使用具有空间参数的多项式来实现.在多项式图像插值之后，通常会出现振铃效果、混叠效果、阻塞效果和模糊效果[58]. 为了获得高质量的图像插值结果，人们对自适应多项式图像插值技术进行了研究.近来，一些学者提出了基于线性空间变化[59]的图像插值方法.该方法估计任何插值像素与其相邻像素之间的偏置距离，并将插值像素移动到具有相同特性的邻域，这在边缘插值中具有更好的效果.当图像基于非理想采集时，在插值之前需要校正滤波器.校正滤波器估计是一个病态问题，经常使用正则化和线性最小均方误差（linear minimum mean square error, LMMSE）滤波器，例如自适应最小二乘插值算法[60]、LMMSE方法[61]和最大熵插值[62].对于不规则采样数据，Bose等[63]提出一种三角剖分的方法进行插值，但对噪声不具鲁棒性；基于归一化卷积，Knutsson等[64]提出一个鲁棒的确定度和一种结构自适应的适应度函数，用于多项式Facet 模型.近来，Takeda等[65]提出一种自适应方向核回归，用于高分辨率图像网格的插值.由于没有考虑噪声和模糊效应，插值效果并不理想，且最后的复原忽略了插值中的误差，整个重建算法的最优性不能保证.

(2) 统计方法

与融合-复原法不同，统计方法将超分辨率重建步骤与最优重建结果随机关联，最终的重建结果通过迭代寻优来实现.

1)最大似然法

ML实质上是一种投影算法，使用的前提是假设高分辨率图像先验是均匀分布的，对噪声、配准估计误差以及PSF 估计误差特别敏感，出现严重的不适定.1991年，借助迭代反向投影思想，Irani等[66]率先提出一种简单实用的基于误差反向投影的图像超分辨率重建方法.该方法首先采用单幅低分辨率图像的插值结果估计出一个高分辨率图像作为初始解；然后模拟图像的降质过程，产生其模拟的低分辨率图像.若初始解与原始高分辨率图像精确相等，则模拟的低分辨率图像应与观察得到的实际低分辨率图像相同；若两者不同，则将模拟的低分辨率图像与观测图像之间的误差反向投影到初始解上使其得到修正.最后根据模拟误差不断更新当前的估计值，直到误差小于给定的阈值迭代终止，输出迭代结果，实现对输入低分辨率图像的重构.Irani 和Peleg 证明了算法的收敛性.反向投影算法简单直观，能够处理受到不同降质过程的图像，包括去模糊和去噪.但是反向投影算法得到的解是不稳定、不唯一的，它依赖于初始解的选取和反向投影算子的选取，且对噪声和估计误差都非常敏感.这是由于ML估计没有利用先验知识，即其没有正则项，因此就会出现严重的不适定性.

2)最大后验法

利用低分辨率图像重建高分辨率图像是估计求解图像退化逆过程的模型，其数学本质是求解不适定问题的反问题，主要策略包括采用最小二乘方法求解、增加限制条件、施加一定的先验信息等.图像超分辨率重建，就是通过设计合适的图像先验信息作为正则项对解空间加以限制或者约束，使病态的不适定问题转化为一个最小化泛函最优化的可解的适定问题，从而构造出MAP的求解路径.基于MAP 的超分辨率重建方法是目前研究最多的一类方法，其基本思想是根据图像的退化模型，从观测到的低分辨率图像中估计高分辨率图像，使得高分辨率图像的后验概率达到最大.MAP 依据的准则是贝叶斯公式，应用概率统计的方法和图像的先验知识，将病态的不适定问题转化为求解最优化问题，从而得到重构图像的最优结果.虽然MAP 方法具有很好的稳定性和灵活性，但对于约束函数和图像先验信息的求解非常复杂，因此MAP 方法计算量比较大.许多学者对基于MAP 重建技术做了深入研究，主要在观测模型的建立和所求解的先验项上做修改.在现有文献中，已提出各种不同的自然图像先验，如高斯-马尔可夫随机场(Gaussian-Markov random field， GMRF)[67]，它重建的结果过度平滑；后来通过对图像梯度分布的建模来改善，将改善后的模型称为Huber-马尔可夫随机场(Huber-Markov random field， HMRF)[68]，它倾向于分段平滑，可以很好地保持边缘；最常用的图像先验即为变分.自1992

年，Rudin等[7] 提出非线性全变分去噪模型(又称TV模型或者ROF 模型)，变分方法就开始被学业界和工业界广泛采纳.典型的变分方法包括全变分模型(total variation, TV)，TV模型定义了一种细节保持的图像先验，以合适的重尾特性能够较好解决非连续点的过平滑；然而其非线性造成了微分求解的困难，并且TV模型仅对邻域像素建立变分关系，对于更大的邻域没有给出有效的变分形式.随后大量的研究和文献都在试图解决优化和扩展邻域问题，其中Farsiu等[69]提出的双边全变分模型（bilateral total variation, BTV）通过绝对值近似解决了优化问题，同时吸收了双边滤波的思想将TV 变分关系扩展为非一阶形式.Bredies等[70]提出了广义全变分模型（total generalized variation, GTV），不像BTV 模型采用对TV模型的近似推广而是一种准确推广，提高了邻域像素相关性的准确度.2016 年，Tai等[71]提出了一种统一的变分框架.

Marquina[72]提出了一种基于全变分的图像超分辨率正则化模型，记为MO 模型 .就像众所周知的ROF模型一样，这个模型也会受到阶梯效应的影响，会导致视觉上不愉快的结果.为了解决阶梯效应，已经发展了许多高阶变分模型，其中总广义变分、欧拉弹性、非线性四阶扩散项、二阶导数作为正则项[39,70,73]，但是这些模型比全变分模型更复杂.最近,ROF模型的一个变体被提出用于图像去噪，其中不同类型的正则化器被应用于具有不同图像梯度大小的区域[74] . 具体来说，使用L^p-图像梯度的范数，用于梯度幅度较小的区域($p > 1$)，而原始的全变分项施加在梯度幅度较大的区域.本书将这一思想应用于图像超分辨率重建.

(3) 机器学习方法

近年来，机器学习方法在图像增强中取得令人瞩目的进展.典型的机器学习方法包括基于外部示例方法、人工神经网络(artificial neural network，ANN)方法、基于生成对抗网络(generative adversarial network, GAN)的方法、基于展开动力系统 (unrolling dynamics，UD)[75] 的方法等.2010年，Yang 等[76]将基于稀疏编码的方法(sparse-coding-based method, SC)用于图像超分辨重建.在大量的数据集中，选取很小部分作为元素重建新的数据，其难点在于最优化目标函数的求解，当前采用最多的算法是梯度下降法.2014 年，Dong 等[77]提出了图像超分辨率卷积神经网络(super resolution convolution neural network，SRCNN)，与SC不同的是，SRCNN没有明确学习用于对补丁空间进行建模的字典或流形，可通过更大的数据集或者更大的模型改进图像的恢复质量.2016 年，Kim 等[78]提出深度卷积网络模型，克服了SRCNN模型收敛速度慢和只针对单一尺度的缺点，采用残差学习这种加快训练的方法提高收敛速度，并将工作扩展到了单一网络的多尺度图像超分辨率重建.2018 年，Zhang 等[79]提出动态展开的递归恢复器 (dynamically unfolding recurrent restorer，DURR)，采用移动端点控制框架（动态系统通过卷积RNN建模），可使用单个模型恢复因不同降级级别损坏的图像，能够在盲图像去噪和JPEG图像去块方面获得最新的性能.2019 年Shaham 等[80]提出SinGAN模型，一个可以从单一自然图像中学习的无条件生成对抗模型，在保持图像整体结构的同时，也能够捕捉图像内部斑块的分布.Dong等[81]提出一种新的深度卷积神经网络（convolution neural network，CNN），称为JSR网络，将传统的基于模型的方法与深度学习的深层架构设计相结合，采用混合损耗函数，使得JSR 网络能够更有效地保护重要的图像结构.他们还提出了一种基于自我监督和生成对抗网络 (GAN) 的无注释图像分割方法.Tai 等[82] 提出了一种新的软阈值动力学 (soft threshold dynamics，STD) 框架，该框架可以将经典变分模型的多个空间先验信息集成到DCNNs 中进行图像分割，使DCNNs的输出具有空间规则性、体积约束和星型先验等特殊的先验知识.机器学习方法有着较高复杂度和灵活的模型设计，以及不同程度最佳的图像恢复效果，与传统方法扎实的理论基础相比，其缺点是模型和算法的理论性质难以解释.

1.1.5 图像融合

1.1.5.1 问题背景

图像融合通常是指从多源信道采集同一目标图像，将互补的多焦点、多模态、多时相和/或多视点图像集成在一起，形成新图像的过程.图像融合的目标是协同利用多源图像信息，使得不同形式的信息相互补充，以获取对同一事物更本质的认识.如何充分有效地综合海量的多种传感器图像数据，提取更可靠、更精确的信息，为人工智能识别系统提供决策依据，已成为一个迫切需要解决的问题，图像融合也成为信息融合领域研究的热点问题.尤其是进入21世纪以来，图像融合技术在计算机视觉、现场分析遥感、隐蔽武器检测、模式识别、军事监控、医学影像、智能机器人、决策支持系统、目标检测与识别、夜视图像处理等领域得到了广泛的应用.

图像融合包括以下几类：输入在同一时间从不同地点或在不同条件下拍摄的同一形态的图像，得到不同视角的互补信息，称为多视点图像融合；输入PET、CT、磁共振、可见光、红外线、紫外线等不同模态的图像，或者输入空间分辨率高的图像和空间分辨率低但光谱分辨率高的图像，得到具有高空间和光谱分辨率的图像，称为多模态图像融合；输入在不同时间拍摄的同一场景的图像（通常是相同的形态），目标是检测变化情况，称为多时相图像融合；输入的图像是将原始图像划分为多个区域，每个区域在至少一个通道中聚焦，目标是得到全部聚焦的图像，称为多焦点图像融合；输入的每幅图像都由“真实”部分和“退化”部分组成，通过融合恢复图像的退化部分，称为基于图像融合的图像恢复.作为图像融合技术不可或缺的重要分支，红外与可见光图像融合技术的发展主要是为了满足军用夜视技术和安全监控领域的需要，对于提高国防安全和加快经济建设都具有非常重要的战略指导意义.

1.1.5.2 研究动态

根据数据信息抽象层次的不同，图像融合过程可以在像素级、特征级和符号级三个层次进行[83]. 像素级图像融合的研究和应用最为广泛，通过增加图像像素级信息，使得该层次的图像融合准确性更高；特征级图像融合通过统计分析与模式相关等方法实现，包括特征描述符、概率变量和对象标签，与像素级图像融合相比，计算量减小的同时融合图像信息丢失较多；符号级图像融合主要采用基于认知模型的方法，使用高度抽象的信息，如代表性符号或决策进行融合，具有良好的实时性和容错性，但信息损失最多.本书研究的红外与可见光图像融合属于像素级图像融合的范畴.

像素级融合的前提是多传感器图像必须在像素级基础上正确配准.在本书中，假定所有源图像都已配准.为了解决像素级融合问题，在过去的几十年里提出了许多方法，包括金字塔方法[84–86]、小波变换[87–89]、曲波变换[90,91]、多分辨率奇异值分解[92]、引导滤波[93]等方法.

图像金字塔方法的原理，是将源图像分解为多尺度的金字塔图像序列，低分辨率的图像在上层，高分辨率的图像在下层，将所有图像的金字塔在相应层上以一定的规则融合，就可得到合成金字塔，再将合成金字塔按照金字塔生成的逆过程进行重构，得到融合金字塔.在高斯金字塔的运算过程中，图像经过卷积和下采样操作会丢失部分高频细节信息.为描述这些高频信息，人们定义了拉普拉斯金字塔(Laplacian Pyramid, LP)[84,85].拉普拉斯金字塔分解的目的是将源图像分别分解到不同的空间频带上，融合过程是在各空间频率层上分别进行的，这样就可以针对不同分解层的不同频带上的特征与细节，采用不同的融合算子以达到突出特定频带上特征与细节的目的.Toet[86]提出的低通比率金字塔(ratio of low-pass Pyramid, RP)，类似于拉普拉斯金字塔，但它并不是求高斯金字塔中各级间的差值，而是求高斯金字塔中各级之间的比率，恰好对应于人眼观察事物时对局部亮度差异敏感的特征.

小波变换方法可以克服金字塔方法中产生的数据冗余和不同级数据之间的相关性，且可以有效描述图像在时域和频域上的局部特征.离散小波变换(discrete wavelet transform, DWT)[87] 的基本思想与金字塔算法一致，即首先对源图像进行小波变换，然后按照一定规则对变换系数进行合并；最后对合并后的系数进行小波逆变换得到融合图像.由于不具有平移不变性，基于DWT的标准小波融合算法获取的融合图像通常会存在“振铃”干扰，特别在处理连续的图像序列时，融合结果会出现明显的闪烁和抖动现象.双树复小波变换(DTCWT)[88,89] 不仅保持了DWT变换的多分辨率特性和时频局部化的分析能力，而且相比小波变换具有近似的平移不变性、良好的方向选择性，从而能更好地描述图像的方向特征.它可避免在融合图像的边缘出现伪轮廓，能反映出图像在不同分辨率上沿多个方向上的变化情形，但是DTCWT 变换不能很好地表示图像的空间结构，例如曲线和边缘.

曲波变换(curvelet transform, CVT)[90,91]具有DWT变换的多分辨率和时频局部化分析特性，还具有各向异性和很强的方向性，能够用较少的非零系数精确、稀疏地表征图像的边缘信息，以逼近图像的曲线状奇异特征.CVT 变换后的非零系数点集中了图像的大部分有用信息，能量更加集中，有利于分析图像的边缘、纹理等重要特征.但是曲波变换计算复杂度较高，不能在图像的多分辨率分析框架内实现，且在执行过程中需要进行下采样操作因而不具有平移不变性，导致重构时会出现伪吉布斯现象.传统的轮廓波变换是一种综合了拉普拉斯金字塔分解和方向滤波器组分解的多方向多尺度变换，但其不具备平移不变性.2005 年,Da Cunha等[94,95]提出非下采样轮廓波变换(nonsubsampled contourlet transform, NSCT)理论，不仅继承了轮廓波变换的多尺度、多方向等优良特性，而且还具备平移不变性，具有良好的细节捕捉能力.但它容易遗漏图像中的细微细节信息，弱化了奇异点，且变换过程中各部分的系数选择仍是一个问题.

多分辨率奇异值分解(multi-resolution singular value decomposition, MSVD)[92] 融合图像有较高的清晰度和较丰富的边缘细节信息，且没有方块效应.从客观指标看，该方法有较高的清晰度和空间频率，其清晰度和空间频率比基于离散小波变换、基于提升小波变换、基于曲波变换和基于轮廓波变换的融合方法都高.

2013 年，Li 等[93]提出的基于导向滤波的图像融合(guided filtering fusion, GFF)，配合多种滤波器之间的使用，对原始的图像进行处理，筛选出基础层和细节层，并使用显著衡量与引导滤波的方法计算融合权重，最终重建出融合图像.

可见光传感器捕捉到的反射光一般情况下可以提供丰富的细节信息，然而，在不理想的光照条件下，场景信息会丢失.根据人类视觉感知系统，当空间频率较大时，图像的边缘和纹理特征信息是丰富的.空间频率是一个基于梯度分布的度量;可见光图像中的边缘和纹理等详细的外观信息的本质特征是图像中的梯度.相比之下，红外传感器主要捕捉物体发出的热辐射，不受照明变化或伪装的影响，因此，它可以克服不利光照条件等障碍并强调热目标，如边缘、人物、建筑或车辆等信息.一般情况下，热辐射以像素强度为特征，因此可见光图像中的纹理等外观特征在对应的红外图像中往往丢失.将热辐射和纹理信息融合到单一图像中，融合后的图像需要保留红外图像中的强度分布和可见光图像中的梯度变化，既可以突出热辐射用于目标检测，又可以保留纹理信息用于表征外观.2016年，Ma等[83,96] 提出一种基于全变分正则化的红外与可见光图像融合算法，其中所定义的能量泛函一方面约束了融合图像与给定的可见光图像灰度梯度的相似性，另一方面约束了融合图像与给定的红外图像像素强度的相似性.但是在图像灰度梯度较小的区域，会产生阶梯效应.

为了消除阶梯效应，学者们已经提出了多种高阶的变分模型，这是因为分片常函数的二阶导数将会有一个大幅度变化.Bredies等[70]提出了一个叫作广义全变分的正则项，通过高阶导数来消除阶梯效应.Lysaker等[97]提出引入一个非线性四阶的扩散项来减少阶梯效应，用二阶导数代替全变分，结果表明块状区域大量减少.Tai等[39]将欧拉弹力用作正则项，Zhu等[98]提出使用图像表面平均曲率的L_1范数作为正则化项，阶梯问题也得到了很好的解决.虽然上述高阶导数模型都可以有效改善图像出现的阶梯效应，但是需要处理更加复杂的高阶模型.如何对这些高阶模型进行有效数值求解具有很大的挑战性，这是近十年来研究的热点.Zhu[74]研究了一类新的基于全变分的图像去噪模型，更准确地说，就和ROF模型[7]一样，他只将一阶导数用于图像去噪模型中.ROF 模型拥有保持灰度跳跃的能力，该能力是由全变分作为正则项所产生的.但是全变分作为正则项会导致阶梯效应，注意到阶梯效应经常出现在图像灰度梯度小的区域，因此就需要在灰度梯度小的区域使用比全变分正则项更高要求的正则项，来抑制平滑区域的块状效应.具体来说，对于图像灰度梯度小的区域采用了$p > 1$的图像灰度梯度的 L^p-范数，对于梯度大的区域使用全变分正则项，以此改善全变分正则项带来的阶梯效应.这种正则项也被称为Huber边缘惩罚函数[99]，且被广泛用于稳健统计.Nikolova 等[100]也研究了它在图像处理中的应用.

1.2　数学模型与方法

1.2.1　数学模型简介

数学模型是运用数理逻辑方法和数学语言建构的科学或工程模型.数学模型是针对参照某种事物系统的特征或数量依存关系，采用数学语言，概括地或近似地表述出的一种数学结构，这种数学结构是借助于数学符号刻画出来的某种系统的纯关系结构.

数学模型的种类很多，包括静态和动态模型、分布参数和集中参数模型、连续时间和离散时间模型、随机性和确定性模型、参数与非参数模型、线性和非线性模型等.其中静态模型是指要描述的系统各量之间的关系是不随时间的变化而变化的，一般都用代数方程来表达.动态模型是指描述系统各量之间随时间变化而变化的规律的数学表达式，一般用微分方程或差分方程来表示.分布参数模型是用各类偏微分方程描述系统的动态特性，而集中参数模型是用线性或非线性常微分方程来描述系统的动态特性.在许多情况下，分布参数模型借助于空间离散化的方法，可简化为复杂程度较低的集中参数模型.模型中的时间变量是在一定区间内变化的模型称为连续时间模型.上述各类用微分方程描述的模型都是连续时间模型.在处理集中参数模型时，也可以将时间变量离散化，所获得的模型称为离散时间模型.离散时间模型是用差分方程描述的.随机性模型中变量之间关系是以统计值或概率分布的形式给出的，而在确定性模型中变量间的关系是确定的.用代数方程、微分方程、微分方程组以及传递函数等描述的模型都是参数模型.建立参数模型就在于确定已知模型结构中的各个参数.通过理论分析总是得出参数模型.非参数模型是直接或间接地从实际系统的实验分析中得到的响应，例如通过实验记录到的系统脉冲响应或阶跃响应就是非参数模型.运用各种系统辨识的方法，可由非参数模型得到参数模型.如果实验前可以决定系统的结构，则通过实验辨识可以直接得到参数模型.线性模型中各量之间的关系是线性的，可以应用叠加原理，即几个不同的输入量同时作用于系统的响应，等于几个输入量单独作用的响应之和.线性模型简单，应用广泛.

非线性模型中各量之间的关系不是线性的，不满足叠加原理.在允许的情况下，非线性模型往往可以线性化为线性模型，方法是把非线性模型在工作点邻域内展成泰勒级数，保留一阶项，略去高阶项，就可得到近似的线性模型.

数学模型有多种不同的分类方法，比如按应用领域可分为医学数学模型、气象学数学模型等；按是否考虑随机因素可分为确定模型和随机模型；按应用离散方法或连续方法可分为离散模型和连续模型；按建立模型的数学方法可分为几何模型、微分方程模型、图论模型等；按人们对事物发展过程的了解程度可分为白箱模型、灰箱模型和黑箱模型.

1.2.2 数学方法简介

数学方法是以数学为工具进行科学研究的方法，即用数学语言表达事物的状态、关系和过程，经过推导、运算与分析，以形成解释、判断和预言的方法.本节主要介绍有限差分方法和变分法.

1.2.2.1 有限差分方法

有限差分方法，也称网格法，是一种求解偏微分方程定解问题的数值解中应用最广泛的离散方法之一.它的基本思想是，先对所给方程的求解区域进行网格剖分，将连续变量的函数用定义在网格点上的离散变量的函数代替，用网格点上函数的差商代替导数，将含连续变量的偏微分方程定解问题化成只含有限个未知数的代数方程组(称为差分格式).

用有限差分方法来求解偏微分方程(初)边值问题，由于计算机只能处理有限数据，我们必须要将原连续问题离散化.这样就必须要对原求解区域进行剖分.举例来说，对初边值问题，求解区域为 $[0,T]\times\Omega$, 其中 $\Omega\subset\mathbb{R}^m$. 我们一般用平行于坐标轴的直线 (平面或超平面) 把区域 Ω 分割成一些矩形 (或长方体等)网格，其交点称为“节点”，空间上相邻两点间的距离称为“空间步长”，时间上的间距称为“时间步长”.图1.5所示为等距网格剖分,其中，$x_j=jh,t_n=n\tau$.

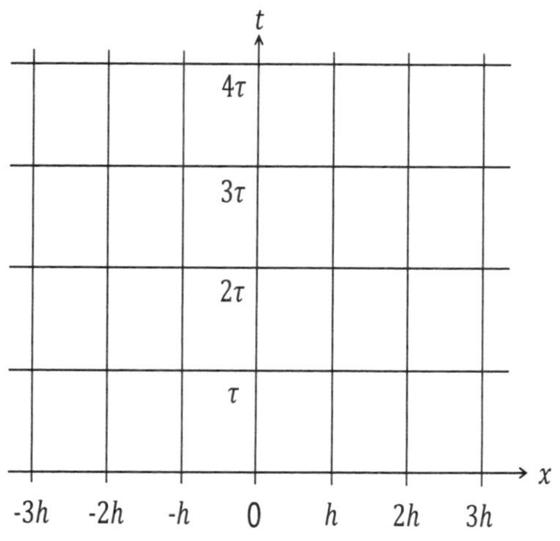

图 1.5　等距网格剖分

用有限差分方法近似求解偏微分方程初边值问题，本质上讲即用差商来近似各种偏导数(或者说用数值积分公式计算各种积分).我们有多种构造办法，这里我们只介绍Taylor 展开法(较为直观).

考虑以下对流方程初值问题

$$\begin{cases}\dfrac{\partial u}{\partial t}+a\dfrac{\partial u}{\partial x}=0, & x\in\mathbb{R},\ t>0,\\ u(x,0)=g(x), & x\in\mathbb{R},\end{cases}\tag{1-19}$$

利用

$$\frac{u(x_j,t_{n+1})-u(x_j,t_n)}{\tau}=\frac{\partial u}{\partial t}(x_j,t_n)+\frac{\tau}{2}\frac{\partial^2 u}{\partial t^2}(x_j,\xi_n),\ \xi_n\in(t_n,t_{n+1}),$$

$$\frac{u(x_j,t_n)-u(x_{j-1},t_n)}{h}=\frac{\partial u}{\partial x}(x_j,t_n)-\frac{h}{2}\frac{\partial^2 u}{\partial x^2}(\eta_j,t_n),\ \eta_j\in(x_{j-1},x_j),$$

可得 $\dfrac{u_j^{n+1}-u_j^n}{\tau}+a\dfrac{u_j^n-u_{j-1}^n}{h}=\left[\dfrac{\partial u}{\partial t}+a\dfrac{\partial u}{\partial x}\right]_j^n+O(\tau+h)$. 这样假如 u 为满足 (1-19) 的光滑解，那么可以用差分方程

$$\frac{u_j^{n+1}-u_j^n}{\tau}+a\frac{u_j^n-u_{j-1}^n}{h}=0 \tag{1-20}$$

来近似式(1-19)中的方程.也可以将上式改写为

$$u_j^{n+1}=u_j^n-a\lambda(u_j^n-u_{j-1}^n),\quad n=0,1,\cdots,\ j=0,\pm1,\pm2,\cdots \tag{1-21}$$

其中 $\lambda=\frac{\tau}{h}$ 称为网格比.将初值离散化

$$u_j^0=g_j\equiv g(x_j),\quad j=0,\pm1,\pm2,\cdots$$

便可由式(1-21) 计算出u_j^n. 式 (1-21) 在时间上是一个显式两层格式.

考虑微分方程为

$$Lu=0,\qquad \left(\text{如 } Lu=\frac{\partial u}{\partial t}+a\frac{\partial u}{\partial x}\right), \tag{1-22}$$

设其差分格式为

$$L_h^\tau u_j^n=0,\qquad \left(\text{如 } L_h^\tau u_j^n=\frac{u_j^{n+1}-u_j^n}{\tau}+a\frac{u_j^n-u_{j-1}^n}{h}\right). \tag{1-23}$$

定义 1.1 $E_j^n:=L_h^\tau u(x_j,t_n)-Lu(x_j,t_n)\equiv L_h^\tau u(x_j,t_n)$ 称为差分格式 (1-23)的截断误差.

如上面对流方程的差分格式有 $E_j^n=O(\tau+h)$. 一般若 $E_j^n=O(\tau^p+h^q)$, 则称该差分格式对时间步长为 p 阶精度, 对空间步长为 q 阶精度.

定义 1.2 所谓差分格式的相容性，是指时间、空间步长 $\tau,h\to 0$ 时, 差分方程应该形式上收敛到原来的微分方程.

这就是说，假如原问题的解 $u(x,t)$ 充分光滑, 若 $\tau,h\to 0$, 有 $E_j^n\to 0$, 则上面差分格式 (1-23) 与方程 (1-22) 是相容的.简单说就是差分格式至少是一阶精度的，则称为相容的.

我们用差分格式来近似求解微分方程初边值问题, 最关心的自然是当步长 τ, h 充分小时, 近似解是否足够靠近真解? 这就是我们关心的差分格式的收敛性问题.

定义 1.3 令 $e_j^n = u(x_j, t_n) - u_j^n$, 如果 $\tau, h \to 0$ 时, 有 $e_j^n \to 0$, 则称差分格式是收敛的.

尤其对于时间发展问题，差分格式是逐(时间)层计算的, 前一时间层上值的舍入误差会在后面计算过程中传播, 我们必须要控制这些误差的累积.

对于偏微方程的计算, 我们将主要考虑对初值的稳定性(中间过程的舍入误差的影响由于方程的复杂性不好准确估计).

定义 1.4 称差分格式(1-23)是对初值稳定的(简称稳定的), 若 $\exists K > 0$,s.t.对于初值 u^0 的误差 $\tilde{u}^0$ 以及由此产生的 u^n 的误差 $\tilde{u}^n$ [这里$u^m = (\cdots, u_j^m, u_{j+1}^m, \cdots)$], 如果当 $0 < \tau \le \tau_0, n\tau \le T$ 时, 一致地有

$$|\tilde{u}^n| \le K \left|\tilde{u}^0\right|. \tag{1-24}$$

1.2.2.2 变分法

变分法的目的，是寻求使得对应能量泛函取极大或极小值的极值函数，即欧拉-拉格朗日方程(E-L方程).E-L 方程的解是对应的能量泛函的临界点(必要条件而非充分条件)，即当泛函有极值时，E-L方程成立.假设泛函$F : X \to \mathbb{R}$，其中X是具有特定性质(如光滑性、连续性)的函数集合.比如若X为Hilbert空间，则其满足以下性质：

- 对加法封闭，若$x \in X$，$y \in X$，则$x + y \in X$;
- 对数量乘法封闭，若$a \in \mathbb{R}$，$x \in X$，则$ax \in X$;
- 内积为$< x, y > \in \mathbb{R}$，且满足交换律、结合律和保正性：

$$< x, y > = < y, x >, \quad < ax + by, z > = a < x, z > + b < y, z >, \quad < x, x > \ge 0, \tag{1-25}$$

- 空间范数为$\|x\| = < x, x >^{1/2}$，且$\|x\| = 0$ 等价于$x = 0$.

记

$$F'(x; v) = \lim_{\lambda \to 0^+} \frac{F(x + \lambda v) - F(x)}{\lambda} = \frac{\mathrm{d}}{\mathrm{d}\lambda} F(x + \lambda v)|_{\lambda=0}, \tag{1-26}$$

若上述极限存在，则称为F在x处关于方向v的方向导数.若$F'(x;v)$关于v是有界线性的，则称F是Gateaux可微的.又$F'(x;v)$ 是Hilbert空间上的线性泛函，故存在向量$u\in x$，使得$F'(x;v)=<u,v>$，其中u被称为F的Gateaux 导数，简记为$u=F'(x)$.若x^* 是泛函$F(x)$ 的极小值点，则对任给的$v\in x$，有$F'(x^*;v)=0$，即得到E-L 方程为$F'(x^*)=0$.

考虑一般的能量泛函

$$F(u)=\int_{\Omega}L(x,u(x),\nabla u(x))\mathrm{d}x, \tag{1-27}$$

其中泛函$L(x,u,w)$中的参数的形式为

$$x=(x_1,x_2,\cdots,x_n)\in\Omega,\quad u\in\mathbb{R},\quad w=(w_1,w_2,\cdots,w_n)\in\mathbb{R}^n. \tag{1-28}$$

可以得到

$$\begin{aligned}\frac{\mathrm{d}}{\mathrm{d}\lambda}F(u+\lambda\phi)&=\frac{\mathrm{d}}{\mathrm{d}\lambda}\int L(x,u+\lambda\phi,\nabla u+\lambda\nabla\phi)\mathrm{d}x\\&=\int\frac{\mathrm{d}}{\mathrm{d}\lambda}L(x,u+\lambda\phi,\nabla u+\lambda\nabla\phi)\mathrm{d}x\\&=\int\frac{\partial L}{\partial u}(x,u+\lambda\phi,\nabla u+\lambda\nabla\phi)\phi\mathrm{d}x\\&\quad+\int\sum_{i=1}^{n}\frac{\partial L}{\partial w_i}(x,u+\lambda\phi,\nabla u+\lambda\nabla\phi)\frac{\partial\phi}{\partial x_i}\mathrm{d}x,\end{aligned} \tag{1-29}$$

令$\lambda=0$, 有

$$\begin{aligned}\frac{\mathrm{d}}{\mathrm{d}\lambda}F(u+\lambda\phi)|_{\lambda=0}&=\int\frac{\partial L}{\partial u}(x,u,\nabla u)\phi\mathrm{d}x+\int\sum_{i=1}^{n}\frac{\partial L}{\partial w_i}(x,u,\nabla u)\frac{\partial\phi}{\partial x_i}\mathrm{d}x\\&=\int\frac{\partial L}{\partial u}(x,u,\nabla u)\phi\mathrm{d}x-\int\sum_{i=1}^{n}\frac{\partial}{\partial x_i}(\frac{\partial L}{\partial w_i}(x,u,\nabla u))\phi\mathrm{d}x\\&=\int(\frac{\partial L}{\partial u}(x,u,\nabla u)-\sum_{i=1}^{n}\frac{\partial}{\partial x_i}(\frac{\partial L}{\partial w_i}(x,u,\nabla u)))\phi\mathrm{d}x,\end{aligned} \tag{1-30}$$

则$F(u)$的Gateaux 导数为

$$F'(u)=\frac{\partial L}{\partial u}(x,u,\nabla u)-\sum_{i=1}^{n}\frac{\partial}{\partial x_i}(\frac{\partial L}{\partial w_i}(x,u,\nabla u)). \tag{1-31}$$

其中用到了分部积分引理，即对任给的$\phi \in C_c^\infty(\Omega)$，有

$$\int f(x)\frac{\partial \phi}{\partial x_i}(x)\mathrm{d}x = -\int \frac{\partial f}{\partial x_i}(x)\phi(x)\mathrm{d}x. \tag{1-32}$$

1.2.3 数学模型与方法的应用

数学模型和方法在工业中的应用非常广泛，几乎涵盖生产、运营、设计和管理等各个方面.比如，工业生产中经常使用优化模型处理资源分配、生产计划和物流优化等问题.

优化模型可以帮助找到最佳的生产方案、资源配置和运输路线，从而提高效率、降低成本.利用统计学和机器学习方法，可以构建预测模型预测未来市场需求、产品质量、设备故障等，有针对性地进行生产和维护计划.数学建模和控制理论在工业自动化中扮演着重要角色，例如最优控制理论可应用于自动化生产线、机器人控制、电力系统和化工过程等领域.依赖于统计学和数据分析的质量管理方法可以改进产品质量、降低缺陷率.数学模型可以帮助优化供应链设计和运营，包括库存管理、订单处理、运输规划等，提高供应链的效率和灵活性.利用数学建模和仿真技术，工业界可以在产品设计阶段进行虚拟实验，降低开发成本、缩短产品上市周期，优化产品设计.

数学模型和方法在生物医学领域的应用涵盖了疾病诊断、疾病治疗、药物研发、基因组等多个方面，为医学研究和临床实践提供了有力支持.数学方法在医学影像处理中扮演着关键角色，如CT、磁共振、X 射线等影像数据的分析、重建和图像增强等方面.数学模型可以帮助医学更准确地诊断疾病和指导设计治疗方案.生物信息学依赖于数学和统计学方法来分析生物数据，包括基因组学、蛋白质组学、转录组学等.通过数学建模和机器学习技术，可以揭示基因之间的相互作用，预测蛋白质结构和功能等.数学模型在药物设计和开发过程中起着至关重要的作用，包括药物分子的结构预测、相互作用模拟、药效评估等方面.这有助于加速药物研发过程，降低成本并提高成功率.

数学模型可用于疾病传播动态的建模和预测，如流感、艾滋病等.通过建立传染病模型，可以帮助制定有效的防控策略和预防措施.数学方法在神经科学研究中发挥着重要作用，包括大脑功能的建模、神经元网络的仿真、认知过程的数学描述等.这有助于深入理解大脑结构和功能，促进脑科学的发展.

数学模型和方法在航空航天领域的应用十分广泛，涵盖飞行器设计、性能

评估、导航控制、通信系统、材料科学等多个方面，为航空航天技术的发展和应用提供了重要支持.飞行器的设计和性能评估依赖于数学模型和仿真技术.通过数学建模和计算流体力学方法，可以模拟飞行器的气动特性、飞行性能，从而指导设计过程和优化飞行器结构.航空航天系统中的导航、飞行控制和自动驾驶系统都依赖于数学模型和控制理论.例如，惯性导航系统、自动驾驶仪、飞行控制系统都需要建立精确的数学模型来确保飞行器的安全和稳定.对于卫星和航天器，数学方法用于轨道设计、姿态控制、导航定位等方面.轨道动力学、天文学、控制理论等都是航天领域常用的数学工具.航空航天发动机的设计涉及燃烧动力学、燃气动力循环等复杂的数学模型，以及温度场、压力场等的数值模拟.航空航天器的结构分析和材料性能评估需要借助数学建模和有限元分析等工具，以确保飞行器的安全和可靠性.卫星通信系统和遥感数据处理也离不开数学方法，如调制解调、信号处理、数据压缩等领域的数学算法.

1.3 主要研究内容和章节安排

本书主要研究图像处理中的一些数学模型和方法，包括正则化技术、量身定做有限点方法、优化方法、机器学习方法和其他模型与方法在图像去噪去模糊、图像修复、图像超分辨率重建、图像分割和图像融合等领域的应用.图像反问题求解最大困难在于大多数反问题都呈现出不适定性，也就是说反问题的算子矩阵即图像的退化矩阵是奇异的或者接近奇异的（不可逆的或者病态的）.这就导致数值结果对于微小扰动极其敏感，在图像上的具体表现就是即使观测图像仅含有低强度噪声，也会使得重建结果包含大量高强度噪声而难以接受甚至还不如观测图像，或者边缘变得很模糊.高质量的图像重建，就是要求既要保持图像灰度梯度较小区域的平滑性，又要保持图像灰度梯度较大区域的细节特征（图像边缘等），目前依然存在诸多挑战.本书共分为5章，各章主要研究内容如下：

第1章，绪论.主要介绍了几类常见的图像处理反问题的背景、研究意义及国内外研究动态，包括图像去噪去模糊、图像分割、图像修复、图像超分辨率重建和图像融合，还简单介绍了数学模型和数学方法及其在工业、生物医学和航空航天领域的应用.

第2章，正则化技术.概括介绍了求解反问题的正则化技术和图像处理中的正则化技术.求解反问题的正则化方法需要构造正则化算子和选取正则化参数，这里介绍了正则化算子的构造方法，包括使用过滤器、基于变分原理的正则化方法、基于小波变换的正则化方法、基于图像稀疏表示的正则化方法和迭代正则化方法等.详细介绍了几类基于正则化技术的图像处理模型，包括图像去噪去模糊模型、图像修复模型、图像分割模型、红外与可见光图像融合模型和图像超分辨率重建模型.

第3章，量身定做有限点方法.介绍了量身定做有限点方法的基本思想和求解步骤，及使用量身定做有限点方法求解图像处理中涉及的一些奇异摄动方程.详细介绍了量身定做有限点方法在图像分割、图像超分辨率重建和图像融合中的应用，对于我们所提出的基于修正的Cahn-Hilliard方程的图像分割模型，利用量身定做有限点方法设计数值格式；对于所提的一些低阶图像融合模型和图像超分辨率重建模型，我们将量身定做有限点方法与增广拉格朗日算法相结合设计数值算法.

第4章，优化方法.简要介绍了几类优化算法，包括增广拉格朗日方法、交替方向乘子法、惯性近端交替方向乘子法、分裂布雷格曼方法.提出一种新的莱斯去噪和去模糊模型，具体给出使用增广拉格朗日方法/交替方向乘子法求解莱斯去噪和去模糊的优化问题的数值算法.

第5章，机器学习方法.简要介绍了机器学习方法和基于稀疏表示的图像去噪算法，具体给出使用字典学习方法求解高斯去噪优化问题的数值算法.具体对比了采用不同的稀疏编码方式，如正交匹配追踪、截断L_1惩罚、对数惩罚等，得到的图像去噪结果.

第2章 正则化技术

2.1 正则化技术简介

反问题的严重不适定性使得直接求解结果很不稳定，即初始数据的微小误差可能会导致数值解与真解的巨大差异.为了得到稳定的数值解，通常采用正则化技术求解该类问题.正则化方法可以有效克服反问题求解中解的不稳定性，因此在反问题领域中不适定问题研究的一项重要内容就是如何建立有效的正则化方法.

假设我们要求解的不适定问题为$Kx = y$，正则化策略就是采用一种有界线性算子

$$R_\alpha : \mathbf{Y} \to \mathbf{X}, \tag{2-1}$$

其中$\alpha > 0$ 为正则化参数，使得对任给的$x \in \mathbf{X}$有

$$\lim_{\alpha \to 0} R_\alpha K x = x. \tag{2-2}$$

正则化参数$\alpha = \alpha(\delta)$称为可接受的，如果对任给的$x \in \mathbf{X}$，当$\delta \to 0$时有$\alpha(\delta) \to 0$，且

$$\sup\{\|R_{\alpha(\delta)} y^\delta - x\| : y^\delta \in \mathbf{Y}, \|Kx - y^\delta\| \le \delta\} \to 0. \tag{2-3}$$

即当选取的正则化参数$\alpha = \alpha(\delta)$使得$R_\alpha \to \infty$的速度比$\delta \to 0$的速度慢时可接受.此时偶对(R_α, α)叫作$Kx = y$的一个正则化方法.

因此采用正则化方法求解不适定问题的稳定近似解主要包括两个过程：构造正则化算子R_α；选择可接受的正则化参数α. 正则化算子和正则化参数的不同的选取原则构成了不同的正则化方法.对于简单的积分算子可以采用正则化过滤器(能够得到最优正则化策略)构造正则化方法；对于混合算子经典的方法有吉洪诺夫正则化和Landweber正则化.正则化参数的作用是平衡正则化误差和扰动误差，常见的参数选择方法有Morozov偏差原理、广义交叉验证(GCV)和L曲线方法.

首先，我们给出几种常用的正则化算子的构造方法.吉洪诺夫正则化方法求解的是如下能量泛函的极小值：

$$\|Kx - y^{\delta}\|_2^2 + \alpha\|Lx\|_2^2, \tag{2-4}$$

利用法方程计算可得$x_{\alpha,L} = (K^*K + \alpha L^*L)^{-1}K^*y^{\delta} \triangleq K^{\sharp}y^{\delta}$. 其中模型中的第一项是保真项，保证数值近似解与模型真实解的逼近程度；第二项是正则项，提高数值求解的稳定性，使数值解更平滑，即能够消除图像的高频部分，如噪声等.α是正则化参数，过小会使正则化效果不明显，过大会使解过于平滑（即除去了解的过多的高频细节，与真实解的偏差太大）；L 是正则化算子，一般取为单位算子或低阶的梯度算子等离散微分算子.吉洪诺夫正则化方法是最优正则化策略，但缺点是只适用于求解小规模的病态反问题，且$\|x_{\alpha,L} - x\| \to 0$ 的速度不超过$\delta^{\frac{2}{3}} \to 0$ 的速度，其收敛阶不能够被改善.即便定义x 属于一个更光滑的空间，或者在吉洪诺夫泛函的惩罚项上用一个更强的范数，依然不能够提高收敛阶.

对于大规模的病态的反问题，通常采用迭代的正则化方法求解，在迭代的过程中加入解的先验知识或者解的约束条件，从而控制问题的病态性.迭代正则化方法包括传统不动点迭代方法(断层摄影问题中的迭代方法)和基于Krylov子空间的迭代方法.传统不动点迭代方法如Landweber 迭代[101]、Kaczmarz方法、Cimmino方法、ART方法、SIRT方法等；基于Krylov子空间的迭代方法如共轭梯度、共轭梯度最小二乘、GMRES、RRGMRES、MINRES、最小二乘QR分解等.其中Landweber 迭代格式如下：

$$x^m = (I - aK^*K)x^{m-1} + aK^*y, \tag{2-5}$$

式中，a是松弛因子. Landweber迭代也是最优化正则化策略，且能够提高收敛阶，若$x = (K^*K)^r z$，其中$\|z\| \le E$，$r \in \mathbb{N}, r \ge 2$，则

$$\|x^{m(\delta),\delta} - x\| \le cE^{\frac{1}{2r+1}}\delta^{\frac{2r}{2r+1}}. \tag{2-6}$$

Landweber迭代方法的缺点是迭代速度太慢.Krylov子空间的投影迭代算法是根据问题自身解的特点构造基函数，因此收敛较快.但与Landweber 迭代算法一样，都具有“半收敛”性质，因此需要找到合适的终止条件，可以采用正则化参数选取的方法进行寻找.

下面，给出三类正则化参数的选取方法.Morozov偏差原理是一种采用后验策略的偏差原理，需要事先对测试数据集的噪声做出很好的估计$\|y - y^{\delta}\| \le \delta$，那么方程的合适的解应当满足对任给的$x \in \mathbf{X}$ 有$\|Kx - y^{\delta}\| \le \delta$.又$S = \{x : \|Kx - y^{\delta}\| \le \delta, x \in \mathbf{X}\}$是无限集，下面寻找

$$\min \|x\| \quad \text{s.t.} \quad \|Kx - y^{\delta}\| \le \delta. \tag{2-7}$$

可以验证S是闭凸集，且在条件$\|y - y^{\delta}\| \le \delta < \|y^{\delta}\|$ 下(即零点在S外)，其对应的解在S的边界达到，即$\|Kx - y^{\delta}\| = \delta$.因此利用Morozov 偏差原理选取正则化参数$\alpha$，就是选取$\alpha = \alpha(\delta)$，使得相应的正则化解$x^{\alpha,\delta}$ 满足Morozov偏差方程

$$\|Kx^{\alpha,\delta} - y^{\delta}\| = \delta. \tag{2-8}$$

若y, y^{δ}满足$\|y - y^{\delta}\| \le \delta < \|y^{\delta}\|$，则Morozov偏差方程的解存在唯一.令

$$F(\alpha) = \|Kx^{\alpha,\delta} - y^{\delta}\|^2 - \delta^2, \tag{2-9}$$

求解 Morozov 偏差方程 $\|Kx^{\alpha,\delta} - y^{\delta}\| = \delta$ 等价于求解$F(\alpha)$的零点,可采用 Newton 法求解.

广义交叉验证(GCV)也是选取正则化参数的一种方式.其中一种普遍的策略是“留一验证”，指只使用原样本中的一项当作验证项，其余的全部留下来作为训练集，这一步骤一直持续到每个样本都当作一次验证项.在吉洪诺夫正则化中，忽略一个数据点y_k^{δ}，计算

$$\min \sum_{i \neq k} ((Kx)_i - y_i^{\delta})^2 + \alpha \|Lx\|_2^2, \tag{2-10}$$

得到解$x_{\alpha,L}^{[k]}$，在理想情形下，$x_{\alpha,L}^{[k]}$可精确预测缺失数据y_k^{δ}.即在“留一验证”中选取参数α使得关于所有k的预测误差最小，即

$$\min\{g(\alpha) = \frac{1}{m} \sum_{i=1}^{m} ((Kx_{\alpha,L}^{[k]})_k - y_k^{\delta})^2\}. \tag{2-11}$$

通过计算可得

$$\frac{(Kx_{\alpha,L})_k - y_k^{\delta}}{(Kx_{\alpha,L}^{[k]})_k - y_k^{\delta}} = 1 - (KK^{\sharp})_{k,k}, \tag{2-12}$$

其中$(KK^\sharp)_{k,k} \approx \frac{1}{m}Tr(KK^\sharp)$. 从而“留一验证”就是选取正则化参数$\alpha$使得

$$\min \frac{m\|Kx_{\alpha,L} - y^\delta\|_2^2}{Tr(I - KK^\sharp)^2}, \tag{2-13}$$

其中$Tr(KK^\sharp) = Tr(K^\sharp K)$.对于大规模问题，可考虑基于随机方法估计模型分辨率矩阵$K^\sharp K$ 的对角元素.

L-曲线方法就是根据曲线$(\log\|Kx-y\|, \log\|x\|)$的曲率变化，$\|Kx-y\|$与$\|x\|$相互变化曲线具有“L”形状，因为$\|x\|$随$\alpha$的增大而减小，$\|Kx - y\|$随$\alpha$的增大而增大.一般选取的正则化参数$\alpha$，对应于曲线$(\log\|Kx - y\|, \log\|x\|)$的最大曲率点，即曲线的拐点.

2.2　图像处理中的正则化技术

图像处理中的正则化技术的基本思想是用图像的先验知识即正则项作为优化原则对其进行建模，本质就是最大后验(MAP) 法，其中的正则项就是最大后验法的先验.性能良好的正则项应该能够在抑制噪声的同时保持图像的边缘信息，即在图像灰度强度变化小的地方能够平滑图像同时没有阶梯效应，在图像灰度强度变化大的地方能够有效保持间断点避免被过度光滑.

图像处理中的正则化方法包括迭代正则化方法、基于小波变换的正则化方法、基于图像稀疏表示的正则化方法和基于变分思想的正则化方法等.迭代正则化方法主要是基于Krylov子空间的方法，如共轭梯度最小二乘、最小二乘QR分解方法等.基于变分思想的正则化方法，如吉洪诺夫正则化、基于小波变换正则化、全变分(TV)正则化和基于图像稀疏表示的正则项等. 考虑图像复原的基本模型：

$$\min F(u) + \lambda R(u), \tag{2-14}$$

其中第一项是数据保真项，保证数值解是真解的有效逼近，去除高斯噪声和模糊的保真项为$\|Ku - f\|^2$，或者根据其他概率密度分布函数得到的特有的保真项；第二项是正则项，目的是提供一个先验知识.

1. 基于变分思想的正则项

常见有吉洪诺夫正则项、TV (全变分)正则项等.

(1)吉洪诺夫正则项

反问题的先驱者Tikhonov[102]在1963年提出正则化的思想，随后提出了经典的基于l_2范数的吉洪诺夫正则化模型，即$R(u) = \|u\|_2^2$或者$R(u) = \|\nabla u\|_2^2$，其中∇代表离散梯度.由于吉洪诺夫正则项带来的是各向同性平滑，即在图像中的每个点处沿着各个方向的平滑效果是一样的，那么在图像的边缘处，沿着灰度的切线方向平滑的效果和沿着法线方向的平滑效果是一样的，因此不能够很好地保留图像的边缘信息.图像正则化的难点就在于在抑制噪声的同时能够保存图像高频信息，如图像的边缘信息、纹理特征等，而吉洪诺夫正则化将解限制为平滑解，在抑制噪声的同时也抑制了图像的细节信息.经典的维纳滤波和约束最小二乘滤波都是吉洪诺夫正则化方法的两个特例.高通滤波后的图像中间断点的数值较大，而平滑处即使有噪声其数值也比间断点处的小，因此平滑处理后间断点处的数值更大，在优化求最小值时惩罚非常严重，使得重建图像的间断点处过于平滑.综上，吉洪诺夫正则项并不是理想的正则项，应当降低正则化函数曲线在高频信息处的斜率.

(2)全变分正则项

1992年Rudin[7]等提出了经典的全变分模型(ROF模型).在众多的正则化方法中，全变分正则项以合适的重尾特性，能够很好地解决间断点的过度平滑，因此被广泛应用于图像处理中的去噪去模糊、修补等方面，并取得良好的性能.全变分正则项的形式为$R(u) = \|\nabla u\|_1$，它在进行图像平滑的过程中仅沿着切线方向平滑，那么在图像的边缘处，对于灰度法线方向没有平滑，因此能够很好地保留图像的边界信息.但是，全变分正则化方法在有效保持高频信息的同时也带来两大难点：一是由于全变分正则项的开方形式使得微分很难进行，即其对应的欧拉-拉格朗日方程的非线性项会给数值求解带来困难；二是全变分正则化方法仅在图像函数为分片常数时才是最优的，而自然图像大多是复杂的灰度或者彩色图像难以满足分片常数的形式，因此在信噪比较低的情况下，全变分正则化方法会使图像处理结果具有非常严重的阶梯效应.阶梯效应主要发生于图像灰度强度变化小的区域，即图像的光滑区域.全变分正则项使得图像光滑区域趋于分片常数化，即在图像光滑区域，引入很多伪边缘，严重影响视觉效果.针对全变分正则化导致的阶梯效应的问题，很多学者将其归因于全变分正则项仅仅对相邻像素建立变分关系，而对于更大邻域的像素没有给出有

效变分形式，因此基于高阶变分法的正则化方法被引入，以此实现对阶梯效应的抑制.例如，2004 年由Farsiu 等[69]提出的双边全变分(bilateral total variation, BTV)正则项，吸收了Tomasi的双边滤波的思想，考虑到中心像素与邻近像素的距离和灰度关系，扩展了全变分正则项所影响的邻域，也将中心像素与更多的邻域像素建立关系，提高了估计的准确性.BTV的表达式为

$$BTV(\mathbf{x}) = \sum_{m=1}^{t}\sum_{n=1}^{t}\alpha^{|m|+|n|}\|x - s_x^m s_y^n x\|_1,$$

其中，s_x^m和s_y^n分别表示向x方向移动m个像素和向y方向移动n个像素；$1 > \alpha > 0$是距离度量参数.2010年，Bredies等[70]提出了广义全变分(total generalized variation, GTV) 正则项.与全变分正则化方法不同的是，它引入了图像函数直到n阶的高阶偏导数，抑制了全变分模型的阶梯效应.当然对于任何引入高阶偏导数以消除或者减轻阶梯效应的做法都是有计算代价的.

2. 基于小波变换的正则项

基于小波变换的正则项为 $R(u) = \sum_k \lambda_k \phi(\langle u, \varphi_k\rangle)$，其中，$\phi$ 是惩罚函数；φ_k是小波正交基；λ_k 是调整参数，也可以写成 $|W^{\mathrm{T}}u|_1$，其中W 是标准的紧框架.小波变换在图像处理的诸多领域都有着非常重要的应用，比如图像压缩、图像融合、图像水印、图像去噪等.小波变换是图像多尺度、多分辨率分解，因此它可以获得图像的任意细节信息.图像压缩标准的核心是离散余弦变换，在图像质量要求比较高时基本都是采用小波变换进行图像压缩.用小波进行图像融合时，首先对每一幅图像进行小波变换，建立图像的小波塔型分解，然后对各分解层上的不同频率分量采用不同的融合算子进行融合，最后对融合的图像进行小波重构.由于小波基的种类和小波分解的层数对融合效果影响很大，因此对于特定的图像而言，我们需要考虑选取哪种小波基以及分解到哪一层.小波变换可以分离出图像的高频子图、中频子图和低频子图，据此可以对中低频子图进行修改，这就为图像水印提供了可能；还可以对高频子图设置阈值，过滤掉异常频点，这就实现了图像去噪.基于小波变换的正则化方法适用于低信噪比的图像，但速度慢，分解尺度难以选择.

3. 基于图像稀疏表示的正则项

关于图像模型的先验假设$R(u)$ 表示对u 的一个约束条件，一些学者认为u应该满足“稀疏”这个条件，因为这是自然图像中所普遍存在的一个事实.基

于图像稀疏表示的正则化方法也称为稀疏字典学习.假设字典D是为输入图像找到的一个稀疏表示，一般是基向量的形式，那么就存在一个稀疏编码α，使得输入图像$f \approx D\alpha$.稀疏字典学习可以很好地处理图像去噪和图像修复问题，但是它很难处理高斯噪声，这是由于高斯白噪声是不稀疏的.

4. 迭代正则项

迭代正则化方法可以更好地控制和增强图像复原的结果，但也具有相当可观的计算量的需求.常用的迭代正则化方法主要是Richardson-Lucy(R-L)方法、共轭梯度最小二乘法(CGLS)、最小二乘QR分解(LSQR) 等.R-L 方法是通过使用期望最大化算法最大化复原图像的似然性，并使用对数似然性作为代价函数被加速，在降质图像和复原图像之间保持能量守恒和非负性.在最小二乘法的基础上提出的共轭梯度最小二乘法和最小二乘QR 分解，可以在较少的迭代步数下实现运动模糊、离焦模糊图像的复原.

2.3 基于正则化技术的图像处理模型

2.3.1 图像去噪、去模糊模型

假设

$$f = Ku + \eta, \tag{2-15}$$

其中，f是降质图像；K是线性模糊算子；u是对应的干净的图像；η是噪声.我们考虑如何从被噪声污染和被模糊化的退化图像f中反解出干净的图像u.

假设$\hat{u}$是u在给定降质图像f下的极大似然估计，即$\hat{u} = \arg\max_u P(u|f)$.根据贝叶斯定理，我们有

$$\max_u P(u|f) \Leftrightarrow \max_u P(u)P(f|u) \Leftrightarrow \min_u\{-\log P(u) - \log P(f|u)\}. \tag{2-16}$$

因此只需要我们给出$P(u)$和$P(f|u)$的数学表达形式，就得到了图像去噪、去模糊的数学模型.其中，对于$P(f|u)$，我们可以根据噪声的类型，从噪声服从的概率密度函数中求解出，比如，对于高斯噪声，高斯分布的概率密度函数为

$$P(x; y, \sigma) = \frac{1}{\sqrt{2\pi\sigma^2}} \exp\left\{-\frac{(x-y)^2}{2\sigma^2}\right\}, \tag{2-17}$$

因此，

$$P(f|u) = P(f; Ku, \sigma) = \frac{1}{\sqrt{2\pi\sigma^2}} \exp\left\{-\frac{(f-Ku)^2}{2\sigma^2}\right\}. \tag{2-18}$$

对于莱斯噪声，莱斯分布的概率密度函数为

$$P(r; \nu, \sigma) = \frac{r}{\sigma^2} \exp\left\{-\frac{r^2+\nu^2}{2\sigma^2}\right\} I_0\left(\frac{r\nu}{\sigma^2}\right), \tag{2-19}$$

其中I_0是0阶第一类修正的贝塞尔函数，且 $r, \nu, \sigma > 0$，因此

$$P(f|u) = P(f; Ku, \sigma) = \frac{f}{\sigma^2} \exp\left\{-\frac{(Ku)^2+f^2}{2\sigma^2}\right\} I_0\left(\frac{f\cdot Ku}{\sigma^2}\right). \tag{2-20}$$

而对于$P(u)$，它是我们预先假定的，即我们给出先验信息$P(u)$，就可以得到图像去噪、去模糊的数学模型，也就是说，图像去噪、去模糊的数学模型可看作是在先验信息$P(u)$下的极大后验估计(MAP). 根据先验信息$P(u)$，我们就可以得到模型的正则项，即先验信息中涵盖的是正则项对应的信息.

2.3.1.1 图像去噪和去模糊的ROF模型

1992年，Rudin等[7] 提出采用全变分正则项解决图像去噪问题（ROF模型），因其允许变分模型有不连续的解，所以可以有效保留图像的边界信息. 目前，全变分正则项已被广泛用于图像处理的各个领域，包括图像去模糊、图像恢复、图像超分辨率重建、图像分割、图像纹理分析等. ROF模型是先验信息$P(u) = \exp(-\alpha \int_\Omega |Du| \mathrm{d}x)$下的极大后验估计(MAP)，其中 α 是模型中的尺度调整参数. 此时，模型$\min_u\{-\log P(u) - \log P(f|u)\}$中的第一项$-\log P(u) = \alpha \int_\Omega |Du| \mathrm{d}x$，也就对应着正则项是关于图像灰度梯度的$L^1$范数，称为全变分正则项. 根据莱斯分布的概率密度函数，我们有

$$P(f|u) = P(f; Ku, \sigma) = \frac{f}{\sigma^2} \exp\left\{-\frac{(Ku)^2+f^2}{2\sigma^2}\right\} I_0\left(\frac{f\cdot Ku}{\sigma^2}\right). \tag{2-21}$$

因此，2011年Liu等[9,10,103]给出的关于莱斯去噪去模糊的全变分模型为

$$\min_u\{F(u) = \int_\Omega |Du| \mathrm{d}x + \lambda \int_\Omega \left[-\log\frac{f}{\sigma^2} - \log I_0(\frac{f\cdot Ku}{\sigma^2}) + \frac{f^2+(Ku)^2}{2\sigma^2}\right] \mathrm{d}x\}, \tag{2-22}$$

等价于

$$\min_u F(u) = \min_u \int_\Omega |Du| \mathrm{d}x + \lambda \int_\Omega \left[\frac{(Ku)^2}{2\sigma^2} - \log I_0(\frac{f\cdot Ku}{\sigma^2})\right] \mathrm{d}x, \tag{2-23}$$

其中 $\lambda = 1/\alpha$. 因此去除莱斯噪声的全变分模型为

$$\min_u F(u) = \min_u \int_\Omega |Du|\mathrm{d}x + \lambda \int_\Omega \left[\frac{(Ku)^2}{2\sigma^2} - \log I_0(\frac{f \cdot Ku}{\sigma^2})\right]\mathrm{d}x. \tag{2-24}$$

同理，根据高斯分布的概率密度函数

$$P(f|u) = P(f; Ku, \sigma) = \frac{1}{\sqrt{2\pi\sigma^2}} \exp\left\{-\frac{(f - Ku)^2}{2\sigma^2}\right\}, \tag{2-25}$$

可以导出去除高斯噪声的全变分模型，记为ROF模型：

$$\min_u F(u) = \min_u \int_\Omega |Du|\mathrm{d}x + \frac{\lambda}{2} \int_\Omega (f - u)^2\mathrm{d}x. \tag{2-26}$$

在图像去噪去模糊的全变分模型(2-24)和(2-26)中，第一项称为正则项，统记为$\int_\Omega \phi(|Du|)\mathrm{d}x$；第二项称作保真项，它可以由噪声所服从的概率密度函数推导出，统记为$\int_\Omega H_\sigma(u)\mathrm{d}x$.下面分析模型

$$\min_u F(u) = \min_u \int_\Omega \phi(|Du|)\mathrm{d}x + \lambda \int_\Omega H_\sigma(u)\mathrm{d}x. \tag{2-27}$$

研究选取什么样的函数ϕ，能够在图像灰度梯度变化小的地方各向同性平滑，在图像灰度梯度变化大的地方仅沿着图像灰度切线方向平滑(保留边界).推导出泛函(2-27)的欧拉-拉格朗日方程：

$$\lambda H'_\sigma(u) - \mathrm{div}(\frac{\phi'(|Du|)}{|Du|} \cdot Du) = 0. \tag{2-28}$$

根据坐标变换，对任给的$x \in \Omega$，$|\nabla u| \neq 0$，记 $N(x) = \frac{\nabla u}{|\nabla u|}$为法线方向，$T(x)$为切线方向，即$T(x) \perp N(x)$，$|T(x)| = 1$.可推导出$u$ 在这两个方向的二阶方向导数分别为

$$u_{TT} = T^t\nabla^2 uT = \frac{1}{|\nabla u|^2}(u_{x_1}^2 u_{x_2x_2} + u_{x_2}^2 u_{x_1x_1} - 2u_{x_1}u_{x_2}u_{x_1x_2}), \tag{2-29}$$

$$u_{NN} = N^t\nabla^2 uN = \frac{1}{|\nabla u|^2}(u_{x_1}^2 u_{x_1x_1} + u_{x_2}^2 u_{x_2x_2} - 2u_{x_1}u_{x_2}u_{x_1x_2}), \tag{2-30}$$

代入欧拉-拉格朗日方程有

$$\lambda H'_\sigma(u) - \left[\frac{\phi'(|Du|)}{|Du|} \cdot u_{TT} + \phi''(|Du|)u_{NN}\right] = 0. \tag{2-31}$$

当$|\nabla u|$较小时，可看作是图像的内部，希望各向同性平滑，即式(2-31)中两个二阶方向导数前面的系数基本相等，因此期望

$$\phi'(0) = 0, \tag{2-32}$$

$$\lim_{s\to 0^+} \frac{\phi'(s)}{s} = \lim_{s\to 0^+} \phi''(s) = \phi''(0) > 0. \tag{2-33}$$

当$|\nabla u|$较大时，可看作是图像的边界，希望仅沿切线方向平滑，保留边界，即式(2-31)中二阶法线方向导数前面的系数为0，即

$$\lim_{s\to +\infty} \phi''(s) = 0, \tag{2-34}$$

$$\lim_{s\to +\infty} \frac{\phi'(s)}{s} = \beta > 0. \tag{2-35}$$

遗憾的是，这两个条件不相容，因此我们退而求其次，希望有

$$\lim_{s\to +\infty} \phi''(s) = \lim_{s\to +\infty} \frac{\phi'(s)}{s} = 0, \tag{2-36}$$

$$\lim_{s\to +\infty} \frac{\phi''(s)}{\phi'(s)/s} = 0. \tag{2-37}$$

如果选取$\phi(s) = \sqrt{1+s^2} - 1$，可计算出

$$\lim_{s\to 0^+} \phi''(s) = \lim_{s\to 0^+} \frac{\phi'(s)}{s} = \phi''(0) = 1 > 0, \tag{2-38}$$

$$\lim_{s\to +\infty} \phi''(s) = \lim_{s\to +\infty} \frac{\phi'(s)}{s} = 0, \tag{2-39}$$

$$\lim_{s\to +\infty} \frac{\phi''(s)}{\phi'(s)/s} = \lim_{s\to +\infty} \frac{1}{1+s^2} = 0. \tag{2-40}$$

从而此时去噪模型在内部是各向同性平滑，在边界处仅沿切线方向平滑. 如果选取$\phi(s) = s^2$，则各向同性平滑，不能有效保留边界信息；在ROF模型中$\phi(s) = s$，从而可计算出$\phi''(s) = 0$，$\frac{\phi'(s)}{s} = \frac{1}{s}$，故ROF模型仅保留切线方向平滑，是一种保留边界的去噪模型.

2.3.1.2　图像去噪和去模糊的Huber模型

虽然ROF模型在去除图像噪声的同时，还可以保留图像的边界信息，但是不能保持图像的对比度和拐角[104,105]. 更重要的是，ROF模型会产生阶梯效应，也就是经过该模型处理后的图像将呈现出块状或分片常数的区域，即使这些区

域本来就是光滑的区域.我们注意到这种效应经常发生在图像灰度梯度相对较小的区域.因此，为了减少阶梯效应，我们考虑采用基于Huber边缘惩罚函数的图像去噪去模糊模型. Huber模型是先验信息$P(u) = \exp(-\alpha\int_\Omega \phi_a(|\nabla u|)\mathrm{d}x)$下的极大后验估计(MAP)，其中 α 是模型中的尺度调整参数. 此时，模型$\min_u\{-\log P(u) - \log P(f|u)\}$中的第一项$-\log P(u) = \alpha\int_\Omega \phi_a(|\nabla u|)\mathrm{d}x$，其中

$$\phi_a(x) = \begin{cases} \frac{1}{2a}x^2, & |x| \le a, \\ |x| - \frac{1}{2}a, & |x| > a. \end{cases}$$

这里，参数$a > 0$定义在具有较小或较大幅度的图像灰度梯度的区域上.一方面，由于图像的像素强度通常是分段平滑的，其灰度梯度往往是稀疏的，非零元素通常对应于边界，因此在$|\nabla u| \ge a$区域中，我们采用全变分作为正则项来保证了稀疏解的精确恢复，从而保持图像的边界等高频信息；另一方面，在$|\nabla u| < a$区域中，利用吉洪诺夫正则项对该区域中的灰度梯度施加平滑约束，可以减轻全变分正则项带来的阶梯效应. 因此，可得去除莱斯噪声的Huber模型为

$$\min_u F(u) = \min_u \int_\Omega \phi_a(|\nabla u|)\mathrm{d}x + \lambda\int_\Omega\left[\frac{u^2}{2\sigma^2} - \log I_0(\frac{fu}{\sigma^2})\right]\mathrm{d}x. \tag{2-41}$$

去除高斯噪声的Huber模型为

$$\min_u F(u) = \min_u \int_\Omega \phi_a(|\nabla u|)\mathrm{d}x + \frac{\lambda}{2}\int_\Omega (f-u)^2\mathrm{d}x. \tag{2-42}$$

通过$\phi_a(x)$函数的表达形式可见，Huber正则项是一个分段正则项，在图像灰度梯度较小区域，采用L^2范数作为正则项，意味着在图像灰度梯度较小区域采用各向同性平滑，去除全变分正则项在图像灰度梯度较小区域带来的阶梯效应；在图像灰度梯度较大区域，采用L^1范数作为正则项，意味着在图像灰度较大区域仅沿图像灰度切线方向进行平滑，保留边界.

2.3.1.3 图像去噪和去模糊的一阶模型

这个一阶模型依然是先验信息$P(u) = \exp(-\alpha\int_\Omega \phi_a(|\nabla u|)\mathrm{d}x)$下的极大后验估计(MAP)，其中 α 是模型中的尺度调整参数. 此时，模型$\min_u\{-\log P(u) - \log P(f|u)\}$中的第一项$-\log P(u) = \alpha\int_\Omega \phi_a(|\nabla u|)\mathrm{d}x$，只不过$\phi_a(x)$的定义修改为如

下表达形式，

$$\phi_a(x)=\begin{cases}\dfrac{1}{2a}x^2, & |x|\le a,\\ a\ln|x|+\frac{a}{2}-a\ln a, & |x|>a,\end{cases}\tag{2-43}$$

a 是一个小的正参数.

此时，去除莱斯噪声的一阶模型为

$$\min_u \alpha\int_\Omega \phi_a(|\nabla u|)\mathrm{d}x+\int_\Omega\left[\frac{f^2+(K*u)^2}{2\sigma^2}-\log\frac{f}{\sigma^2}-\log I_0(\frac{fK*u}{\sigma^2})\right]\mathrm{d}x,$$

可简化为如下形式

$$\min_u E(u)=\min_u\int_\Omega\phi_a(|\nabla u|)\mathrm{d}x+\lambda\int_\Omega\left[\frac{(K*u)^2}{2}-\sigma^2\log I_0(\frac{fK*u}{\sigma^2})\right]\mathrm{d}x,\tag{2-44}$$

其中 $\lambda=\frac{1}{\sigma^2\alpha}$.

而去除高斯噪声的一阶模型为

$$\min_u F(u)=\min_u\int_\Omega\phi_a(|\nabla u|)\mathrm{d}x+\frac{\lambda}{2}\int_\Omega(f-u)^2\mathrm{d}x.\tag{2-45}$$

通过$\phi_a(x)$函数的表达形式可见，此时的正则项也是一个分段正则项，在图像灰度梯度较小区域，采用L^2范数作为正则项，意味着在图像灰度梯度较小区域采用各向同性平滑，去除全变分正则项在图像灰度梯度较小区域带来的阶梯效应；在图像灰度梯度较大区域，采用低于任何指数函数增长率的对数函数对应的范数作为正则项，意味着在图像灰度较大区域降低正则项对模型的影响，增大保真项对模型的影响，保留图像对比度.

2.3.1.4　图像去噪和去模糊的平均曲率模型

平均曲率模型是先验信息$P(u)=\exp(-\alpha\int_\Omega\nabla\cdot(\frac{\nabla u}{\sqrt{1+|\nabla u|^2}})\mathrm{d}x)$下的极大后验估计(MAP)，其中 α 是模型中的尺度调整参数. 此时，模型$\min_u\{-\log P(u)-\log P(f|u)\}$中的第一项$-\log P(u)=\alpha\int_\Omega\nabla\cdot(\frac{\nabla u}{\sqrt{1+|\nabla u|^2}})\mathrm{d}x$. 因此，可得基于平均曲率的去除高斯噪声的模型[106]，

$$\begin{aligned}\min_u E(u)= &\min_u \alpha\int_\Omega\nabla\cdot(\frac{\nabla u}{\sqrt{1+|\nabla u|^2}})\mathrm{d}x+\frac{1}{2\sigma^2}\int_\Omega(f-u)^2\mathrm{d}x\\ &+\frac{|\Omega|}{2}\log(2\pi\sigma^2).\end{aligned}$$

上式等价于

$$\min_u E(u)=\min_u \lambda\int_\Omega \nabla\cdot\Big(\frac{\nabla u}{\sqrt{1+|\nabla u|^2}}\Big)\mathrm{d}x+\frac{1}{2}\int_\Omega (f-u)^2\mathrm{d}x, \tag{2-46}$$

其中，$\lambda=\sigma^2\alpha$.当然，我们也可以取保真项为莱斯噪声对应的概率密度函数，得到基于平均曲率的去除莱斯噪声的模型

$$\min_u E(u)=\min_u \lambda\int_\Omega \nabla\cdot\Big(\frac{\nabla u}{\sqrt{1+|\nabla u|^2}}\Big)\mathrm{d}x+\frac{1}{2}\int_\Omega\left[\frac{(K*u)^2}{2}-\sigma^2\log I_0\Big(\frac{fK*u}{\sigma^2}\Big)\right]\mathrm{d}x. \tag{2-47}$$

2.3.2 图像修复模型

假设Ω是整个图像区域，包括有效信息区域和待修复区域(信息缺失区域)，其中$D\subset\Omega$代表待修复区域，如图2.1所示.图像修复就是根据扩散项将$\Omega\backslash D$ 中的有效信息自动恢复到待修复区域，最终得到原始干净的图像.

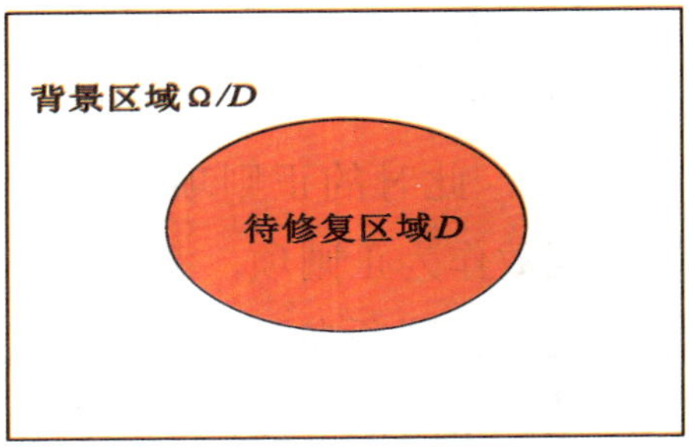

图 2.1　待修复图像

2.3.2.1 图像修复的二阶模型

设f是给定的需要修复的图像，u是原始干净的图像，$D\subset\Omega$是待修复区域. 图像修复和图像去噪的主要区别在于保真项.对于图像修复模型中的保真项，我们约束u与f不要偏离太远，因此保真项可以定义为$\int_\Omega (f-u)^2\mathrm{d}x$.我们可以将2.3.1中所提出的所有正则项用于图像修复中. 图像修复的全变分模型为

$$\min_u F(u)=\min_u \int_\Omega |Du|\mathrm{d}x+\frac{\lambda(x)}{2}\int_\Omega (f-u)^2\mathrm{d}x, \tag{2-48}$$

其中，

$$\lambda(x)=\begin{cases}0, & x\in D,\\ \lambda_0, & x\in\Omega\backslash D.\end{cases} \tag{2-49}$$

图像修复的Huber模型为

$$\min_u F(u)=\min_u\int_\Omega\phi_a(|\nabla u|)\mathrm{d}x+\frac{\lambda(x)}{2}\int_\Omega(f-u)^2\mathrm{d}x, \tag{2-50}$$

其中，

$$\phi_a(x)=\begin{cases}\frac{1}{2a}x^2, & |x|\le a,\\ |x|-\frac{1}{2}a, & |x|>a.\end{cases}$$

图像修复的一阶模型为

$$\min_u F(u)=\min_u\int_\Omega\phi_a(|\nabla u|)\mathrm{d}x+\frac{\lambda(x)}{2}\int_\Omega(f-u)^2\mathrm{d}x, \tag{2-51}$$

其中，

$$\phi_a(x)=\begin{cases}\frac{1}{2a}x^2, & |x|\le a,\\ a\ln|x|+\frac{a}{2}-a\ln a, & |x|>a,\end{cases} \tag{2-52}$$

a 是一个小的正参数.

图像修复的平均曲率模型为

$$\min_u E(u)=\min_u\int_\Omega\nabla\cdot\Big(\frac{\nabla u}{\sqrt{1+|\nabla u|^2}}\Big)\mathrm{d}x+\frac{\lambda(x)}{2}\int_\Omega(f-u)^2\mathrm{d}x. \tag{2-53}$$

2.3.2.2　二值图像修复的修正的Cahn-Hilliard模型

由于二阶模型，能够处理的图像修复只能限定在仅包含较小尺度受损区域的图像，并且在断裂边缘的连接上也达不到连通性的要求.因此我们讨论能够修复含有大范围图像信息缺失的四阶修正的Cahn-Hilliard模型.

首先我们回顾由Bertozzi[44]等提出的修正的Cahn-Hilliard模型.设f是给定的需要修复的二值图像，u是原始干净的二值图像，$D\subset\Omega$是待修复区域，则图像修复的修正的Cahn-Hilliard 模型为

$$u_t=-\Delta(\epsilon\Delta u-\frac{1}{\epsilon}W'(u))+\lambda(x)(f-u), \tag{2-54}$$

其中 u 满足边界条件 $\frac{\partial u}{\partial n}=\frac{\partial \Delta u}{\partial n}=0$ 在边界 $\partial\Omega$ 上，$W(u)=u^2(u-1)^2$ 为双势阱函数，

$$\lambda(x)=\begin{cases}0, & x\in D,\\ \lambda_0, & x\in\Omega\backslash D.\end{cases} \tag{2-55}$$

Bertozzi等[44]已经证明了上述模型的适定性. 方程 (2-54) 不是任何给定能量泛函的梯度流.事实上，方程 (2-54)右边的第一项是在范数$\bar{H}^{-1}$下关于下列能量泛函$E_1(u)$的梯度流[46]：

$$E_1(u)=\int_\Omega\left(\frac{\epsilon}{2}|\nabla u|^2+\frac{1}{\epsilon}W(u)\right)\mathrm{d}x. \tag{2-56}$$

模型的正则项$E_1(u)$满足

$$\begin{aligned}\frac{\mathrm{d}}{\mathrm{d}t}E_1(u)&=\frac{\mathrm{d}}{\mathrm{d}t}\int_\Omega\left(\frac{\epsilon}{2}|\nabla u|^2+\frac{1}{\epsilon}W(u)\right)\mathrm{d}x\\&=\int_\Omega\left(\epsilon\nabla u(\nabla u)_t+\frac{1}{\epsilon}W'(u)u_t\right)\mathrm{d}x\\&=\int_\Omega\left(-\epsilon\Delta u+\frac{1}{\epsilon}W'(u)\right)u_t\mathrm{d}x\\&=\int_\Omega wu_t\mathrm{d}x=\int_\Omega w\Delta w\mathrm{d}x=-\int_\Omega|\nabla w|^2\mathrm{d}x\le 0,\end{aligned} \tag{2-57}$$

其中，$w=-\epsilon\Delta u+\frac{1}{\epsilon}W'(u)$.

方程(2-54)右边的第二项是在范数 L^2 下关于如下能量泛函$E_2(u)$的梯度流：

$$E_2(u)=\frac{\lambda}{2}\int_\Omega(f-u)^2\mathrm{d}x, \tag{2-58}$$

满足

$$\begin{aligned}\frac{\mathrm{d}}{\mathrm{d}t}E_2(u)&=\frac{\mathrm{d}}{\mathrm{d}t}\int_\Omega\frac{\lambda}{2}(f-u)^2\mathrm{d}x\\&=\int_\Omega-\lambda(f-u)u_t\mathrm{d}x\\&=\int_\Omega-\lambda^2(f-u)^2\mathrm{d}x\le 0.\end{aligned} \tag{2-59}$$

然而, $E_1(u)+E_2(u)$ 既不是范数 $\bar{H}^{-1}$ 下的梯度流也不是范数 L^2 下的梯度流.事实上，

$$\frac{\mathrm{d}}{\mathrm{d}t}(E_1(u)+E_2(u)) = \frac{\mathrm{d}}{\mathrm{d}t}\int_\Omega(\frac{\epsilon}{2}|\nabla u|^2+\frac{1}{\epsilon}W(u)+\frac{\lambda}{2}(f-u)^2)\mathrm{d}x$$
$$= \int_\Omega -|\nabla w|^2-\lambda^2(f-u)^2+\lambda\nabla(f-u)\nabla w+\lambda(f-u)w\mathrm{d}x. \tag{2-60}$$

关于模型的收敛性，Bertozzi等[44]也给出了如下能量估计：

$$\begin{aligned}&\epsilon\int_\Omega(\Delta u)^2\mathrm{d}x+\lambda\int_{\Omega\setminus D}(f-u)^2\mathrm{d}x\\ &\le -\frac{C}{\epsilon}(\int_\Omega u^2\mathrm{d}x)^2+\frac{C}{\epsilon}\int_\Omega u^2\mathrm{d}x+C(\epsilon+\frac{1}{\epsilon}).\end{aligned} \tag{2-61}$$

不等式的右边是一个开口向下的抛物线，因此可得：

$$\int_\Omega(\Delta u)^2\mathrm{d}x \le C(\epsilon+\frac{1}{\epsilon})\frac{1}{\epsilon}, \tag{2-62}$$

$$\int_{\Omega\setminus D}(f-u)^2\mathrm{d}x \le \frac{C(\epsilon+\frac{1}{\epsilon})}{\lambda}. \tag{2-63}$$

2.3.2.3 灰色图像修复的修正的Cahn-Hilliard模型

在二值图像修复的Cahn-Hilliard模型中，采用的双势阱函数$W(u)=u^2(1-u)^2$导致修复图像稳定在像素值为0或者1的地方，因此对于灰度图像的修复而言，我们用李亚普诺夫泛函替代双势阱函数，令$W(u)=\frac{1}{4}(|u|^2-1)^2$，稳态解产生于$|u|=1$的地方.2017年，Cherfils等[107]提出了复值Cahn-Hilliard模型：

$$u_t = -\Delta(\epsilon\Delta u-\frac{1}{\epsilon}f(u))+\lambda(x)(f-u), \tag{2-64}$$

其中，$f(u)=|u|^2u-u$，$u\in\mathbb{C}$.

方程 (2-64)右端的第一项是能量泛函/正则项 $E_1(u)$ 在范数 $\bar{H}^{-1}$ 下的梯度流：

$$E_1(u) = \int_\Omega(\frac{\epsilon}{2}|-i\nabla u|^2+\frac{1}{4\epsilon}|u|^4-\frac{1}{2\epsilon}|u|^2)\mathrm{d}x. \tag{2-65}$$

方程 (2-64)右端的第二项是能量泛函$E_2(u)$在范数L^2下的梯度流：

$$E_2(u) = \frac{\lambda}{2}\int_\Omega(f-u)^2\mathrm{d}x. \tag{2-66}$$

为了与二值图像修复的Cahn-Hilliard模型一致，我们做如下更改：设 f 是给定的灰度图像，u 是对应的被修复的干净的图像，$D\subset\Omega$是待修复区域，用于灰度图像的修正的Cahn-Hilliard方程为：

$$u_t = -\Delta(\epsilon\Delta u - \frac{1}{\epsilon}W'(u)) + \lambda(x)(f-u), \tag{2-67}$$

其中，u 在边界 $\partial\Omega$上满足 $\frac{\partial u}{\partial n} = \frac{\partial\Delta u}{\partial n} = 0$，$W(u) = \frac{1}{4}(|u|^2-1)^2$，且

$$\lambda(x) = \begin{cases} 0, & x \in D, \\ \lambda_0, & x \in \Omega\backslash D. \end{cases} \tag{2-68}$$

事实上，方程 (2-67) 右端第一项是能量泛函 $E_1(u)$ 在范数 $\bar{H}^{-1}$ 下的梯度流：

$$E_1(u) = \int_\Omega (\frac{\epsilon}{2}|\nabla u|^2 + \frac{1}{\epsilon}W(u))\mathrm{d}x. \tag{2-69}$$

方程 (2-67) 右端第二项是能量泛函 $E_2(u)$ 在范数 L^2 下的梯度流：

$$E_2(u) = \frac{\lambda}{2}\int_\Omega (f-u)^2\mathrm{d}x. \tag{2-70}$$

2.3.3 图像分割模型

假设 f 是给定的初始图像，u 是对应的分割后的图像.我们可以定义图像分割的保真项为

$$\begin{aligned} E_2(u) =&\lambda_1\int_\Omega (f-c_1)^2\Big[\frac{1}{2} + \frac{1}{\pi}\arctan(\frac{u-\frac{1}{2}}{\epsilon_3})\Big]\mathrm{d}x \\ &+ \lambda_2\int_\Omega (f-c_2)^2\Big[\frac{1}{2} - \frac{1}{\pi}\arctan(\frac{u-\frac{1}{2}}{\epsilon_3})\Big]\mathrm{d}x. \end{aligned} \tag{2-71}$$

当初始给定的图像f的值域是[0, 1]时，我们最初可以令 $c_1 = 1$，$c_2 = 0$，然后求解模型的稳态解，按如下公式更新c_1，c_2：

$$c_1 = \frac{\int_\Omega [\frac{1}{2} + \frac{1}{\pi}\arctan(\frac{u-\frac{1}{2}}{\epsilon_3})]f\mathrm{d}x}{\int_\Omega [\frac{1}{2} + \frac{1}{\pi}\arctan(\frac{u-\frac{1}{2}}{\epsilon_3})]\mathrm{d}x}, \tag{2-72}$$

$$c_2 = \frac{\int_\Omega [\frac{1}{2} - \frac{1}{\pi}\arctan(\frac{u-\frac{1}{2}}{\epsilon_3})]f\mathrm{d}x}{\int_\Omega [\frac{1}{2} - \frac{1}{\pi}\arctan(\frac{u-\frac{1}{2}}{\epsilon_3})]\mathrm{d}x}. \tag{2-73}$$

2.3.3.1　图像分割的二阶模型

假设 f 是给定的初始图像，u 是对应的分割后的图像.我们可以将上一节中所提出的所有正则项用于图像分割中. 图像分割的全变分模型为

$$\begin{aligned}\min_u F(u) = \min_u \int_\Omega |Du|\mathrm{d}x + \lambda_1 \int_\Omega (f - c_1)^2\Big[\frac{1}{2} + \frac{1}{\pi}\arctan(\frac{u-\frac{1}{2}}{\epsilon_3})\Big]\mathrm{d}x \\ + \lambda_2 \int_\Omega (f - c_2)^2\Big[\frac{1}{2} - \frac{1}{\pi}\arctan(\frac{u-\frac{1}{2}}{\epsilon_3})\Big]\mathrm{d}x.\end{aligned} \tag{2-74}$$

图像分割的Huber模型为

$$\begin{aligned}\min_u F(u) = \min_u \int_\Omega \phi_a(|Du|)\mathrm{d}x + \lambda_1 \int_\Omega (f - c_1)^2\Big[\frac{1}{2} + \frac{1}{\pi}\arctan(\frac{u-\frac{1}{2}}{\epsilon_3})\Big]\mathrm{d}x \\ + \lambda_2 \int_\Omega (f - c_2)^2\Big[\frac{1}{2} - \frac{1}{\pi}\arctan(\frac{u-\frac{1}{2}}{\epsilon_3})\Big]\mathrm{d}x,\end{aligned} \tag{2-75}$$

其中，

$$\phi_a(x) = \begin{cases} \frac{1}{2a}x^2, & |x| \le a, \\ |x| - \frac{1}{2}a, & |x| > a. \end{cases}$$

图像分割的一阶模型为

$$\begin{aligned}\min_u F(u) = \min_u \int_\Omega \phi_a(|Du|)\mathrm{d}x + \lambda_1 \int_\Omega (f - c_1)^2\Big[\frac{1}{2} + \frac{1}{\pi}\arctan(\frac{u-\frac{1}{2}}{\epsilon_3})\Big]\mathrm{d}x \\ + \lambda_2 \int_\Omega (f - c_2)^2\Big[\frac{1}{2} - \frac{1}{\pi}\arctan(\frac{u-\frac{1}{2}}{\epsilon_3})\Big]\mathrm{d}x,\end{aligned} \tag{2-76}$$

其中，

$$\phi_a(x) = \begin{cases} \frac{1}{2a}x^2, & |x| \le a, \\ a\ln|x| + \frac{a}{2} - a\ln a, & |x| > a, \end{cases} \tag{2-77}$$

a 是一个小的正参数.

图像分割的平均曲率模型为

$$\min_u E(u) = \min_u \int_\Omega \nabla \cdot (\frac{\nabla u}{\sqrt{1 + |\nabla u|^2}})\mathrm{d}x + \lambda_1 \int_\Omega (f - c_1)^2\Big[\frac{1}{2} + \frac{1}{\pi}\arctan(\frac{u - \frac{1}{2}}{\epsilon_3})\Big]\mathrm{d}x$$
$$+ \lambda_2 \int_\Omega (f - c_2)^2\Big[\frac{1}{2} - \frac{1}{\pi}\arctan(\frac{u - \frac{1}{2}}{\epsilon_3})\Big]\mathrm{d}x. \tag{2-78}$$

2.3.3.2 图像分割的修正的Cahn-Hilliard模型

我们采用如下修正的Cahn-Hilliard方程进行图像分割：

$$u_t = -\Delta\Big(\epsilon_1 \Delta u - \frac{1}{\epsilon_2}W'(u)\Big) - \Big[\lambda_1(f - c_1)^2 - \lambda_2(f - c_2)^2\Big]\frac{\epsilon_3}{\pi[\epsilon_3^2 + (u - \frac{1}{2})^2]}, \tag{2-79}$$

其中 ϵ_1，ϵ_2，ϵ_3，λ_1，$\lambda_2 > 0$，u 满足 $\frac{\partial u}{\partial n} = \frac{\partial \Delta u}{\partial n} = 0$ 在 $\partial\Omega$ 上，双势阱函数 $W(u) = u^2(u - 1)^2$，c_1，c_2 是可以使用某种策略分配的两个常量.例如当图像f的值域是$[0, 1]$时，我们最初可以令 $c_1 = 1$，$c_2 = 0$，然后求解方程(2-79) 的稳态解，按如下公式更新c_1，c_2：

$$c_1 = \frac{\int_\Omega[\frac{1}{2} + \frac{1}{\pi}\arctan(\frac{u-\frac{1}{2}}{\epsilon_3})]f\mathrm{d}x}{\int_\Omega[\frac{1}{2} + \frac{1}{\pi}\arctan(\frac{u-\frac{1}{2}}{\epsilon_3})]\mathrm{d}x}, \tag{2-80}$$

$$c_2 = \frac{\int_\Omega[\frac{1}{2} - \frac{1}{\pi}\arctan(\frac{u-\frac{1}{2}}{\epsilon_3})]f\mathrm{d}x}{\int_\Omega[\frac{1}{2} - \frac{1}{\pi}\arctan(\frac{u-\frac{1}{2}}{\epsilon_3})]\mathrm{d}x}, \tag{2-81}$$

得到新的c_1，c_2后重新求解方程(2-79)的稳态解，依次进行下去直到c_1，c_2收敛.

方程(2-79)并不是某一个能量的梯度流.事实上，方程(2-79)右边的第一项是如下能量$E_1(u)$在范数$\bar{H}^{-1}$下的梯度流：

$$E_1(u) = \int_\Omega (\frac{\epsilon_1}{2}|\nabla u|^2 + \frac{1}{\epsilon_2}W(u))\mathrm{d}x, \tag{2-82}$$

满足

$$\begin{aligned}\frac{\mathrm{d}}{\mathrm{d}t}E_1(u) &= \frac{\mathrm{d}}{\mathrm{d}t}\int_\Omega (\frac{\epsilon}{2}|\nabla u|^2 + \frac{1}{\epsilon}W(u))\mathrm{d}x \\ &= -\int_\Omega |\nabla w|^2\mathrm{d}x \le 0,\end{aligned} \tag{2-83}$$

其中$w = -\epsilon\Delta u + \frac{1}{\epsilon}W'(u)$.

方程(2-79)右边的第二项是如下能量$E_2(u)$在范数L^2下的梯度流:

$$\begin{aligned} E_2(u) =&\lambda_1 \int_\Omega (f-c_1)^2\Big[\frac{1}{2}+\frac{1}{\pi}\arctan(\frac{u-\frac{1}{2}}{\epsilon_3})\Big]\mathrm{d}x \\ &+\lambda_2 \int_\Omega (f-c_2)^2\Big[\frac{1}{2}-\frac{1}{\pi}\arctan(\frac{u-\frac{1}{2}}{\epsilon_3})\Big]\mathrm{d}x, \end{aligned} \tag{2-84}$$

然而，方程(2-79)既不是$E_1(u) + E_2(u)$在范数$\bar{H}^{-1}$下的梯度流也不是其在范数L^2下的梯度流.

对于彩色图像，f由三层二维矩阵构成，c_1 和c_2 是分别由三个元素构成的向量.因此$(f-c_1)^2$ 等价于 $(f(1)-c_1(1))^2+(f(2)-c_1(2))^2+(f(3)-c_1(3))^2$，$(f-c_2)^2$ 等价于 $(f(1)-c_2(1))^2+(f(2)-c_2(2))^2+(f(3)-c_2(3))^2$，

$$c_1(i)=\frac{\int_\Omega[\frac{1}{2}+\frac{1}{\pi}\arctan(\frac{u-\frac{1}{2}}{\epsilon_3})]f(i)\mathrm{d}x}{\int_\Omega[\frac{1}{2}+\frac{1}{\pi}\arctan(\frac{u-\frac{1}{2}}{\epsilon_3})]\mathrm{d}x},\quad c_2(i)=\frac{\int_\Omega[\frac{1}{2}-\frac{1}{\pi}\arctan(\frac{u-\frac{1}{2}}{\epsilon_3})]f(i)\mathrm{d}x}{\int_\Omega[\frac{1}{2}-\frac{1}{\pi}\arctan(\frac{u-\frac{1}{2}}{\epsilon_3})]\mathrm{d}x}, \tag{2-85}$$

其中$i = 1, 2, 3$.

分别定义 Heaviside 函数 H 和一维 Dirac 测度 δ_0:

$$H(z)=\begin{cases}1, z\geq 0,\\ 0, z<0,\end{cases} \tag{2-86}$$

$$\delta_0(z)=\frac{\mathrm{d}}{\mathrm{d}z}H(z). \tag{2-87}$$

采用$\mathbf{C}^\infty(\bar{\Omega})$ 正则化 H:

$$H_{\epsilon_3}=\frac{1}{2}\left(1+\frac{2}{\pi}\arctan(\frac{z}{\epsilon_3})\right), \tag{2-88}$$

其中 $\delta_{\epsilon_3} = H'_{\epsilon_3}$.当 $\epsilon_3 \to 0$时分别近似收敛到 H 和 δ_0. 此时方程 (2-79) 可简化为下面的极小化问题:

$$\begin{aligned} \min_u\{E(u;c_1,c_2) :=& \int_\Omega (\frac{\epsilon_1}{2}|\nabla u|^2+\frac{1}{\epsilon_2}W(u))\mathrm{d}x \\ &+\lambda_1\int_{\{u\geq\frac{1}{2}\}}(f-c_1)^2\mathrm{d}x+\lambda_2\int_{\{u<\frac{1}{2}\}}(f-c_2)^2\mathrm{d}x\}. \end{aligned} \tag{2-89}$$

我们也可以得到多相流分割算法，以二相流为例(将图像分成四个部分).为了更清晰地阐述，将二相流下的能量$E_2(u)$改写成：

$$
\begin{aligned}
E_2(u) = & \int_\Omega (f - c_{11})^2 H_{\epsilon_3}(u_1 - \frac{1}{2}) H_{\epsilon_3}(u_2 - \frac{1}{2}) \mathrm{d}x \\
& + \int_\Omega (f - c_{10})^2 H_{\epsilon_3}(u_1 - \frac{1}{2})(1 - H_{\epsilon_3}(u_2 - \frac{1}{2})) \mathrm{d}x \\
& + \int_\Omega (f - c_{01})^2 (1 - H_{\epsilon_3}(u_1 - \frac{1}{2})) H_{\epsilon_3}(u_2 - \frac{1}{2}) \mathrm{d}x \\
& + \int_\Omega (f - c_{00})^2 (1 - H_{\epsilon_3}(u_1 - \frac{1}{2}))(1 - H_{\epsilon_3}(u_2 - \frac{1}{2})) \mathrm{d}x,
\end{aligned} \tag{2-90}
$$

其中 $c = (c_{11}, c_{10}, c_{01}, c_{00})$ 是常向量，$u = (u_1, u_2)$，且

$$
c_{11} = \frac{\int_\Omega [H_{\epsilon_3}(u_1 - \frac{1}{2}) H_{\epsilon_3}(u_2 - \frac{1}{2})] f \mathrm{d}x}{\int_\Omega [H_{\epsilon_3}(u_1 - \frac{1}{2}) H_{\epsilon_3}(u_2 - \frac{1}{2})] \mathrm{d}x}, \tag{2-91}
$$

$$
c_{10} = \frac{\int_\Omega [H_{\epsilon_3}(u_1 - \frac{1}{2})(1 - H_{\epsilon_3}(u_2 - \frac{1}{2}))] f \mathrm{d}x}{\int_\Omega [H_{\epsilon_3}(u_1 - \frac{1}{2})(1 - H_{\epsilon_3}(u_2 - \frac{1}{2}))] \mathrm{d}x}, \tag{2-92}
$$

$$
c_{01} = \frac{\int_\Omega [(1 - H_{\epsilon_3}(u_1 - \frac{1}{2})) H_{\epsilon_3}(u_2 - \frac{1}{2})] f \mathrm{d}x}{\int_\Omega [(1 - H_{\epsilon_3}(u_1 - \frac{1}{2})) H_{\epsilon_3}(u_2 - \frac{1}{2})] \mathrm{d}x}, \tag{2-93}
$$

$$
c_{00} = \frac{\int_\Omega [(1 - H_{\epsilon_3}(u_1 - \frac{1}{2}))(1 - H_{\epsilon_3}(u_2 - \frac{1}{2}))] f \mathrm{d}x}{\int_\Omega [(1 - H_{\epsilon_3}(u_1 - \frac{1}{2}))(1 - H_{\epsilon_3}(u_2 - \frac{1}{2}))] \mathrm{d}x}. \tag{2-94}
$$

因此二相流图像分割对应于下列极小化问题：

$$
\begin{aligned}
\min_{u_1, u_2} \{ E(u_1, u_2; c_{11}, c_{10}, c_{01}, c_{00}) := & \int_\Omega (\frac{\epsilon_1}{2} |\nabla u_1|^2 + \frac{1}{\epsilon_2} W(u_1)) \mathrm{d}x \\
& + \int_\Omega (\frac{\epsilon_1}{2} |\nabla u_2|^2 + \frac{1}{\epsilon_2} W(u_2)) \mathrm{d}x + \lambda (\int_{\{u_1, u_2 \geq \frac{1}{2}\}} (f - c_{11})^2 \mathrm{d}x \\
& + \int_{\{u_1 \geq \frac{1}{2}, u_2 < \frac{1}{2}\}} (f - c_{10})^2 \mathrm{d}x + \int_{\{u_1 < \frac{1}{2}, u_2 \geq \frac{1}{2}\}} (f - c_{01})^2 \mathrm{d}x \\
& + \int_{\{u_1 < \frac{1}{2}, u_2 < \frac{1}{2}\}} (f - c_{00})^2 \mathrm{d}x) \}.
\end{aligned} \tag{2-95}
$$

2.3.4　红外与可见光图像融合模型

定义$u, v, s \in \mathbb{R}^{m\times n}$，分别表示红外图像、可见光图像和融合图像.我们的目标是生成一幅融合了u和v的高分辨率图像s，并且s应当保留u的热辐射信息和v的详细外观信息.一般情况下，热辐射以像素强度为特征，因此我们期望s与u具有相似的像素强度，可使得如下经验误差尽可能小：

$$E_1(s) = \frac{1}{2}\int_\Omega (s-u)^2 \mathrm{d}x.$$

根据人类视觉感知系统，当空间频率较大时，图像的边缘和纹理特征信息是丰富的.空间频率是一个基于梯度分布和像素强度的度量，从而v中的边缘和纹理等详细的外观信息的本质特征是图像中的灰度梯度和像素强度.为了融合v中详细的外观信息，我们要求s与v应该呈现类似的灰度梯度和像素强度，同时改善图像灰度梯度相对较小区域的阶梯效应，因此我们考虑最小化如下泛函来约束s与v 的灰度梯度和像素强度的差异：

$$E_2(s) = \int_\Omega \phi_a(|\nabla s - \nabla v|)\mathrm{d}x + \frac{\lambda}{2}\int_\Omega (s-v)^2 \mathrm{d}x,$$

其中，$\phi_a(x)$取不同的函数，就得到不同的正则项.

2.3.4.1　红外与可见光图像融合的全变分模型

定义$u, v, s \in \mathbb{R}^{m\times n}$，分别表示红外图像、可见光图像和融合图像.我们可以将之前所提出的所有正则项用于红外与可见光图像融合中. 红外与可见光图像融合的全变分模型为

$$\min_s F(s) = \min_s \left\{\int_\Omega |\nabla s - \nabla v|\mathrm{d}x + \frac{\lambda}{2}\int_\Omega (s-v)^2 \mathrm{d}x + \frac{\alpha}{2}\int_\Omega (s-u)^2 \mathrm{d}x\right\}. \tag{2-96}$$

2.3.4.2　红外与可见光图像融合的Huber模型

定义$u, v, s \in \mathbb{R}^{m\times n}$，分别表示红外图像、可见光图像和融合图像.红外与可见光图像融合的Huber模型为

$$\min_s E(s) = \min_s \left\{\int_\Omega \phi_a(|\nabla s - \nabla v|)\mathrm{d}x + \frac{\lambda}{2}\int_\Omega (s-v)^2 \mathrm{d}x + \frac{\alpha}{2}\int_\Omega (s-u)^2 \mathrm{d}x\right\}, \tag{2-97}$$

其中，

$$\phi_a(x)=\begin{cases}\frac{1}{2a}x^2, & |x|\le a,\\ |x|-\frac{1}{2}a, & |x|>a.\end{cases}$$

至此，我们将红外与可见光图像的融合问题转化为最小化能量泛函$E(s)$，即求解问题 (2-97)中的融合图像s^*.由于优化问题 (2-97)是一个凸优化问题，因此其全局最优解存在.令$q=s-v$，则问题 (2-97)变换为

$$q^*=\arg\min_q\{\int_\Omega\phi_a(|\nabla q|)\mathrm{d}x+\frac{\lambda}{2}\int_\Omega q^2\mathrm{d}x+\frac{\alpha}{2}\int_\Omega(q-(u-v))^2\mathrm{d}x\}. \tag{2-98}$$

记

$$E(q)=\int_\Omega\phi_a(|\nabla q|)\mathrm{d}x+\frac{\lambda}{2}\int_\Omega q^2\mathrm{d}x+\frac{\alpha}{2}\int_\Omega(q-(u-v))^2\mathrm{d}x. \tag{2-99}$$

融合图像的全局最优解s^*可由关系式$s^*=q^*+v$确定.

若$\lambda=0$，则$E_2(s)=\int_\Omega\phi_a(|\nabla s-\nabla v|)\mathrm{d}x$，即只需要控制融合图像$s$与可见光图像$v$呈现类似的灰度梯度，不再约束融合图像$s$与可见光图像$v$的像素强度的差异.若还有$a=0$，那么$E_2(s)=\int_\Omega|\nabla s-\nabla v|\mathrm{d}x$，即$E(q)=\int_\Omega|\nabla q|\mathrm{d}x+\frac{\alpha}{2}\int_\Omega(q-(u-v))^2\mathrm{d}x$，此时的退化模型也被称为图像融合的全变分模型，已被Ma等[72,83,96,96]做了广泛研究.

2.3.4.3 红外与可见光图像融合的一阶模型

定义$u,v,s\in\mathbb{R}^{m\times n}$，分别表示红外图像、可见光图像和融合图像.红外与可见光图像融合的一阶模型为

$$\min_s F(s)=\min_s\left\{\int_\Omega\phi_a(|\nabla s-\nabla v|)\mathrm{d}x+\frac{\lambda}{2}\int_\Omega(s-v)^2\mathrm{d}x+\frac{\alpha}{2}\int_\Omega(s-u)^2\mathrm{d}x\right\}, \tag{2-100}$$

其中，

$$\phi_a(x)=\begin{cases}\frac{1}{2a}x^2, & |x|\le a,\\ a\ln|x|+\frac{a}{2}-a\ln a, & |x|>a,\end{cases} \tag{2-101}$$

a 是一个小的正参数. 上述模型 (2-100)是非凸模型，目前还不能够给出模型在Soblev空间中解的存在性，因此我们将对上述模型进行修改.当我们在正则项

中加入很小的二次项后，可以保证解的存在性，即模型修改为如下形式

$$\min_s F(s)=\min_s\left\{\int_\Omega(\phi_a(|\nabla s-\nabla v|)+\eta|\nabla s-\nabla v|^2)\mathrm{d}x+\frac{\lambda}{2}\int_\Omega(s-v)^2\mathrm{d}x+\frac{\alpha}{2}\int_\Omega(s-u)^2\mathrm{d}x\right\}. \tag{2-102}$$

2.3.4.4　红外与可见光图像融合的平均曲率模型

定义$u, v, s\in\mathbb{R}^{m\times n}$，分别表示红外图像、可见光图像和融合图像.红外与可见光图像融合的平均曲率模型为

$$\min_s E(s)=\min_s\left\{\int_\Omega\nabla\cdot\left(\frac{\nabla(s-v)}{\sqrt{1+|\nabla(s-v)|^2}}\right)\mathrm{d}x+\frac{\lambda}{2}\int_\Omega(s-v)^2\mathrm{d}x+\frac{\alpha}{2}\int_\Omega(s-u)^2\mathrm{d}x\right\}. \tag{2-103}$$

2.3.5　图像超分辨率重建模型

2.3.5.1　基于全变分正则的图像超分辨率重建模型

Markina和Osher提出了一种基于全变分的图像超分辨率正则化模型，为简单起见，此模型缩写为MO模型.假设

$$f=\tilde{D}(K*u)+\eta,$$

其中，Ω_L 是 $\Omega\subset\mathbb{R}^2$ 的子集，f 是定义在 Ω_L 上的低分辨率图像，u 是定义在 Ω 上的待复原的高分辨率图像，$\tilde{D}$ 是下采样线性算子，K 是线性模糊算子，η 是高斯噪声.

令 $\hat{u}$ 是在给定低分辨率图像f下的 u 的极大似然值，即 $\hat{u}=\arg\max_u P(u|f)=\{\forall\hat{u}: P(\hat{u}|f)\leq P(u|f)\}$.根据贝叶斯定理，

$$\max_u P(u|f)\Leftrightarrow\max_u P(u)P(f|u)\Leftrightarrow\min_u\{-\log P(u)-\log P(f|u)\}. \tag{2-104}$$

MO模型是最大后验估计法，采用估计 $P(u)=\exp(-\alpha\int_\Omega|\nabla u|)$，其中 α 是调节模型的比例参数.再根据高斯分布的概率密度函数

$$P(f|u)=P(f;u,\sigma)=\frac{1}{\sqrt{2\pi\sigma^2}}\exp\left\{-\frac{(f-\tilde{D}(K*u))^2}{2\sigma^2}\right\}, \tag{2-105}$$

我们就得到了基于全变分的图像超分辨率重建模型[72]：

$$\min_u E(u)=\min_u\alpha\int_\Omega|\nabla u|\mathrm{d}x+\frac{1}{2\sigma^2}\int_\Omega(f-\tilde{D}(K*u))^2\mathrm{d}x+\frac{|\Omega|}{2}\log(2\pi\sigma^2), \tag{2-106}$$

等价于

$$\min_u E(u) = \min_u \int_\Omega |\nabla u| \mathrm{d}x + \frac{\lambda}{2} \int_\Omega (f - \tilde{D}(K * u))^2 \mathrm{d}x, \tag{2-107}$$

其中，$\lambda = \frac{1}{\sigma^2 \alpha}$.

2.3.5.2 基于Huber正则的图像超分辨率重建模型

就像众所周知的ROF模型一样，MO模型也会受到阶梯效应的影响，这会导致视觉上不愉快的结果.为了解决阶梯效应，已经发展了许多高阶变分模型，其中总广义变分、欧拉弹性、非线性四阶扩散项、二阶导数作为正则化子[39,70,73]，这些模型是比全变分模型更复杂的模型.最近，在相关文献[74]中，ROF模型的一个变体被提出用于图像去噪，其中不同类型的正则化器被应用于具有不同图像梯度大小的区域.具体来说，L^p-图像梯度的范数($p > 1$)用于梯度幅度较小的区域，而原始的全变分项施加在梯度幅度较大的区域.本章将这一思想应用于图像超分辨率重建.

通常，通过应用Rudin等[7]提出的ROF模型，阶梯效应通常是不可避免的，这主要是由于基于全变分的正则化器.并且我们注意到这种效应通常发生在图像梯度相对较小的区域.为了减少阶梯效应[74]，我们提出了一种用于图像超分辨率的改进的MO模型[72].假设

$$f = \tilde{D}(K * u) + \eta,$$

其中，f是定义在Ω_L中的低分辨率图像；Ω_L是$\Omega \subset \mathbb{R}^2$的子集；$u$是定义在$\Omega$上的未知的高分辨率图像；$\tilde{D}$是值域为低分辨率图像,定义域为高分辨率图像的下采样线性算子；K是线性模糊算子；η是高斯噪声.

假设$\hat{u}$是在给定低分辨率图像f下的u的最可能值，即$\hat{u} = \arg\max_u P(u|f) = \{\forall \hat{u} : P(\hat{u}|f) \le P(u|f)\}$.通过贝叶斯定理，我们得到

$$\max_u P(u|f) \Leftrightarrow \max_u P(u)P(f|u) \Leftrightarrow \min_u \{-\log P(u) - \log P(f|u)\}.$$

在这项工作中，我们考虑了一个新的优化项$P(u) = \exp(-\alpha \int_\Omega \phi_a(|\nabla u|))$，其中$\alpha$是调整模型的比例参数，$\phi_a(x)$是一个新的势函数，定义如下：

$$\phi_a(x) = \begin{cases} \frac{1}{2a} x^2, & |x| \le a, \\ |x| - \frac{1}{2} a, & |x| > a. \end{cases}$$

其中，a是一个正参数.又因为高斯分布具有概率密度，

$$P(f|u)=P(f;u,\sigma)=\frac{1}{\sqrt{2\pi\sigma^2}}\exp\left\{-\frac{(f-\tilde{D}(K*u))^2}{2\sigma^2}\right\},$$

我们提出如下图像超分辨率重建模型

$$\min_u E(u)=\min_u \alpha\int_\Omega \phi_a(|\nabla u|)\mathrm{d}x+\frac{1}{2\sigma^2}\int_\Omega (f-\tilde{D}(K*u))^2\mathrm{d}x+\frac{|\Omega|}{2}\log(2\pi\sigma^2),$$

等价于

$$\min_u E(u)=\min_u \int_\Omega \phi_a(|\nabla u|)\mathrm{d}x+\frac{\lambda}{2}\int_\Omega (f-\tilde{D}(K*u))^2\mathrm{d}x, \tag{2-108}$$

其中$\lambda=\frac{1}{\sigma^2\alpha}$，势函数$\phi_a$为

$$\phi_a(x)=\begin{cases}\frac{1}{2a}x^2, & |x|\le a,\\ |x|-\frac{1}{2}a, & |x|>a.\end{cases}$$

这里，参数$a>0$定义在具有较小或较大幅度的图像梯度的区域.一方面，在$|\nabla u|>a$区域中，采用全变分作为正则项来保持边界；另一方面，在$|\nabla u|\le a$区域中，利用吉洪诺夫正则化子对该区域中的u施加平滑约束，可以减轻阶梯效应.事实上，当$a=0$时，我们的模型退化为图像超分辨率模型的MO模型[72].

可以很容易地验证函数ϕ_a在$\mathbb{R}$上是凸的.我们给出了全变分正则项，吉洪诺夫正则项的势函数图，以及我们改进的基于全变分的正则项($a=2$)，如图2.2所示.

下面对基于Huber正则化的图像超分辨率重建模型解的存在性进行理论上的分析：

$$\inf_{u\in BV(\Omega)}\int_\Omega \phi_a(|Du|)\mathrm{d}x+\frac{\lambda}{2}\int_\Omega (f-\tilde{D}(K*u))^2\mathrm{d}x.$$

若 u 属于 $BV(\Omega)$，由勒贝格分解定理，有

$$Du=\nabla u\mathrm{d}x+D_s u, \tag{2-109}$$

其中 $\mathrm{d}x$ 是N-维勒贝格测度，$\nabla u=\frac{\mathrm{d}(Du)}{\mathrm{d}x}\in L^1(\Omega)$，$D_s u\perp \mathrm{d}x$. 我们记近似上限为$u^+(x)$，近似下限为$u^-(x)$，

$$u^+(x)=\inf\left\{t\in[-\infty,+\infty],\lim_{r\to 0}\frac{\mathrm{d}x(\{u>t\}\cap B(x,r))}{r^N}=0\right\},$$

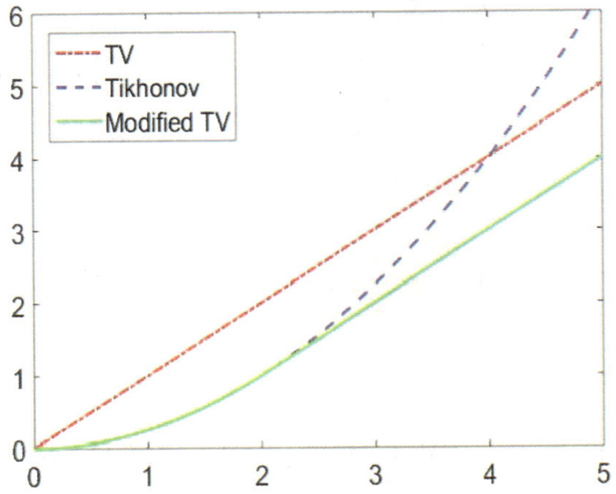

图 2.2　势函数

$$u^-(x) = \sup\left\{t \in [-\infty, +\infty], \lim_{r\to 0}\frac{\mathrm{d}x(\{u < t\} \cap B(x, r))}{r^N} = 0\right\},$$

记 S_u 为跳集，即 $S_u = \{x \in \Omega : u^-(x) < u^+(x)\}$，则 S_u 可数，对于 $\mathcal{H}^{N-1}$ – a.e.$x \in \Omega$，记单位法向量为 $n_u(x)$，则

$$Du = \nabla u\mathrm{d}x + (u^+ - u^-)n_u \cdot \mathcal{H}^{N-1}_{|S_u} + C_u, \tag{2-110}$$

其中 $J_u = (u^+ - u^-)n_u \cdot \mathcal{H}^{N-1}_{|S_u}$ 是跳的部分，C_u是$D_s u$ 的Cantor部分. 我们可导出 Du 的全变分为

$$|Du|(\Omega) = \int_\Omega |\nabla u|\mathrm{d}x + \int_{S_u} |u^+ - u^-|d\mathcal{H}^{N-1} + \int_{\Omega - S_u} |C_u|\mathrm{d}x. \tag{2-111}$$

且我们有如下性质[108]

$$u \to |Du|(\Omega)\text{下半连续，在 BV-w* 拓扑下.} \tag{2-112}$$

因此$\phi(|Du|) = |Du|$可推广到更一般的情形，即当 ϕ 是凸的、偶的，在 R^+ 上非减，在无穷远处线性增长时以上结论均正确. 由 $W^{1,1}(\Omega)$ 在 $BV(\Omega)$ 中稠[108], 则 $\forall u \in BV(\Omega)$，存在$\{u_j\}_{j\geq 1} \in C^\infty(\Omega) \cap W^{1,1}(\Omega)$，使得

$$u_j \overset{BV-w*}{\longrightarrow} u \quad \text{as} \quad j \to \infty. \tag{2-113}$$

根据庞加莱-维廷格不等式[109]，$BV(\Omega)$ 能够连续嵌入到 $L^p(\Omega)$，即 $\forall u \in BV(\Omega)$，存在$M > 0$ 使得

$$\|u - \bar{u}\|_{L^p(\Omega)} \le M|Du|(\Omega),$$

其中 $\bar{u} = \frac{1}{|\Omega|}\int_\Omega u(x)\mathrm{d}x$，当 $N > 1$时$p = \frac{N}{N-1}$，当 $N = 1$时$p < \infty$.在下面的证明中，我们仅考虑 $N = 2$，$p = 2$ 的情形. 定义

$$F(u) = \frac{\lambda}{2}\int_\Omega [(\tilde{D}(K * u) - f)^2]\mathrm{d}x + \int_\Omega \phi_a(|Du|)\mathrm{d}x, \tag{2-114}$$

则 $F(u)$ 在$L^p(\Omega)$中是下半连续的.

在下面的定理中，我们给出极小化能量泛函$F(u)$的存在性证明.事实上，该问题的存在唯一性已经在Martín等[11]和Getreuer等[110]的证明中被验证.这里给出了解存在性的一种新的验证方法.

定理 2.1　假设 $f \in L^2(\Omega)$，Ω 有界，$\partial\Omega$ 是利普希茨连续的，$\tilde{D}$ 和 K 是有界单射算子，则下述极小化问题

$$\inf_{u\in BV(\Omega)} F(u) \tag{2-115}$$

存在解 $u \in BV(\Omega)$.

证明　下面设 $C > 0$ 为正的常数，不同行可以不一样. 构建一个极小化序列 u_n，即一个序列满足

$$\lim_{n\to\infty} F(u_n) = \inf_{u\in BV(\Omega)} F(u).$$

则我们有

$$\phi_a(|Du_n|)(\Omega) = \int_\Omega \phi_a(|Du_n|)\mathrm{d}x \le C,$$
$$\int_\Omega [(\tilde{D}(K * u_n) - f)^2]\mathrm{d}x \le C.$$

首先，我们验证下列关系式:

$$|Du_n|(\Omega) = \int_\Omega |\nabla u_n|\mathrm{d}x + |D_s u_n|(\Omega) \le C.$$

记 $\Omega = \Omega_1 \cup \Omega_2$，其中 $\Omega_1 = \{|Du(x)| \le a, x \in \Omega\}, \Omega_2 = \Omega \setminus \Omega_1$，则

$$|Du_n|(\Omega) \;=\; \int_{\Omega_1} |Du|\mathrm{d}x + \int_{\Omega_2} |Du|\mathrm{d}x$$

$$
\begin{aligned}
&\leq \quad a|\Omega_1| + \int_\Omega \phi_a(|Du|)\mathrm{d}x + \frac{a}{2}|\Omega_2| - \int_{\Omega_1} \frac{|Du|^2}{2a}\mathrm{d}x \\
&\leq \quad C + \frac{3a}{2}|\Omega|.
\end{aligned}
$$

设$w_n = (\frac{1}{|\Omega|}\int_\Omega u_n \mathrm{d}x)\chi_\Omega, v_n = u_n - w_n$,则$\int_\Omega v_n \mathrm{d}x = 0$和$Du_n = Dv_n$,从而 $|Dv_n|(\Omega) \leq C$. 根据庞加莱-维廷格不等式,

$$
\|v_n\|_{L^2(\Omega)}\mathrm{d}x \leq C.
$$

从而得到如下估计

$$
\begin{aligned}
C &\geq \int_\Omega [(\tilde{D}(K * u) - f)^2]\mathrm{d}x \\
&= \|\tilde{D}(K * (v_n + w_n)) - f\|_2^2 \\
&\geq \|\tilde{D}(K * w_n)\|_2(\|\tilde{D}(K * w_n)\|_2 - 2\|\tilde{D}(K * v_n) - f\|_2).
\end{aligned}
$$

因此$\|\tilde{D}(K * w_n)\|_2 \leq C$. 若存在 $\|w_{ni}\|_2 \to \infty$,我们假设$w'_{ni} = \frac{w_{ni}}{\|w_{ni}\|_2}$,则$\|w'_{ni}\|_2 = 1$,$w'_{ni} \to w_0$,其中 w_0 是一单位球面.根据$\tilde{D}(K * w'_{ni}) \to \tilde{D}(K * w_0) = 0$,我们有 $w_0 = 0$,产生矛盾.因此,$\|w_n\|_2 = |\int_\Omega u_n \mathrm{d}x|\frac{\|\chi_\Omega\|_2}{|\Omega|} \leq C$. 又有

$$
\|u_n\|_{L^2(\Omega)} = \|v_n + w_n\|_{L^2(\Omega)} \leq \|v_n\|_{L^2(\Omega)} + \|w_n\|_{L^2(\Omega)} \leq C,
$$

从而 $u_n \in L^2(\Omega)$,即u_n在$BV(\Omega)$中有界. 假设 $\mathcal{M}(\Omega)$ 是所有符号测度在 Ω 上的有界变差的集合.由u_n 在 $L^2(\Omega)$ 和 $BV(\Omega)$ 上有界,$BV(\Omega)$ 在$L^2(\Omega)$上相对紧支,从而存在 $\{u_{n_j}\} \subset \{u_n\}$,$u \in BV(\Omega)$ 使得

$$
u_{n_j} \xrightarrow{L^2} u,\ u_{n_j} \xrightarrow{BV-w*} u \ \text{ in } BV(\Omega),\ Du_{n_j} \xrightarrow{*}_{\mathcal{M}} Du.
$$

由下半连续性定理[111],我们得到

$$
F(u) \leq \liminf_{j\to\infty} F(u_{n_j}), \tag{2-116}
$$

即 u 是F 的极小值点. □

2.3.5.3 图像超分辨率重建的其他模型

类似地,我们可以提出图像超分辨率重建的一阶模型和平均曲率模型.假设f是定义在 Ω_L 中的低分辨率图像,Ω_L是 $\Omega \subset \mathbb{R}^2$ 的子集;u是定义在Ω 上的

未知的高分辨率图像；$\tilde{D}$是值域为低分辨率图像，定义域为高分辨率图像的下采样线性算子；K是线性模糊算子；η是高斯噪声. 图像超分辨率重建的一阶模型为

$$\min_u F(u) = \min_u \int_\Omega \phi_a(|\nabla u|)\mathrm{d}x + \frac{\lambda}{2}\int_\Omega (f - \tilde{D}(K * u))^2 \mathrm{d}x, \tag{2-117}$$

其中，

$$\phi_a(x) = \begin{cases} \frac{1}{2a}x^2, & |x| \le a, \\ a\ln|x| + \frac{a}{2} - a\ln a, & |x| > a, \end{cases} \tag{2-118}$$

a 是一个小的正参数.

图像超分辨率重建的平均曲率模型为

$$\min_u E(u) = \min_u \int_\Omega \nabla\cdot\left(\frac{\nabla u}{\sqrt{1+|\nabla u|^2}}\right)\mathrm{d}x + \frac{\lambda}{2}\int_\Omega (f - \tilde{D}(K * u))^2 \mathrm{d}x. \tag{2-119}$$

2.4　本章小结

本章主要介绍了正则化技术的概念、图像处理中的正则化技术和基于正则化技术的图像处理模型.正则化方法需要构造正则化算子和选取正则化参数，其中正则化算子的构造方法，包括使用过滤器、基于变分原理的正则化方法、基于小波变换的正则化方法、基于图像稀疏表示的正则化方法和迭代正则化方法等；常见的参数选择方法有Morozov偏差原理、广义交叉验证(GCV)和L-曲线方法.图像处理中的正则化技术包括使用基于变分思想的正则项（如全变分正则项、Huber正则项等）、基于小波变换的正则项、基于图像稀疏表示的正则项、迭代正则项.本章还介绍了基于正则化技术的一些图像处理模型，包括图像去噪去模糊的正则化模型、图像修复的正则化模型、图像分割的正则化模型、红外与可见光图像融合的正则化模型和图像超分辨率重建的正则化模型.

第 3 章　量身定做有限点方法

3.1　量身定做有限点方法简介

首先，量身定做有限点方法（the tailored finite point method, TFPM）可以被有效地用于求解反应对流扩散问题 (例如带有大雷诺数的线性 Navier-Stokes 方程):

$$
\begin{aligned}
&Lu = -\epsilon^2 \Delta u + p(\mathbf{x})u_x + q(\mathbf{x})u_y + b(\mathbf{x})u = f(\mathbf{x}), \quad \forall \mathbf{x} = (x, y) \in \Omega, \\
&u|_{\partial\Omega} = 0,
\end{aligned} \tag{3-1}
$$

其中$\Omega \subset \mathbb{R}^2$; $p(\mathbf{x})$,$q(\mathbf{x})$,$b(\mathbf{x}) \in L^\infty(\Omega)$; $f(\mathbf{x}) \in L^2(\Omega)$ 是 Ω 上的4个给定的函数.且

$$
b(\mathbf{x}) \geq 0, \quad p^2(\mathbf{x}) + q^2(\mathbf{x}) + b(\mathbf{x}) > 0, \quad \text{on } \bar{\Omega}. \tag{3-2}
$$

当 $\epsilon \ll 1$时，这个问题是奇异摄动问题，方程的解会产生一些边界层和内层，问题解本身或者其空间/时间导数会变化很快，一般的数值格式需要很密的网格剖分才能够得到相对满意的结果，且这些内层和边界层会引起数值解的伪振荡.因此，为了求解这样的问题，我们采用量身定做的有限点方法[19]克服以上困难.为了简易地呈现量身定做有限点方法的要点，假设 $\Omega = [0, 1] \times [0, 1]$，网格大小$h = N^{-1}$，$x_i = ih$，$y_j = jh$，$0 \leq i, j \leq N$. 记 L 在这个网格上为 L_0，如图3.1所示，那么有

$$
L_0 u = -\epsilon^2 \Delta u + p_0 u_x + q_0 u_y + b_0 u = f_0, \tag{3-3}
$$

其中 $p_0 = p(\mathbf{x}^0)$，$q_0 = q(\mathbf{x}^0)$，$b_0 = b(\mathbf{x}^0)$，$f_0 = f(\mathbf{x}^0)$.令

$$
u(x, y) = w(x, y) + v(x, y) \exp(\frac{p_0 x + q_0 y}{2\epsilon^2}), \tag{3-4}
$$

其中 $w(x, y) = \begin{cases} \frac{f_0}{b_0}, & b_0 > 0, \\ \frac{p_0 x + q_0 y}{p_0^2 + q_0^2} f_0, & b_0 = 0, \end{cases}$ 使得 $L_0 w(x, y) = f_0$. 则 v 满足

$$
-\Delta v + \mu_0^2 v = 0, \tag{3-5}
$$

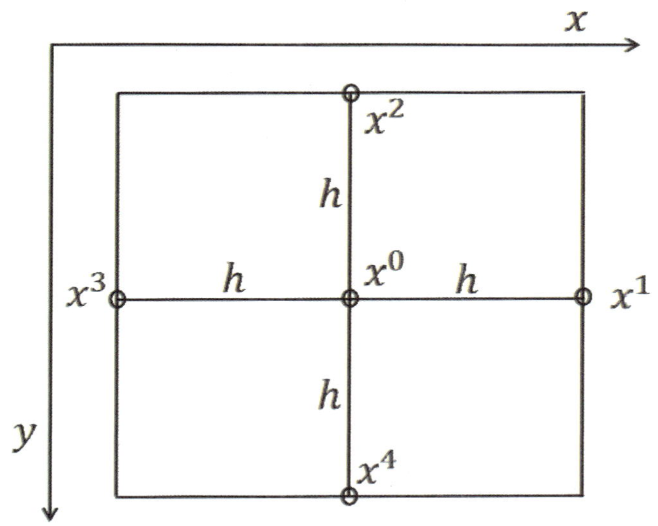

图 3.1　局部网格

其中 $\mu_0 = \sqrt{\frac{b_0}{\epsilon^2} + \frac{p_0^2+q_0^2}{4\epsilon^4}}$. 记

$$H_4 = \{v(x,y)|v = c_1 e^{-\mu_0 x} + c_2 e^{\mu_0 x} + c_3 e^{-\mu_0 y} + c_4 e^{\mu_0 y}, \forall c_i \in \mathbb{R}\}. \tag{3-6}$$

我们可以设计如下格式:

$$\alpha_1 V_1 + \alpha_2 V_2 + \alpha_3 V_3 + \alpha_4 V_4 + \alpha_0 V_0 = 0, \tag{3-7}$$

其中 $V_j = v(\mathbf{x}^j)$ 使得对任给的 $v \in H_4$ 都成立.因此我们得到

$$\begin{cases} \alpha_1 e^{-\mu_0 h} + \alpha_2 + \alpha_3 e^{\mu_0 h} + \alpha_4 + \alpha_0 = 0, \\ \alpha_1 e^{\mu_0 h} + \alpha_2 + \alpha_3 e^{-\mu_0 h} + \alpha_4 + \alpha_0 = 0, \\ \alpha_1 + \alpha_2 e^{-\mu_0 h} + \alpha_3 + \alpha_4 e^{\mu_0 h} + \alpha_0 = 0, \\ \alpha_1 + \alpha_2 e^{\mu_0 h} + \alpha_3 + \alpha_4 e^{-\mu_0 h} + \alpha_0 = 0. \end{cases} \tag{3-8}$$

也就是对任给的 $0 \neq \alpha_0 \in \mathbb{R}$，方程组有唯一的解

$$\alpha_1 = \alpha_2 = \alpha_3 = \alpha_4 = \frac{-\alpha_0}{4\cosh^2(\frac{\mu_0 h}{2})}. \tag{3-9}$$

我们得到五点格式

$$V_0 = \frac{1}{4\cosh^2(\frac{\mu_0 h}{2})}[V_1 + V_2 + V_3 + V_4], \tag{3-10}$$

最终关于u的量身定做有限点格式为

$$
\begin{aligned}
&U_0-\frac{\mathrm{e}^{-\frac{p_0h}{2\epsilon^2}}U_1+\mathrm{e}^{-\frac{q_0h}{2\epsilon^2}}U_2+\mathrm{e}^{\frac{p_0h}{2\epsilon^2}}U_3+\mathrm{e}^{\frac{q_0h}{2\epsilon^2}}U_4}{4\cosh^2(\frac{\mu_0h}{2})}\\
=&W_0-\frac{\mathrm{e}^{-\frac{p_0h}{2\epsilon^2}}W_1+\mathrm{e}^{-\frac{q_0h}{2\epsilon^2}}W_2+\mathrm{e}^{\frac{p_0h}{2\epsilon^2}}W_3+\mathrm{e}^{\frac{q_0h}{2\epsilon^2}}W_4}{4\cosh^2(\frac{\mu_0h}{2})},
\end{aligned}
\tag{3-11}
$$

其中 $U_j=u(\mathbf{x}^j)=w(\mathbf{x}^j)+v(\mathbf{x}^j)\mathrm{e}^{\frac{p_0x_j+q_0y_j}{2\epsilon^2}}$，$W_j=w(\mathbf{x}^j)$. 下面我们分析量身定做五点格式的收敛性.定义$\gamma=4\cosh^2(\frac{\mu_0h}{2})$，由于 $\cosh(\frac{\mu_0h}{2})>1$，则$\gamma>4$，系数矩阵为

$$
\boldsymbol{A}=\frac{1}{\gamma}\left(\begin{array}{cccccccccccccc}
\gamma & -2 & & \cdots & & -2 & & & & & & & & \\
-1 & \gamma & 1 & & \cdots & & -2 & & & & & & & \\
 & -1 & \gamma & -1 & & \cdots & & -2 & & & & & & \\
 & & \ddots & \ddots & \ddots & & & & \ddots & & & & & \\
 & & & -2 & \gamma & 0 & & \cdots & & -2 & & & & \\
-1 & & \cdots & & 0 & \gamma & -2 & & \cdots & & -1 & & & \\
 & -1 & & \cdots & & -1 & \gamma & -1 & & \cdots & & -1 & & \\
 & & \ddots & & & & \ddots & \ddots & \ddots & & & & \ddots & \\
 & & & -1 & & \cdots & & -2 & \gamma & 0 & & \cdots & & -1 \\
 & & & & -2 & & \cdots & & 0 & \gamma & -2 & & & \\
 & & & & & -2 & & \cdots & & -1 & \gamma & -1 & & \\
 & & & & & & \ddots & & & & \ddots & \ddots & \ddots & \\
 & & & & & & & -2 & & \cdots & & -1 & \gamma & -1 \\
 & & & & & & & & -2 & & \cdots & & -2 & \gamma
\end{array}\right)_{(MN)\times(MN)}
\tag{3-12}
$$

M，N 是矩阵$\boldsymbol{f}$的维数. 迭代矩阵$\boldsymbol{A}$ 是严格对角占优的，因此迭代格式收敛.

3.2 图像处理中的量身定做有限点方法

在图像处理中，有时候我们需要求解稳态方程，此时可以用在量身定做有限点方法简介中提到的量身定做有限点方法；有时候我们需要求解时间发展方程，比如将量身定做有限点方法应用于求解非平衡辐射扩散方程.考虑如下一维非线性抛物问题[112]：

$$
\begin{aligned}
&\frac{\partial u}{\partial t}-\frac{\partial}{\partial x}(a(x,u)\frac{\partial u}{\partial x})+c(x,u)u=f(x,t), && \forall x\in[0,1],t>0,\\
&u|_{x=0,1}=0, && t>0,\\
&u|_{t=0}=u_0(x), && x\in[0,1],
\end{aligned}
\tag{3-13}
$$

其中 $a(x,u)\geq a_0>0$，$c(x,u)\geq -c_0$，$c_0\geq 0$，$f(x,t)$ 是给定的函数. 假设 $h=N^{-1}$是网格尺寸，$x_j=jh$，$0\leq j\leq N$，$t_n=n\tau$，$0\leq n\leq M$. 首先，我们将上

述方程在$[x_{j-\frac{1}{2}}, x_{j+\frac{1}{2}}] \times [t_n, t_{n+1}]$上积分：

$$\int_{t_n}^{t_{n+1}} \int_{x_{j-\frac{1}{2}}}^{x_{j+\frac{1}{2}}} \left(\frac{\partial u}{\partial t} - \frac{\partial}{\partial x}\left(a(x,u)\frac{\partial u}{\partial x}\right) + c(x,u)u\right) \mathrm{d}x\mathrm{d}t = \int_{t_n}^{t_{n+1}} \int_{x_{j-\frac{1}{2}}}^{x_{j+\frac{1}{2}}} f(x,t)\mathrm{d}x\mathrm{d}t, \tag{3-14}$$

然后我们在时间上利用梯形公式，空间上采用中心差分，得到

$$\begin{aligned} &\frac{u_j^{n+1} - u_j^n}{\tau} - \frac{a_{j+\frac{1}{2}}^{n+1} u_{x,j+\frac{1}{2}}^{n+1} + a_{j+\frac{1}{2}}^{n} u_{x,j+\frac{1}{2}}^{n}}{2h} + \frac{a_{j-\frac{1}{2}}^{n+1} u_{x,j-\frac{1}{2}}^{n+1} + a_{j-\frac{1}{2}}^{n} u_{x,j-\frac{1}{2}}^{n}}{2h} \\ &+ \frac{c_j^{n+1} u_j^{n+1} + c_j^n u_j^n}{2} = \frac{f_j^{n+1} + f_j^n}{2}, \end{aligned} \tag{3-15}$$

其中 $a_{j+\frac{1}{2}}^{n+1} = a(x_{j+\frac{1}{2}}, u_{j+\frac{1}{2}}^{n+1})$.下面我们在每个单元的中心离散 u 的一阶导数，采用中心差分近似得到

$$u_{x,j+\frac{1}{2}} = \frac{u_{j+1} - u_j}{h}. \tag{3-16}$$

我们将得到经典的有限体积格式，但是，当存在一些边界层/内层，并且必须使用相对大的网格尺寸时，经典的有限体积格式可能不能够产生合适的近似值.我们在这里使用一些特殊的基函数在每个单元$[x_j, x_{j+1}]$上内插函数u，从而使用此插值估计单元中心 u 的一阶导数.基函数是根据简化方程的解的性质来选取的.例如，我们用分片常数$v_{j+\frac{1}{2}}$，$a_{j+\frac{1}{2}}$，$c_{j+\frac{1}{2}}$，$f_{j+\frac{1}{2}}$近似$\frac{\partial u}{\partial t}$，$a(x,u)$，$c(x,u)$，$f(x,t)$在单元$[x_j, x_{j+1}]$上的值，其中

$$a_{j+\frac{1}{2}} = \frac{1}{h}\int_{x_j}^{x_{j+1}} a(x, \bar{u}(x))\mathrm{d}x, \quad \bar{u}(x) = u_j + \frac{u_{j+1} - u_j}{h}(x - x_j), \tag{3-17}$$

则在$[x_j, x_{j+1}]$上的退化方程为

$$-a_{j+\frac{1}{2}}\frac{\mathrm{d}^2 u}{\mathrm{d}x^2} + c_{j+\frac{1}{2}}u \quad = \quad f_{j+\frac{1}{2}} - v_{j+\frac{1}{2}}. \tag{3-18}$$

退化方程的解满足

$$u(x) \in \frac{f_{j+\frac{1}{2}} - v_{j+\frac{1}{2}}}{c_{j+\frac{1}{2}}} + \mathrm{span}\{\mathrm{e}^{\lambda x}, \mathrm{e}^{-\lambda x}\}, \quad 其中 \quad \lambda = \sqrt{\frac{c_{j+\frac{1}{2}}}{a_{j+\frac{1}{2}}}}. \tag{3-19}$$

则对于所有的$u \in \mathrm{span}\{1, \mathrm{e}^{\lambda x}, \mathrm{e}^{-\lambda x}\}$，我们有

$$u_{x,j+\frac{1}{2}} = \lambda\frac{u_{j+1} - u_j}{\mathrm{e}^{\frac{\lambda h}{2}} - \mathrm{e}^{-\frac{\lambda h}{2}}}. \tag{3-20}$$

从而我们得到了方程(3-18)的量身点做有限点格式:

$$-\alpha_{j-1}^{n+1}u_{j-1}^{n+1}+\alpha_j^{n+1}u_j^{n+1}-\alpha_{j+1}^{n+1}u_{j+1}^{n+1}=\beta^n, \tag{3-21}$$

其中系数为

$$\begin{cases}\alpha_j^{n+1}=\dfrac{1}{\tau}+\alpha_{j-1}^{n+1}+\alpha_{j+1}^{n+1}+\dfrac{c_j^{n+1}}{2},\\ \alpha_{j\pm1}^{n+1}=\lambda_\pm\dfrac{a_{j\pm\frac{1}{2}}^{n+1}}{2h(\mathrm{e}^{\frac{\lambda_\pm h}{2}}-\mathrm{e}^{-\frac{\lambda_\pm h}{2}})},\quad 其中,\quad \lambda_\pm=\sqrt{\dfrac{c_{j\pm\frac{1}{2}}}{a_{j\pm\frac{1}{2}}}},\\ \beta^n=\alpha_{j-1}^n u_{j-1}^n+(\dfrac{1}{\tau}-\alpha_{j-1}^n-\alpha_{j+1}^n-\dfrac{c_j^n}{2})u_j^n+\alpha_{j+1}^n u_{j+1}^n+\dfrac{f_j^{n+1}+f_j^n}{2}.\end{cases} \tag{3-22}$$

3.3 应用

3.3.1 图像分割

3.3.1.1 数值算法

我们提出使用量身定做有限点方法求解修正Cahn-Hilliard方程 (2-79)的稳态解.

令 $v=\epsilon_1\Delta u-\frac{1}{\epsilon_2}W'(u)$，则方程(2-79)的稳态解等价于下面的方程组的解:

$$\begin{cases}v=\epsilon_1\Delta u-\dfrac{1}{\epsilon_2}W'(u),\\ 0=-\Delta v-[\lambda_1(f-c_1)^2-\lambda_2(f-c_2)^2]\dfrac{\epsilon_3}{\pi[\epsilon_3^2+(u-\frac{1}{2})^2]}.\end{cases} \tag{3-23}$$

为方便计算，我们将上面的方程改写成两个耦合的二阶抛物方程:

$$\begin{cases}u_t=\epsilon_1\Delta u-\dfrac{1}{\epsilon_2}W'(u)-v,\\ -v_t=-\Delta v-[\lambda_1(f-c_1)^2-\lambda_2(f-c_2)^2]\dfrac{\epsilon_3}{\pi[\epsilon_3^2+(u-\frac{1}{2})^2]},\end{cases} \tag{3-24}$$

其中 u 和 v 满足 $\dfrac{\partial u}{\partial n}=\dfrac{\partial v}{\partial n}=0$. 对于第一个方程，首先对 $W'(u)$ 进行如下的线性化:

$$W'(u)=4u^3-6u^2+2u=(4u^2+2)u-6u^2, \tag{3-25}$$

其中 $4u^2+2$ 和 $-6u^2$ 可被看作分片常数.我们采用量身定做有限点方法[112]求解方程组(3-24) 中的第一个方程.例如，我们可以采用时间上为二阶精度的梯形公式(一般称作Crank-Nicolson 方法)，得到

$$\begin{aligned}\frac{u_{ij}^{n+1}-u_{ij}^{n}}{\tau}&=\epsilon_1\left[\frac{u^n_{x,i+\frac{1}{2},j}-u^n_{x,i-\frac{1}{2},j}}{2h}+\frac{u^{n+1}_{x,i+\frac{1}{2},j}-u^{n+1}_{x,i-\frac{1}{2},j}}{2h}\right]\\&+\epsilon_1\left[\frac{u^n_{y,i,j+\frac{1}{2}}-u^n_{y,i,j-\frac{1}{2}}}{2h}+\frac{u^{n+1}_{y,i,j+\frac{1}{2}}-u^{n+1}_{y,i,j-\frac{1}{2}}}{2h}\right]-\frac{1}{\epsilon_2}W'\left(\frac{u^n_{ij}+u^{n+1}_{ij}}{2}\right)-v^n_{ij}.\end{aligned}\tag{3-26}$$

为了捕获边界层/内层，我们选取一些特殊的基函数去插值函数 u.

例如我们用一些分片常数 $z_{i+\frac{1}{2},j+\frac{1}{2}}$ 去近似 $[x_i,x_{i+1}]\times[y_j,y_{j+1}]$ 上的 $\frac{\partial u}{\partial t}$，则退化方程的解满足

$$u(x,y)\in\frac{\frac{6}{\epsilon_2}(u^n_{ij})^2-v^n_{i,j}-z_{i+\frac{1}{2},j+\frac{1}{2}}}{\frac{4(u^n_{ij})^2+2}{\epsilon_2}}+\operatorname{span}\{e^{\xi x},e^{-\xi x},e^{\xi y},e^{-\xi y}\},\tag{3-27}$$

其中，

$$\xi=\sqrt{\frac{4(u^n_{ij})^2+2}{\epsilon_1\epsilon_2}}.\tag{3-28}$$

像之前讨论的一样，我们可以很容易地得到

$$u_{x,i+\frac{1}{2},j}=\xi\frac{u_{i+1,j}-u_{ij}}{e^{\frac{\xi h}{2}}-e^{-\frac{\xi h}{2}}},u_{y,i,j+\frac{1}{2}}=\xi\frac{u_{i,j+1}-u_{ij}}{e^{\frac{\xi h}{2}}-e^{-\frac{\xi h}{2}}}.\tag{3-29}$$

则第一个方程的量身定做有限点格式为

$$\begin{aligned}&(1+\frac{\tau}{\epsilon_2}(2(u^n_{ij})^2+1))u^{n+1}_{ij}-\frac{\epsilon_1\tau\xi}{2h(e^{\frac{\xi h}{2}}-e^{-\frac{\xi h}{2}})}(u^{n+1}_{i+1,j}+u^{n+1}_{i-1,j}+u^{n+1}_{i,j+1}+u^{n+1}_{i,j-1}-4u^{n+1}_{ij})\\&=(1-\frac{\tau}{\epsilon_2}(2(u^n_{i,j})^2+1))u^n_{ij}+\frac{\epsilon_1\tau\xi}{2h(e^{\frac{\xi h}{2}}-e^{-\frac{\xi h}{2}})}(u^n_{i+1,j}+u^n_{i-1,j}+u^n_{i,j+1}+u^n_{i,j-1}-4u^n_{ij})\\&\quad+\frac{6\tau}{\epsilon_2}(u^n_{ij})^2-\tau v^n_{ij},\end{aligned}\tag{3-30}$$

可由BICGSTAB进行求解.

对于方程组(3-24)中的第二个方程，可直接导出Crank-Nicolson格式：

$$\frac{v^{n+1}_{ij}-v^n_{ij}}{\tau}=\frac{\Delta_h v^{n+1}_{ij}+\Delta_h v^n_{ij}}{2}+[\lambda_1(f-c_1)^2-\lambda_2(f-c_2)^2]\frac{\epsilon_3}{\pi[\epsilon_3^2+(u-\frac{1}{2})^2]},\tag{3-31}$$

即

$$
\begin{aligned}
&(1+\frac{2\tau}{h^2})v_{ij}^{n+1}-\frac{\tau}{2h^2}(v_{i+1,j}^{n+1}+v_{i-1,j}^{n+1}+v_{i,j+1}^{n+1}+v_{i,j-1}^{n+1})\\
&=(1-\frac{2\tau}{h^2})v_{ij}^{n}+\frac{\tau}{2h^2}(v_{i+1,j}^{n}+v_{i-1,j}^{n}+v_{i,j+1}^{n}+v_{i,j-1}^{n})\\
&\quad+\tau[\lambda_1(f-c_1)^2-\lambda_2(f-c_2)^2]\frac{\epsilon_3}{\pi[\epsilon_3^2+(u-\frac{1}{2})^2]},
\end{aligned}
\tag{3-32}
$$

也可由BICGSTAB进行求解. 当然，我们也可以使用传统的有限差分法求解方程(3-24)，为方便起见，将传统有限差分方法记作FDM.

3.3.1.2　数值实验

在本节中，我们将修正的Cahn-Hilliard模型应用于各种合成的和真实的图像分割中.对于所有的数值实验，我们使用以下停机准则：

$$
\frac{\|u^k-u^{k-1}\|_2}{\|u^{k-1}\|_2}<\text{tol},
\tag{3-33}
$$

其中 $\text{tol}=1E-5$，$\|\cdot\|_2$是 Ω上的L^2-范数，k代表迭代次数.

在展示数值结果之前，我们首先讨论在我们的实验中使用的参数.我们提出的模型[参见方程 (2-79)]中，有5个参数：ϵ_1，ϵ_2，ϵ_3 和 λ_1，λ_2.参数 ϵ_1 和 ϵ_2 主要决定 u 的演变.为了帮助连接物体的不连续(断裂)部分，需要将这两个参数选取较大的值，以驱动 u 在接近 1 的那些区域的传播.然而，当选取的 ϵ_1 和 ϵ_2 较大时会导致很大的过渡层，进而模糊所期望分割的图像边界.

为了解决这个问题，在我们的实验中，我们采用两个阶段：第一步，首先选取较大的 ϵ_1 和 ϵ_2，求解方程 (2-79)的稳态解.第二步，选取较小的 ϵ_1 和 ϵ_2，求解方程 (2-79) 直到达到新的稳定状态.基于Cahn-Hilliard方程的特征，ϵ_2 越小过渡层越薄，这有助于定位目标分割的边界.在本节的所有实验中，我们选择 $\epsilon_2=\dfrac{\epsilon_1}{2}$.

参数 ϵ_3 控制着函数 $H_{\epsilon_3}(x)$ 逼近Heaviside函数 $H(x)$ 的程度.在所有的实验中，我们固定参数 $\epsilon_3=0.1$.至于拟合项系数 λ_1 和 λ_2，通常选取在 1 的附近.

由于我们在模型求解中需要解时间发展方程，因此必须设置 u 和 v 的初始值.在我们的实验中，我们通过使用阈值来设定 u 的初始值.准确地说，对于给定图像 f，其值在区间 $[0,1]$ 中，我们首先选取阈值 $f_0\in(0,1)$，然后设置初

始的 u 在区域 $\{f \geq f_0\}$ 中为 1，其余区域为 0.并且 v 的初始值可以通过使用 $v = \epsilon_1 \Delta u - \dfrac{1}{\epsilon_2} W'(u)$ 来计算.

我们首先考虑含有不同几何形状的合成图像，如图3.2所示.该图像被零均值标准差为$\sigma = 0.2$的高斯噪声污染.在这个实验中，我们选取参数$\lambda_1 = 1.1$，第一阶段中取$\epsilon_1 = 5$，第二阶段中取$\epsilon_1 = 0.01$.我们给出了初始分割(初始u)，第一阶段分割后的图像u，第二阶段分割后的图像，即最终的分割结果.从这些图中可以看出，尽管图像被强噪声污染，但我们所提出的模型依然能够分割出我们感兴趣的不同的几何对象.此外，从图 3.2中可以看出，强度均值c_1 和c_2可以在迭代100步时达到稳态，而u^k在迭代150步后趋于稳定，这也表明我们所提出的模型的有效性.

为了说明使用量身定做有限点方法的优点，我们将使用量身定做有限点方法求解方程 (2-79)的数值结果与使用传统有限差分法(FDM)的数值结果进行了对比，见图 3.3，给出了两种方法的能量随迭代次数变化的对比图，u 的相对误差随迭代次数变化的对比图. 这些图表明，使用量身定做有限点方法的数值实验中的u的能量和相对误差比FDM中的降低得更快，因此使用量身定做有限点方法进行图像分割比使用FDM 更快地收敛.除此之外，由于量身定做有限点方法使用了对应的简化模型的特殊基函数[19]，因此它比传统方法保留了更多的原模型中的性质.这种现象可以从使用两种方案分别获得的 u 的直方图中观察到，也就是说，使用量身定做有限点方法得到的 u 的值比使用FDM更接近0或1.

我们考虑一幅真实的图像，一只行走在湖中的老虎，见图3.4(a).在这个实验中，第一阶段使用参数$\epsilon_1 = 80$，第二阶段使用参数$\epsilon_1 = 0.01 \lambda_1 = 0.65$.我们的目标是捕捉老虎的完整边界.请注意，它的身体和尾部有很多条纹，并且基于标准的分割模型(如Chan-Vese模型[25])可以将这些条纹分割为单独的对象，可参见图3.4. 更重要的是，这些常规方法不能分割提取出尾部，因为尾部存在较大的间隙.为了解决这个问题，Zhu等[36]提出使用欧拉弹力函数作为活动轮廓的正则项，尾部可以大部分恢复.然而，在这项工作中，必须使曲率对应的能量泛函最小化.相比之下，我们提出的模型更易于处理且计算成本更低，换句话说，通过使用Cahn-Hilliard 方程，我们的模型能够像曲率驱动模型一样实现沿着相对较大的间隙恢复边界的目标，且计算成本低得多.

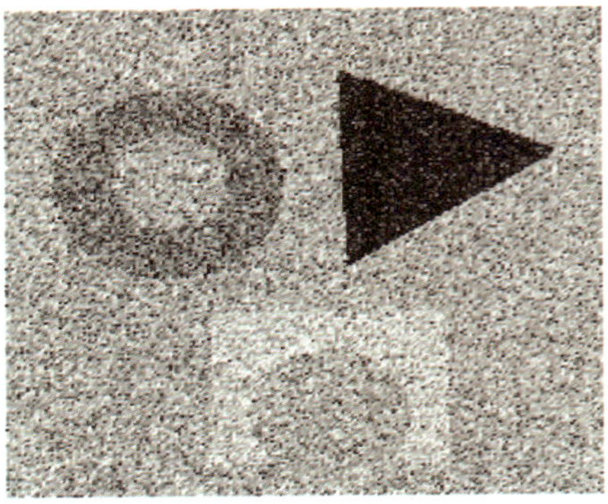

(a) $f(\sigma = 0.20)$

(b) u(最初)

(c) u(中间)

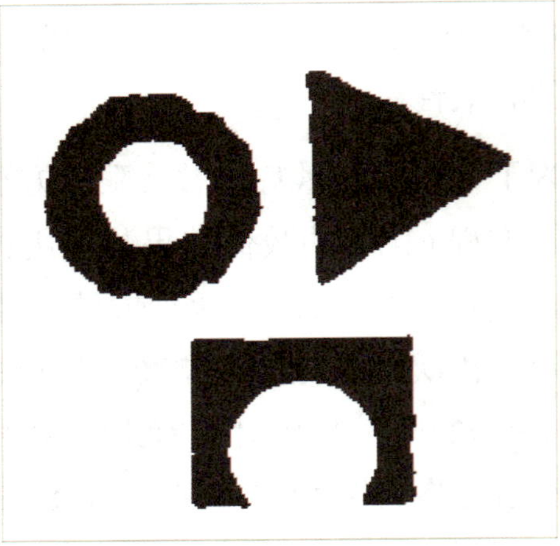

(d) u(最终)

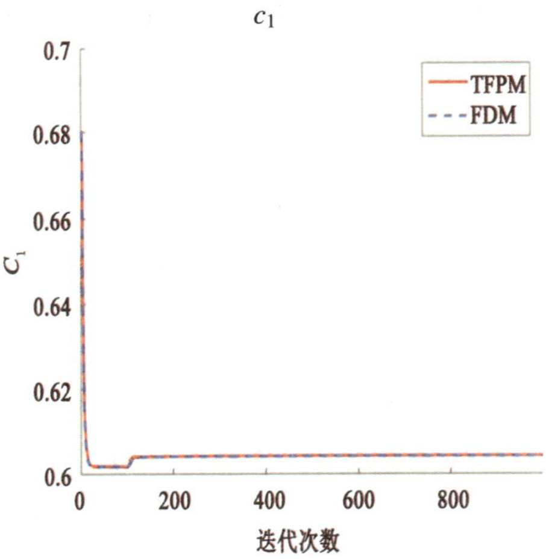

(e) c_1随迭代次数的变化情况

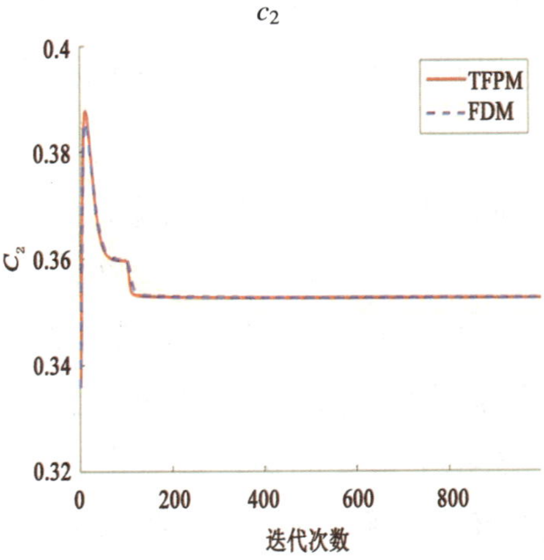

(f) c_2随迭代次数的变化情况

图 3.2　采用CH(TFPM)模型分割的含有$\sigma = 0.20$的高斯噪声的图像1

(a) u(FDM)

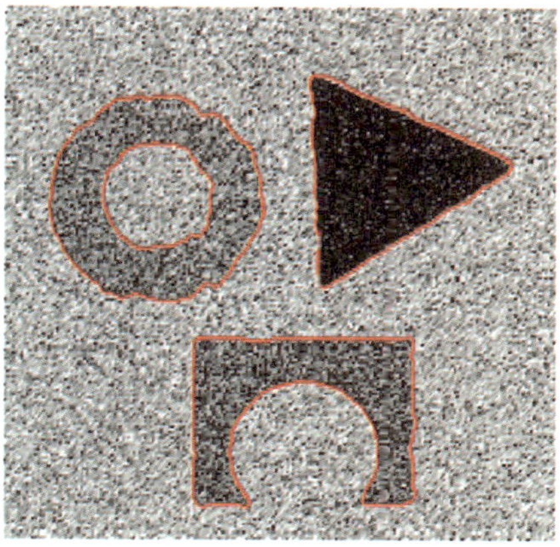

(b) u(TFPM)

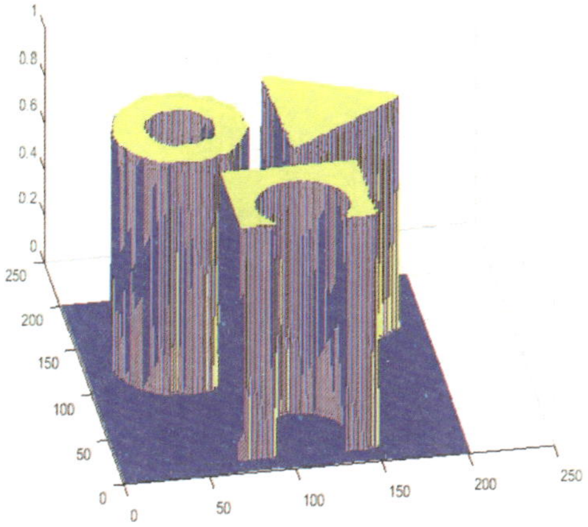

(c) 网格(FDM)

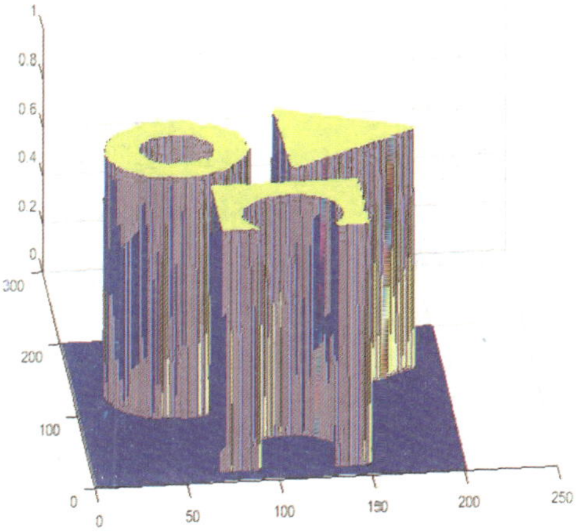

(d) 网格(TFPM)

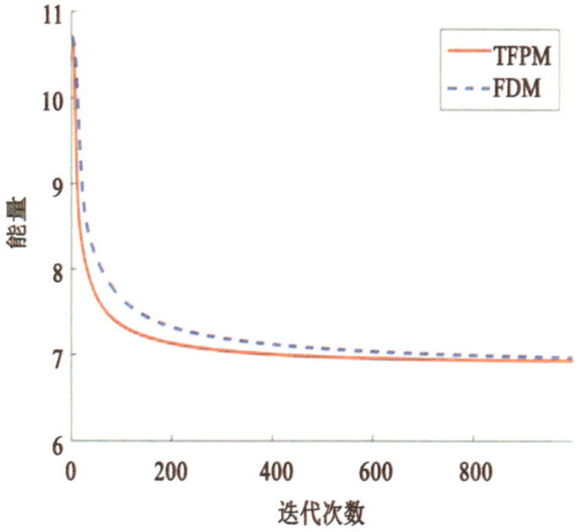

(e) 能量的相对误差随迭代次数的变化情况

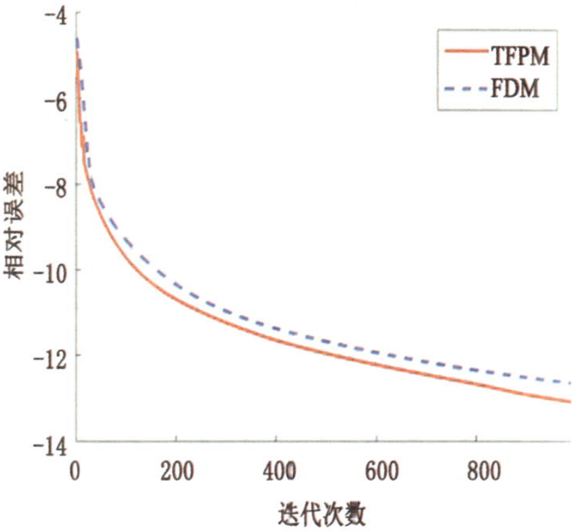

(f) u^k的相对误差随迭代次数的变化情况

图 3.3　采用CH(TFPM)模型分割的含有$\sigma = 0.20$的高斯噪声的图像2

(a) 初始

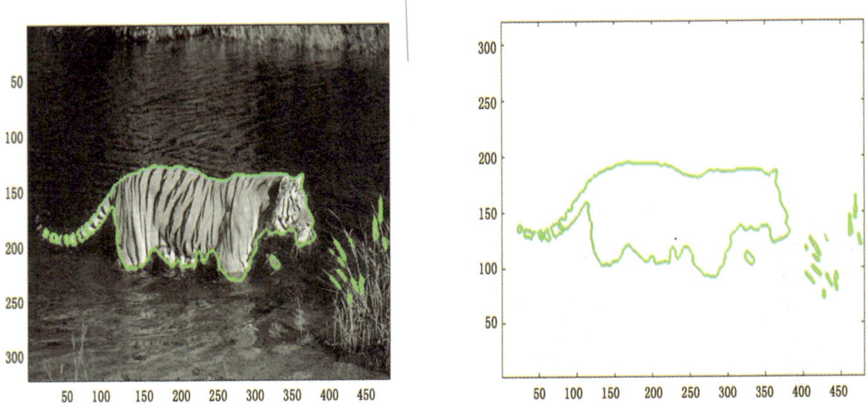

(b) CV

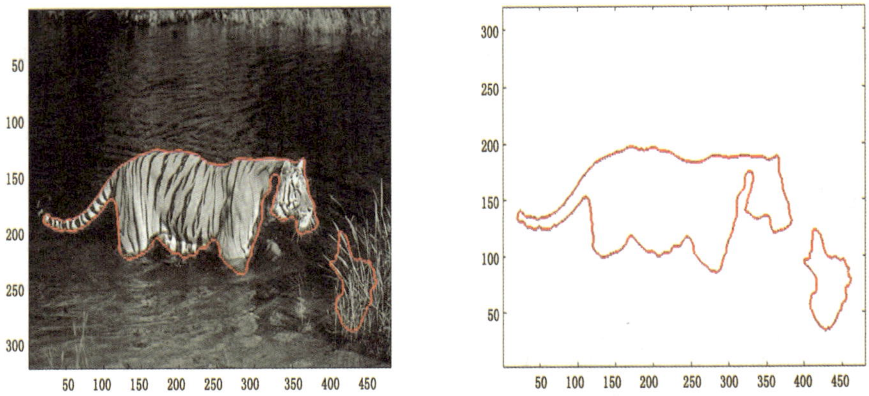

(c) CH

图 3.4　初始图像“Tiger” 和使用CV模型及本书提出的CH模型的分割结果对比

在图3.5中，我们将修正的Cahn-Hilliard模型应用于具有不均匀背景的管状血管的医学图像.在这个实验中，第一阶段使用参数$\epsilon_1 = 4$，第二阶段使用参数$\epsilon_1 = 0.01$，$\lambda_1 = 0.85$.通过这个数值案例，再次验证了我们的模型通过自动连接那些破损的区域成功地捕获了有意义的细长血管.然而，作为基于强度的分割模型，Chan-Vese模型只能分割出白色区域，而将破碎而有意义的部分断开.

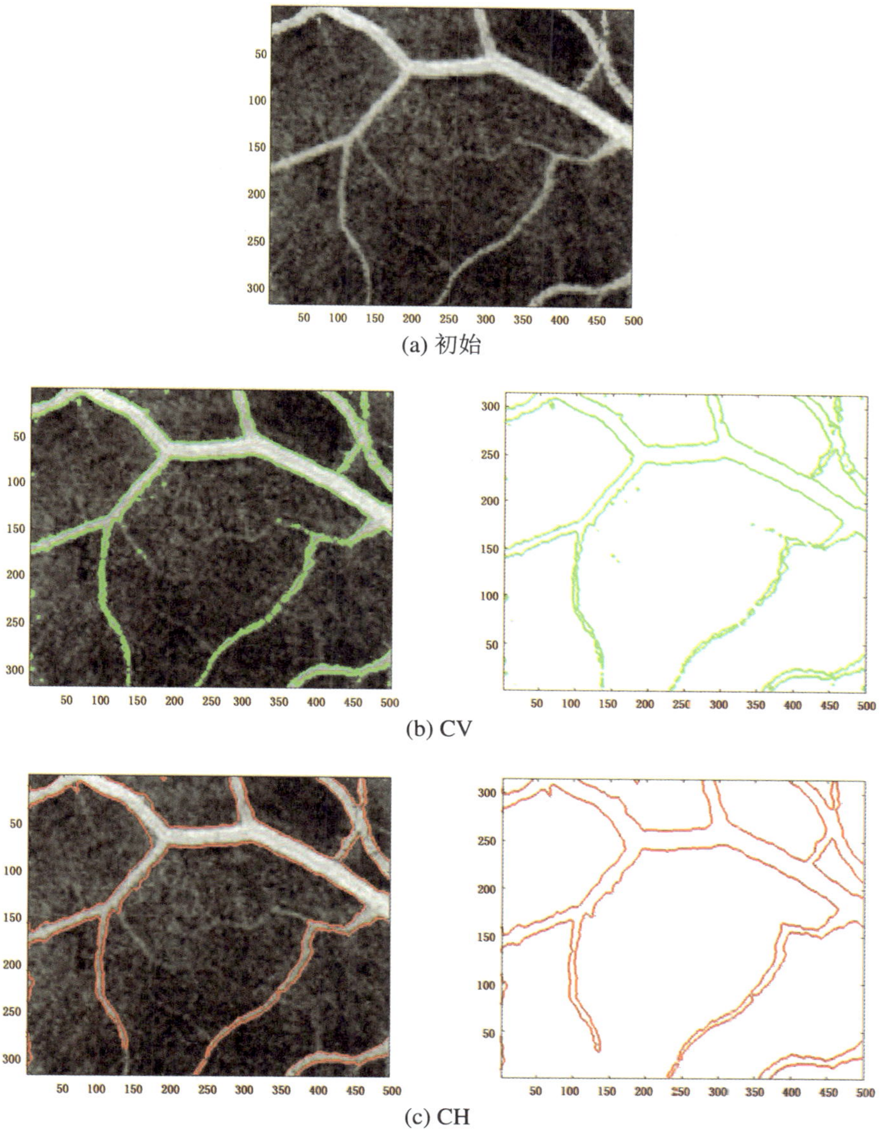

(a) 初始

(b) CV

(c) CH

图 3.5　初始图像“Vessel”和使用CV模型及本书提出的CH模型的分割结果对比

在图3.6中，我们将修正的Cahn-Hilliard模型应用于一个真实的植物图像“Yellow”，第一阶段使用参数$\epsilon_1 = 3$，第二阶段使用参数$\epsilon_1 = 0.01$ 和$\lambda_1 = 1.3$. 在图3.7中，我们将修正的Cahn-Hilliard模型应用于一个真实的植物图像“Flowers”，目标是分割出该图像中的4种颜色，使用参数$\epsilon_1 = 0.3$和$\lambda_1 = 1$.通过分割出的花托的形状，可以明显看到采用量身定做有限点方法可以更精确地提出想要的区域轮廓.

(a) 初始　(b) CH　(c) 网格

图 3.6　初始图像“Yellow”和使用本书提出的CH模型的分割结果

(a) 初始　(b) 初值

(c) CV　(d) CH

图 3.7　初始图像“Flowers”和使用CV模型及本书提出的CH模型的分割结果对比

3.3.2　图像融合

3.3.2.1　数值算法

为了找到基于Huber 正则化模型 (2-97)的最小值点，我们应用增广拉格朗日方法来最小化能量泛函$E(q)$.正如前面所讨论的，本书中我们还将结合量身定做有限点方法来求解使用增广拉格朗日方法过程中产生的椭圆或抛物子问题.准确地说，对于Huber 正则化模型 (2-97)，我们提出了一个等价的约束优化问题，如下所示:

$$\begin{aligned}&\min_{p,q}\int_\Omega \phi_a(|p|)\mathrm{d}x+\frac{\lambda}{2}\int_\Omega q^2\mathrm{d}x+\frac{\alpha}{2}\int_\Omega (q-(u-v))^2\mathrm{d}x,\\ &\text{s.t.}\qquad p=\nabla q,\end{aligned}$$

然后，考虑如下增广拉格朗日泛函:

$$\begin{aligned}\mathcal{L}(q,p,\lambda_1)=&\int_\Omega \phi_a(|p|)\mathrm{d}x+\frac{\lambda}{2}\int_\Omega q^2\mathrm{d}x+\frac{\alpha}{2}\int_\Omega (q-(u-v))^2\mathrm{d}x\\ &+\frac{\nu}{2}\int_\Omega |p-\nabla q|^2\mathrm{d}x+\int_\Omega \lambda_1\cdot(p-\nabla q)\mathrm{d}x,\end{aligned}\tag{3-34}$$

其中$\nu>0$是在数值实现中选择的惩罚参数，$\lambda_1\in\mathbb{R}^2$是拉格朗日乘子.

基于最优化理论，我们需要找到$\mathcal{L}$的鞍点，才能找到能量泛函$E(q)$的极小值点.为了找到$\mathcal{L}$的鞍点，我们可以应用一个迭代算法：对于q和p，我们固定其中的一个，修正另一个并寻找相关子问题的一个极小值点，然后在q和p都更新后，再更新拉格朗日乘子.重复该过程，直到两个变量都收敛，从而得到$\mathcal{L}$的鞍点.因此，我们考虑以下两个子问题的最小化求解:

$$\varepsilon_1(q;\lambda_1)=\frac{\lambda}{2}\int_\Omega q^2\mathrm{d}x+\frac{\alpha}{2}\int_\Omega (q-(u-v))^2\mathrm{d}x+\frac{\nu}{2}\int_\Omega |p-\nabla q|^2\mathrm{d}x+\int_\Omega \lambda_1\cdot(p-\nabla q)\mathrm{d}x,$$

$$\varepsilon_2(p;\lambda_1)=\int_\Omega \phi_a(|p|)\mathrm{d}x+\frac{\nu}{2}\int_\Omega |p-\nabla q|^2\mathrm{d}x+\int_\Omega \lambda_1\cdot(p-\nabla q)\mathrm{d}x.$$

$\varepsilon_1(q;\lambda_1)$的最小值解没有封闭形式，可由相应的欧拉-拉格朗日方程确定，如下所示:

$$-\nu\triangle q+(\lambda+\alpha)q=\alpha(u-v)-\mathrm{div}(\nu p+\lambda_1).$$

记$B = \alpha(u-v) - \mathrm{div}(\nu p + \lambda_1)$，欧拉-拉格朗日方程可约化为：

$$-\nu\triangle q + (\lambda+\alpha)q = B. \tag{3-35}$$

令

$$q(x,y) = \frac{B}{\lambda+\alpha} + t(x,y),$$

则 t对应的方程为

$$-\triangle t + \mu_0^2 t = 0,$$

其中，$\mu_0 = \sqrt{\frac{\lambda+\alpha}{\nu}}$.令

$$H_4 = \{t(x,y)|t = c_1\mathrm{e}^{-\mu_0 x} + c_2\mathrm{e}^{\mu_0 x} + c_3\mathrm{e}^{-\mu_0 y} + c_4\mathrm{e}^{\mu_0 y}, \forall c_i \in \mathbb{R}\}.$$

我们设计如下求解方案：

$$\alpha_1 T_1 + \alpha_2 T_2 + \alpha_3 T_3 + \alpha_4 T_4 + \alpha_0 T_0 = 0,$$

其中$T_j = t(\mathbf{x}^j)$，使得对于任意的$t \in H_4$，上述方程都成立.因此我们得到如下关系式成立：

$$\begin{cases} \alpha_1\mathrm{e}^{-\mu_0 h} + \alpha_2 + \alpha_3\mathrm{e}^{\mu_0 h} + \alpha_4 + \alpha_0 = 0, \\ \alpha_1\mathrm{e}^{\mu_0 h} + \alpha_2 + \alpha_3\mathrm{e}^{-\mu_0 h} + \alpha_4 + \alpha_0 = 0, \\ \alpha_1 + \alpha_2\mathrm{e}^{-\mu_0 h} + \alpha_3 + \alpha_4\mathrm{e}^{\mu_0 h} + \alpha_0 = 0, \\ \alpha_1 + \alpha_2\mathrm{e}^{\mu_0 h} + \alpha_3 + \alpha_4\mathrm{e}^{-\mu_0 h} + \alpha_0 = 0. \end{cases}$$

也就是说，对任意给定的$0 \neq \alpha_0 \in \mathbb{R}$，方程组有唯一的解：

$$\alpha_1 = \alpha_2 = \alpha_3 = \alpha_4 = \frac{-\alpha_0}{4\cosh^2(\frac{\mu_0 h}{2})}.$$

我们最终得到了以下量身定做有限点方法求解方案：

$$Q_0 - \frac{Q_1+Q_2+Q_3+Q_4}{4\cosh^2(\frac{\mu_0 h}{2})} = \frac{B}{\lambda+\alpha}(1 - \frac{1}{\cosh^2(\frac{\mu_0 h}{2})}),$$

其中，$Q_j = q(\mathbf{x}^j)$. 因此，$\varepsilon_1(q;\lambda_1)$的最小值点由求解下列方程得到：

$$q_{ij}^{n+1} - \frac{1}{4\cosh^2(\frac{\mu_0 h}{2})}(q_{i+1,j}^{n+1} + q_{i-1,j}^{n+1} + q_{i,j+1}^{n+1} + q_{i,j-1}^{n+1}) = \frac{B}{\lambda+\alpha}(1 - \frac{1}{\cosh^2(\frac{\mu_0 h}{2})}), \tag{3-36}$$

其中，$\mu_0 = \sqrt{\frac{\lambda+\alpha}{\nu}}$，且参数$\nu$可选取小一些.上面的公式可以改写为:

$$\boldsymbol{A}Q^{n+1} = \boldsymbol{F}^n,$$

其中，$\boldsymbol{A}$ 是严格对角占优矩阵，因此算法收敛且无条件稳定.由此得到的五对角常系数线性系统可以用BICGSTAB快速求解.

对于 p 子问题,$\varepsilon_2(p;\lambda_1)$的极小值有一个封闭解.可以将 $\varepsilon_2(p;\lambda_1)$ 写成下列形式:

$$\varepsilon_2(p;\lambda_1) = \int_\Omega \phi_a(|p|)\mathrm{d}x + \frac{\nu}{2}\int_\Omega |p-p^*|^2\mathrm{d}x + \tilde{C},$$

其中$p^* = \nabla q - \frac{\lambda_1}{\nu}$，且$\tilde{C} = \frac{\nu}{2}|\nabla q|^2 - \lambda_1\cdot\nabla q - \frac{\nu}{2}(p^*)^2$与$p$独立.由于不涉及 p的空间导数，我们可以准确地找到被积函数 $\varepsilon_2(p;\lambda_1)$的最小值点.定义 $f(p) = \phi_a(|p|) + \frac{\nu}{2}|p-p^*|^2$.当$x>0$时，$\phi_a(x)$是单调递增函数，因此 $f(p)$的最小值点一定是 sp^*的形式，其中 $s\in[0,1]$.记

$$\begin{aligned} g(s) &= f(sp^*) = \phi_a(|sp^*|) + \frac{\nu}{2}|sp^*-p^*|^2 \\ &= \begin{cases} \frac{|p^*|^2}{2a}s^2 + \frac{\nu|p^*|^2}{2}(s-1)^2, & 0\le s|p^*|<a, \\ |p^*|s - \frac{a}{2} + \frac{\nu|p^*|^2}{2}(s-1)^2, & a\le s|p^*|\le|p^*|, \end{cases} \end{aligned}$$

由于 $g(s)$ 在$[0,1)$上是凸函数，故 g 的最小值点出现在鞍点或者端点处.当$0\le s|p^*|<a$，也就是 $0\le s<\frac{a}{|p^*|}$时，通过计算

$$g'(s) = \frac{|p^*|^2}{a}s + \nu|p^*|^2(s-1) = 0,$$

可以很容易得到 $g(s)$的最小值点为 $s_0 = \frac{\nu}{1/a+\nu}$.而且$s_0 = \frac{\nu}{1/a+\nu}\in[0,\frac{a}{|p^*|})$当且仅当$|p^*|<a+\frac{1}{\nu}$.这时，$\varepsilon_2(p;\lambda_1)$ 在 $s_0p^* = \frac{\nu}{1/a+\nu}p^*$ 处取得最小值.

同理，对于 $a\le s|p^*|\le|p^*|$或 $\frac{a}{|p^*|}\le s\le 1$，$g(s)$的最小值点为 $s_1 = 1-\frac{1}{\nu|p^*|}$.而且 $s_1 = 1-\frac{1}{\nu|p^*|}\in[\frac{a}{|p^*|},1]$ 当且仅当 $|p^*|\ge a+\frac{1}{\nu}$.此时，$\varepsilon_2(p;\lambda_1)$在 $s_1p^* = (1-\frac{1}{\nu|p^*|})p^*$处取得最小值.

因此，$\varepsilon_2(p;\lambda_1)$的最小值点可以表示成如下形式:

$$\arg\min_p \varepsilon_2(p;\lambda_1) = \begin{cases} \frac{\nu}{1/a+\nu}p^*, & |p^*|<a+\frac{1}{\nu}, \\ (1-\frac{1}{\nu|p^*|})p^*, & |p^*|\ge a+\frac{1}{\nu}, \end{cases} \tag{3-37}$$

其中，$p^* = \nabla q - \frac{\lambda_1}{\nu}$.

我们把上述逼近泛函 (2-97)的鞍点的迭代方法记作 ALM-TFPM，在下面的算法1中给出.

算法1：求解所提出的模型 (2-97) 的最小值点的 ALM 和 TFPM 相结合的方法.

步骤1：初始化: $q^0 = u$，p^0，λ_1^0. 对于 $k \geq 1$，重复以下步骤 (步骤 2—4).

步骤2：固定拉格朗日乘子λ_1^k，采用方程 (3-36)和方程 (3-37)计算相关子问题的最小值点 q^{k+1}和 p^{k+1}.

步骤3：更新s^{k+1}:

$$s^{k+1} = q^{k+1} + \nu.$$

步骤4：更新拉格朗日乘子 λ_1^{k+1}:

$$\lambda_1^{k+1} = \lambda_1^k + \nu(p^{k+1} - \nabla q^{k+1}).$$

步骤5：估计s^k的相对误差 (3-44)，如果它小于给定的阈值ϵ_r，则停止迭代.

3.3.2.2 算法的收敛性

下面我们给出q^k的收敛性分析.实际上类似的收敛性分析结果可以参见相关文献[17,74,113].

定理 3.1 假设 $(q^*, p^*; \lambda_1^*)$ 是增广拉格朗日泛函 $\mathcal{L}(q, p; \lambda_1)$的鞍点，$(q^k, p^k; \lambda_1^k)$是由算法1生成的序列，则

$$\lim_{k \to \infty} q^k = q^*.$$

证明 为了方便表述，我们记 $V(q^k) = q^k - q^*$，$V(p^k) = p^k - p^*$，$V(\lambda_1^k) = \lambda_1^k - \lambda_1^*$. 由于 $(q^*, p^*; \lambda_1^*)$是增广拉格朗日泛函 $\mathcal{L}(q, p; \lambda_1)$ 的鞍点，即

$$\mathcal{L}(q^*, p^*; \lambda_1) \leq \mathcal{L}(q^*, p^*; \lambda_1^*) \leq \mathcal{L}(q, p; \lambda_1^*), \qquad \forall (q, p; \lambda_1). \tag{3-38}$$

根据 (3-38)中左侧的不等式，我们得到 $p^* = \nabla q^*$[17,74].记 $\langle f, g \rangle = \int_\Omega fg$，$\|f\|^2 = \int_\Omega |f|^2$，其中$f$，$g$可以为向量函数.又 $q^* = \arg\min_q \mathcal{L}(q, p^*; \lambda_1^*)$，因此对于函数$h(t) = \mathcal{L}(q^* + t(q - q^*), p^*; \lambda_1^*)$，其中$q, t \in [0, 1]$，我们有$h'(0) \geq 0$，即

$$\langle \alpha(u - \nu) - (\alpha + \lambda)q^*, q^* - q \rangle + \langle \nu(p^* - \nabla q^*) + \lambda_1^*, \nabla(q^* - q) \rangle \geq 0, \ \forall q. \tag{3-39}$$

类似地，对于$p^* = \arg\min_p \mathcal{L}(q^*, p; \lambda_1^*)$，我们可得

$$\langle \phi_a(|p|) - \phi_a(|p^*|), 1\rangle + \langle \nu(p^* - \nabla q^*) + \lambda_1^*, p - p^*\rangle \geq 0, \ \ \forall p. \tag{3-40}$$

当 $q^k = \arg\min_q \mathcal{L}(q, p^{k-1}; \lambda_1^{k-1})$和 $p^k = \arg\min_p \mathcal{L}(q^k, p; \lambda_1^{k-1})$时，同理可得

$$\begin{aligned}&\langle \alpha(u - v) - (\alpha + \lambda) q^k, q^k - q\rangle \\ &+\langle \nu(p^{k-1} - \nabla q^k) + \lambda_1^{k-1}, \nabla(q^k - q)\rangle \geq 0, \ \ \forall q,\end{aligned} \tag{3-41}$$

和

$$\langle \phi_a(|p|) - \phi_a(|p^k|), 1\rangle + \langle \nu(p^k - \nabla q^k) + \lambda_1^{k-1}, p - p^k\rangle \geq 0, \ \ \forall p. \tag{3-42}$$

在上述4个不等式中分别令 $q = q^k$，$q = q^*$，$p = p^k$,$p = p^*$，并将上述4个不等式相加可得

$$\begin{aligned}&-(\alpha + \lambda)\langle V(q^k), V(q^k)\rangle + \langle \nabla(V(q^k)), \nu(p^{k-1} - \nabla q^k) + d\lambda_1^{k-1}\rangle \\ &+\langle V(p^k), -\nu(p^k - \nabla q^k) - d\lambda_1^{k-1}\rangle \geq 0.\end{aligned}$$

由于 $\lambda_1^k = \lambda_1^{k-1} + \nu(p^k - \nabla q^k)$，$\nu(p^{k-1} - \nabla q^k) = \nu(p^k - \nabla q^k) + \nu(p^{k-1} - p^k)$，则上述不等式可简化为

$$-(\alpha + \lambda)\|V(q^k)\|^2 + \langle \nabla(V(q^k)), \nu(p^{k-1} - p^k) + V(\lambda_1^k)\rangle + \langle V(p^k), -d\lambda_1^k\rangle \geq 0.$$

又 $p^* = \nabla q^*$，$\nabla(V(q^k)) = V(p^k) + (\nabla q^k - p^k) = V(p^k) + \frac{1}{\nu}(\lambda_1^{k-1} - \lambda_1^k)$，可得

$$\begin{aligned}&-(\alpha + \lambda)\|V(q^k)\|^2 + \tfrac{1}{\nu}\langle \lambda_1^{k-1} - \lambda_1^k, V(\lambda_1^k)\rangle + \nu\langle V(p^k), p^{k-1} - p^k\rangle \\ &+\langle \lambda_1^{k-1} - \lambda_1^k, p^{k-1} - p^k\rangle \geq 0.\end{aligned}$$

对于p^{k-1}，我们可以得到类似的不等式

$$\langle \phi_a(|p|) - \phi_a(|p^{k-1}|), 1\rangle + \langle \nu(p^{k-1} - \nabla q^{k-1}) + \lambda_1^{k-2}, p - p^{k-1}\rangle \geq 0, \ \ \forall p. \tag{3-43}$$

在不等式(3-42)和(3-43)中分别令$p = p^{k-1}$和$p = p^k$，并相加可得

$$\langle \lambda_1^k, p^{k-1} - p^k\rangle + \langle \lambda_1^{k-1}, p^k - p^{k-1}\rangle \geq 0,$$

即 $\langle \lambda_1^{k-1} - \lambda_1^k, p^{k-1} - p^k\rangle \leq 0$. 因此我们可以得到

$$-(\alpha + \lambda)\|V(q^k)\|^2 + \frac{1}{\nu}\langle \lambda_1^{k-1} - \lambda_1^k, V(\lambda_1^k)\rangle + \nu\langle V(p^k), p^{k-1} - p^k\rangle \geq 0.$$

使用关系式

$$\langle \lambda_1^{k-1} - \lambda_1^k, V(\lambda_1^k) \rangle = \tfrac{1}{2}(\|d\lambda_1^{k-1}\|^2 - \|V(\lambda_1^k)\|^2 - \|\lambda_1^{k-1} - \lambda_1^k\|^2),$$
$$\langle p^{k-1} - p^k, V(p^k) \rangle = \tfrac{1}{2}(\|dp^{k-1}\|^2 - \|V(p^k)\|^2 - \|p^{k-1} - p^k\|^2),$$

我们推出

$$\begin{aligned}&(\frac{1}{2\nu}\|d\lambda_1^{k-1}\|^2 + \frac{\nu}{2}\|dp^{k-1}\|^2) - (\frac{1}{2\nu}\|d\lambda_1^k\|^2 + \frac{\nu}{2}\|dp^k\|^2)\\ &\geq (\alpha + \lambda)\|V(q^k)\|^2 + \frac{1}{2\nu}\|\lambda_1^{k-1} - \lambda_1^k\|^2 + \frac{\nu}{2}\|p^{k-1} - p^k\|^2,\end{aligned}$$

因此非负序列$\{\frac{1}{2\nu}\|d\lambda_1^k\|^2 + \frac{\nu}{2}\|dp^k\|^2\}_{k=1}^{\infty}$递减收敛，从而 $\lim_{k\to\infty}\|q^k - q^*\| = 0$. □

3.3.2.3 数值实验

在这一节中，我们展示一些基于Huber正则化的模型和使用ALM-TFPM算法进行图像融合得到的数值结果.我们的目标是将可见光图像和红外图像进行融合，保留红外图像的热辐射信息和可见光图像的详细外观信息.我们不仅比较了TV模型和Huber模型的性能以及使用量身定做有限点方法的效果，同时也与其他的图像融合技术（LP、DWT、DTCWT、 CVT、NSCT、MSVD、GFF）进行了对比.对于所有的数值实验，我们使用以下终止准则:

$$\frac{\|s^k - s^{k-1}\|_{L^1}}{\|s^{k-1}\|_{L^1}} < 5 \times 10^{-5}. \tag{3-44}$$

为了监控迭代过程的收敛性，我们检验相对残差[39]:

$$R^k = \frac{\|p^k - \nabla q^k\|_{L^1}}{|\Omega|}, \tag{3-45}$$

拉格朗日乘子λ^k的相对误差:

$$L^k = \frac{\|\lambda^k - \lambda^{k-1}\|_{L^1}}{\|\lambda^{k-1}\|_{L^1}}, \tag{3-46}$$

解q^k的相对误差:

$$\frac{\|q^k - q^{k-1}\|_{L^1}}{\|q^{k-1}\|_{L^1}}, \tag{3-47}$$

其中 $\|\cdot\|_{L^1}$是Ω上的 L^1范数，$|\Omega|$是区域的面积，k代表迭代次数.此外，为了便于说明，上述所有指标在图中显示的均为log-比例下的大小. 当不存在标准参

考图像时，我们通过图像熵对单个图像的效果进行估计，其定义如下：

$$H = -\sum_{i=0}^{L-1} P_i \log P_i,$$

其中，H表示图像熵，表征图像包含的平均信息量的多少；L是图像的总灰度级数；P_i是灰度值为i的像素数N_i与图像像素数N的比值. 当存在标准参考图像时，图像质量可以通过结构相似性度量、质量指标、互信息信噪比等来衡量.

我们首先在一组没有标准参考图像的图像数据集上，将本书提出的图像融合方法与其他图像融合技术(LP、DWT、DTCWT、CVT、NSCT、MSVD、GFF) 进行了对比，从图 3.8中可以看到我们的方法能够融合更多的可见光图像和红外图像中的信息.一方面，当可见光图像信息很丰富且红外图像中的信息较少时，我们可以增大λ的取值，使得融合图像中包含更多的可见光图像中的信息；反过来，当红外图像信息相对丰富时，我们可以通过减小λ的取值（λ可取为0），使得融合图像能够呈现更多的红外图像信息；另一方面，当可见光图像和红外图像均含有丰富的信息时，λ 的存在就显得尤为重要了，此时，一般将λ与α取成同量级的数值，会得到更加满意的图像融合效果.

我们在图像1中取$\lambda = 5, \alpha = 80, \nu = 0.5, h = 0.01, a = 1 \times 10^{-6}$，在图像2 中取$\lambda = 2 \times 10^3, \alpha = 1 \times 10^3, \nu = 0.5, h = 0.01, a = 1 \times 10^{-6}$，在图像3 中取$\lambda = 5 \times 10^3, \alpha = 3 \times 10^3, \nu = 0.2, h = 0.1, a = 1 \times 10^{-6}$，在图像4 中取$\lambda = 5 \times 10^3, \alpha = 2 \times 10^3, \nu = 0.2, h = 0.008, a = 1 \times 10^{-6}$.我们在表 3.1中给出能够表征融合图像信息量的指标——熵的值.

表 3.1　不同图像融合技术的图像熵对比

熵	图像1	图像2	图像3	图像4
LP	6.644 8	7.499 6	7.164 8	4.921 7
DWT	6.425 0	7.314 6	7.045 2	5.059 2
DTCWT	6.504 0	7.302 1	6.927 7	4.875 0
CVT	6.437 8	7.321 0	6.811 2	4.991 2
NSCT	6.589 4	7.365 0	7.045 0	4.887 1
MSVD	6.408 9	7.341 9	7.148 7	5.125 0
GFF	6.708 5	7.598 9	7.364 4	5.395 6
Ours	6.724 3	7.513 0	7.134 2	5.876 2

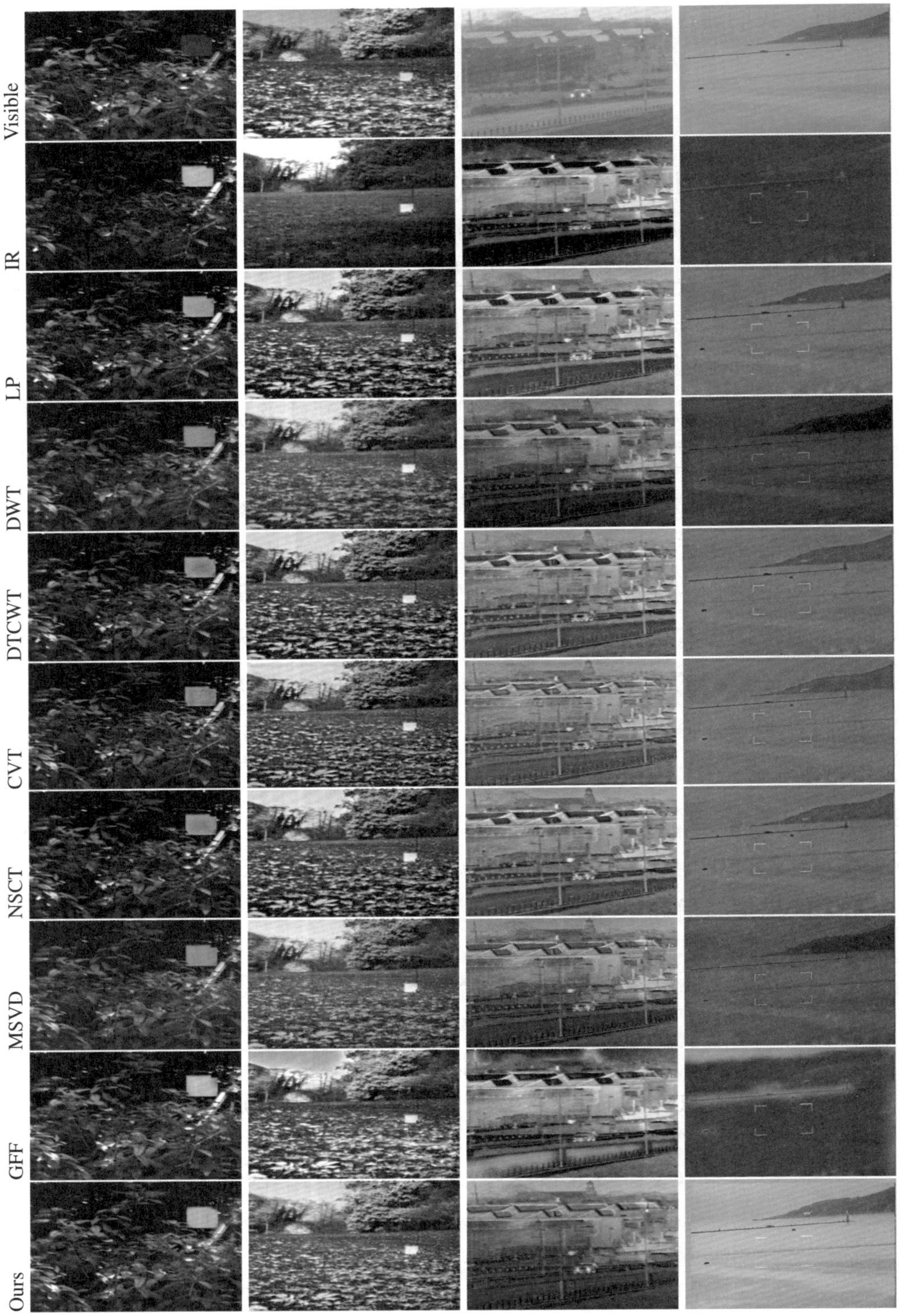

图 3.8　可见光图像、红外图像和分别使用八种方法融合的结果
(LP、DWT、DTCWT、CVT、 NSCT、MSVD、GFF和我们的方法)

为了验证迭代过程的收敛性，我们在“Tank”实验中，首先在图 3.9中展示了可见光图像、红外图像和使用本书所提方法得到的融合图像，其中$\lambda = 2 \times 10^3, \alpha = 2 \times 10^3, \nu = 0.5, h = 0.01, a = 0.1$.然后在图 3.10中展示了相对残差$R^k$(3-45)、拉格朗日乘子的相对误差$L^k$(3-46)、$q^k$ 的相对误差 (3-47)和能量$E(q^k)$随迭代次数的变化，这些图像的展示表明了我们算法迭代过程的收敛性，一步步接近增广拉格朗日函数的鞍点，因此能够逼近模型的极小值.

(a) 可见光图像　(b) 红外图像　(c) 融合图像

图 3.9　图像“Tank”

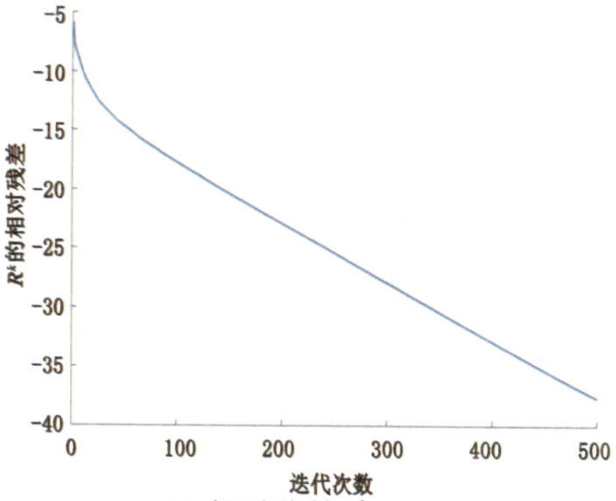

(a) 相对残差R^k

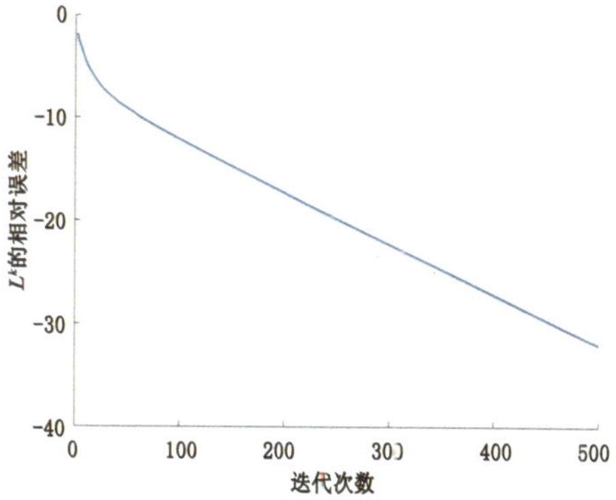

(b) 拉格朗日乘子的相对误差L^k

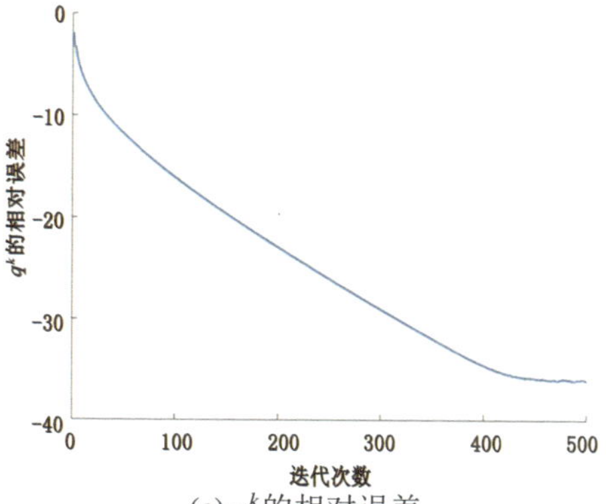

(c) q^k的相对误差

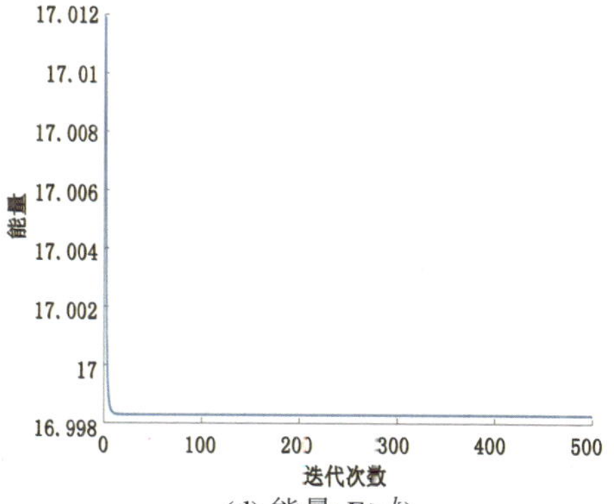

(d) 能量 $E(q^k)$

图 3.10　各参数随迭代次数的变化关系

为了更明显地观测参数λ和α对图像融合效果的影响，我们在图 3.11中分别给出可见光图像、红外图像以及λ和α取不同值时的融合图像.

我们主要对比两大类情形.

一类情形是$\lambda = 0$，这时我们的模型只控制融合图像s和可见光图像v呈现相似的灰度梯度，不再约束s与v的像素强度差异.从左侧图像可以看出，当α较小时，如取$\alpha = 1$和$\alpha = 10$时，融合图像接近可见光图像；随着α逐渐增大，融合图像也逐渐呈现出更多的红外图像中的信息，如当$\alpha = 1\times10^2$时，融合图像呈现出红外图像中的人物信息，但是与此同时，丢失了可见光图像中的道路信息；当$\alpha = 1\times10^3$时，融合图像接近红外图像，取得了相对较好的融合效果.

另一类情形是固定$\alpha = 2\times10^3$，这时我们考察λ对图像融合效果的影响.从右侧图像可以看出，当λ较小时，$\lambda = 2$和$\lambda = 20$，融合图像接近红外图像；λ逐渐增大，融合图像也逐渐呈现更多的可见光图像中的信息，如当$\lambda = 2\times10^3$时，融合图像不仅呈现出红外图像中的人物信息，还能够体现可见光图像中的道路信息等，融合效果更优.在本实验中其余参数均取值为$v = 0.5, h = 0.01, a = 1\times10^{-6}$.

λ和a是否取值为0，均会带来模型的改变.下面我们通过图像“Soldier”来观察λ和a是否为0会给融合图像带来什么样的影响.

我们在图 3.12中分别给出可见光图像、红外图像以及λ和a取不同值时的融合图像.

将第二行的两幅图像与第三行的两幅图像，可以发现第三行的图像包含更多的可见光图像信息——烟雾信息，这是由于第二行的图像是$\lambda = 0$的图像融合结果，第三行的图像是$\lambda = 1\times10^3$的图像融合结果.也就是说我们在模型中增加了λ对应的这一项，会使得模型有更多的可调节性.

对比左侧图像与右侧图像进行对比，我们发现在图像灰度梯度较小的区域，左侧图像（$a = 0$）存在更明显的阶梯效应，而右侧图像（$a = 10$）相对更平滑.

为了显示迭代过程的收敛性，图3.13中我们展示了q^k的相对误差(3-47)和能量$E(q^k)$随迭代次数的变化，表明迭代过程将收敛到某个鞍点。

以上的变化在放大后的图 3.14中表现得更加明显。其余参数均取值为$\alpha = 2\times10^3, v = 0.5, h = 0.01$。

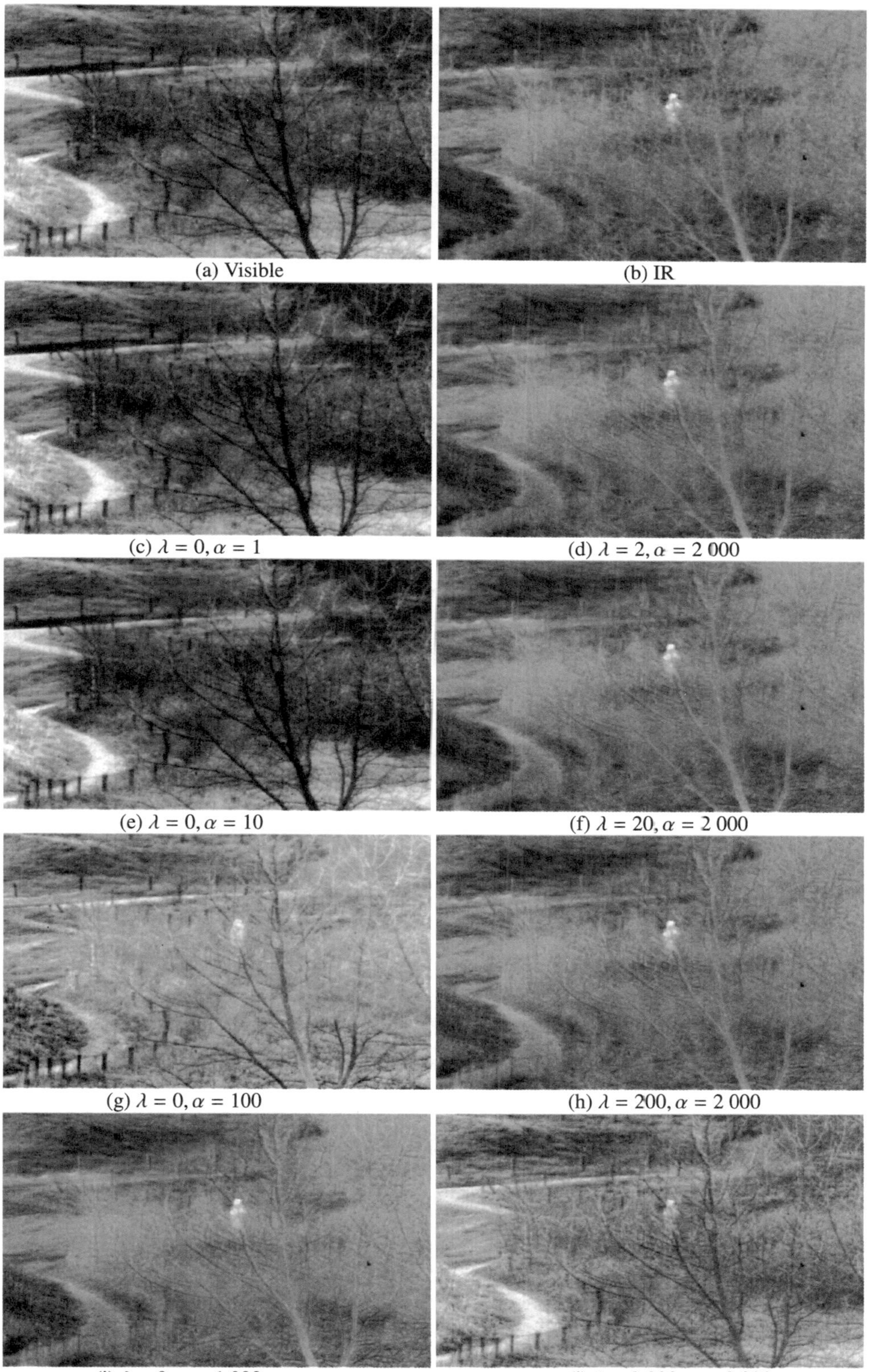

(a) Visible　(b) IR

(c) $\lambda = 0, \alpha = 1$　(d) $\lambda = 2, \alpha = 2\,000$

(e) $\lambda = 0, \alpha = 10$　(f) $\lambda = 20, \alpha = 2\,000$

(g) $\lambda = 0, \alpha = 100$　(h) $\lambda = 200, \alpha = 2\,000$

(i) $\lambda = 0, \alpha = 1\,000$　(j) $\lambda = 2\,000, \alpha = 2\,000$

图 3.11　可见光图像、红外图像和本书提议方法使用不同参数λ、α的图像融合结果

图 3.12　可见光图像、红外图像和本章提议方法中使用不同参数λ、a的图像融合结果

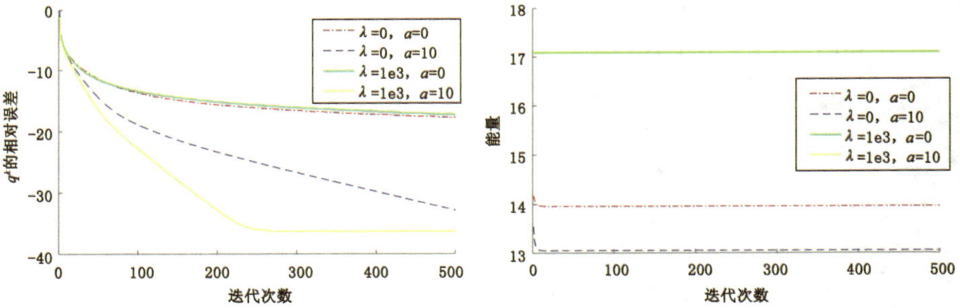

图 3.13　我们的方法中q^k的相对误差 (3-47)和能量 $E(q^k)$随迭代次数的变化

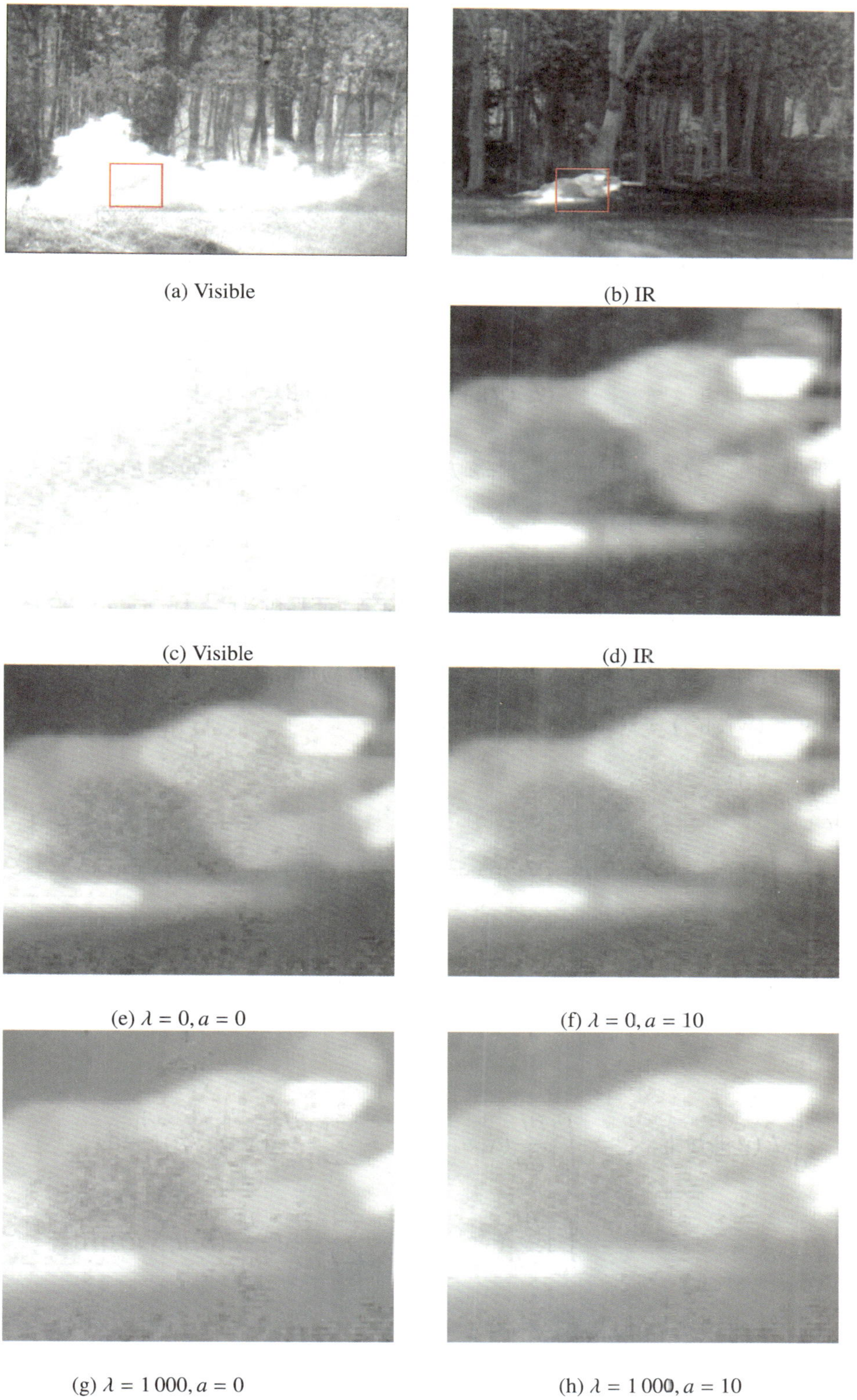

图 3.14 可见光图像、红外图像和本书方法中分别使用不同参数λ、a的图像融合结果

3.3.3 图像超分辨率重建

3.3.3.1 数值算法

在本章中，我们使用量身定做有限点法(TFPM)[18]来逼近最小化Huber模型过程中产生的抛物型或椭圆型子问题的解，以获得比传统数值方法更精确的数值解.为了找到Huber模型 (2-108) 的最小值，我们估计E在u处关于v 方向的方向导数：

$$\langle E'(u), v\rangle = \int E'(u)v\mathrm{d}x. \tag{3-48}$$

显然可见 $v = -E'(u)$ 是最速下降方向，此时方向导数 $< E'(u), v >$ 是负的，绝对值$| < E'(u), v > |$ 最大. 定义 $C_c^{\infty}(\Omega)$ 为具有紧支的、无限连续可微的函数空间，则子空间 $C_c^{\infty}(\Omega)$ 在 $L^2(\Omega)$ 中稠.对任给的$v \in C_c^{\infty}(\Omega)$，计算 $E'(u; v) = \frac{\mathrm{d}}{\mathrm{d}t}E(u + tv)|_{t=0}$, 则 E 在 u 处关于 v 方向的方向导数为 $< E'(u), v >= E'(u; v)$. 记能量泛函有如下形式 $E(u) = \int_{\Omega} L(x, u(x), \nabla u(x))\mathrm{d}x$, 其中 $L(x, u, w)$ 的变量 $x \in \Omega$, $u \in \mathbb{R}$, $w = (w_1, w_2) \in \mathbb{R}^2$.我们可以推导出

$$\begin{aligned}
&\frac{\mathrm{d}}{\mathrm{d}t}E(u + tv)\\
&= \frac{\mathrm{d}}{\mathrm{d}t}\int_{\Omega} L(x, u + tv, \nabla u + t\nabla v)\mathrm{d}x = \int_{\Omega} \frac{\mathrm{d}}{\mathrm{d}t}L(x, u + tv, \nabla u + t\nabla v)\mathrm{d}x\\
&= \int_{\Omega} \frac{\partial L}{\partial u}(x, u + tv, \nabla u + t\nabla v)v\frac{d}{\mathrm{d}t}x + \int_{\Omega}\sum_{i=1}^{2}\frac{\partial L}{\partial w_i}(x, u + tv, \nabla u + t\nabla v)\frac{\partial v}{\partial x_i}\mathrm{d}x.
\end{aligned}$$

令 $t = 0$,

$$\begin{aligned}
\frac{\mathrm{d}}{\mathrm{d}t}E(u + tv)|_{t=0} &= \int_{\Omega} \frac{\partial L}{\partial u}(x, u, \nabla u)v + \sum_{i=1}^{2}\frac{\partial L}{\partial w_i}(x, u, \nabla u)\frac{\partial v}{\partial x_i}\mathrm{d}x\\
&= \int_{\Omega}[\frac{\partial L}{\partial u}(x, u, \nabla u) - \sum_{i=1}^{2}\frac{\partial}{\partial x_i}(\frac{\partial L}{\partial w_i}(\mathbf{x}, u, \nabla u))]v\mathrm{d}x,
\end{aligned}$$

其中根据分部积分可得最后一个等号成立：

$$\int_{\Omega} f(x)\frac{\partial v}{\partial x_i}\mathrm{d}x = -\int_{\Omega}\frac{\partial f}{\partial x_i}(x)v(x)\mathrm{d}x \quad \text{对任给的} v \in C_c^{\infty}(\Omega).$$

因此，对于泛函 $E(u)$, 我们有

$$E'(u) = -\mathrm{div}(\phi_a'(|\nabla u|)\frac{\nabla u}{|\nabla u|}) - \lambda[\tilde{K} * S(f) - \tilde{K} * S \circ \tilde{D}(K * u)] \tag{3-49}$$

其中 $\tilde{K}$ 是 K 的转置，S 是相对于 $\tilde{D}$ 的转置(“上采样”)算子. 因此，极小化能量泛函 E 的梯度流为

$$\frac{\partial u}{\partial t} = \mathrm{div}\left(\phi_a'(|\nabla u|)\frac{\nabla u}{|\nabla u|}\right) + \lambda[\tilde{K} * S(f) - \tilde{K} * S \circ \tilde{D}(K * u)]. \tag{3-50}$$

具体地说，可以直接利用相关的梯度流来求解这个方程.但它往往是昂贵的，这是由于稳定条件的时间步长的限制.接下来，我们应用增广拉格朗日方法来最小化图像超分辨率重建的Huber模型.事实上，增广拉格朗日方法已被用于图像处理[72,106]中的TV模型.然而，正如前面所讨论的，我们将应用量身定做有限点方法来求解得到的椭圆或抛物方程.准确地说，对于泛函 (2-108) 的最小化，我们提出了一个等价的约束优化问题，如下所示:

$$\begin{aligned}\min_{p,u} & \int_\Omega \phi_a(|p|)\mathrm{d}x + \frac{\lambda}{2}\int_\Omega (f - \tilde{D}(K * u))^2 \mathrm{d}x, \\ \text{s.t.} \quad & p = \nabla u,\end{aligned}$$

然后，考虑如下增广拉格朗日泛函:

$$\begin{aligned}\mathcal{L}(u, p; \lambda_1) = & \int_\Omega \phi_a(|p|)\mathrm{d}x + \frac{\lambda}{2}\int_\Omega (f - \tilde{D}(K * u))^2 \mathrm{d}x \\ & + \frac{\nu}{2}\int_\Omega |p - \nabla u|^2 \mathrm{d}x + \int_\Omega \lambda_1 \cdot (p - \nabla u)\mathrm{d}x,\end{aligned} \tag{3-51}$$

其中$\nu > 0$是在数值实现中选择的惩罚参数，$\lambda_1 \in \mathbb{R}^2$是拉格朗日乘数.

基于最优化理论，我们需要找到$\mathcal{L}$的鞍点，才能找到原函数$E(u)$的极小值.为了找到$\mathcal{L}$的鞍点，我们可以应用一个迭代算法：对于u和p，我们固定其中的一个，修正另一个并寻找相关子问题的一个极小值点，然后在u和p都更新后，再更新拉格朗日乘子.将该过程重复，直到两个变量都收敛，这表明鞍点将被近似.因此，我们考虑以下两个子问题的最小化求解:

$$\varepsilon_1(u; \lambda_1) = \frac{\lambda}{2}\int_\Omega (f - \tilde{D}(K * u))^2 \mathrm{d}x + \frac{\nu}{2}\int_\Omega |p - \nabla u|^2 \mathrm{d}x + \int_\Omega \lambda_1 \cdot (p - \nabla u)\mathrm{d}x;$$

$$\varepsilon_2(p; \lambda_1) = \int_\Omega \phi_a(|p|)\mathrm{d}x + \frac{\nu}{2}\int_\Omega |p - \nabla u|^2 \mathrm{d}x + \int_\Omega \lambda_1 \cdot (p - \nabla u)\mathrm{d}x.$$

$\varepsilon_1(u;\lambda_1)$的最小值解没有封闭形式，可由相应的欧拉-拉格朗日方程确定，如下所示：

$$-\nu\triangle u+\lambda\tilde{K}*S\circ\tilde{D}(K*u)=\lambda\tilde{K}*S(f)-div(\nu p+\lambda_1),$$

记$B_1=\lambda\tilde{K}*S(f)-\mathrm{div}(\nu p+\lambda_1)$，$B=\lambda[u^n-\tilde{K}*S\circ\tilde{D}(K*u^n)]+B_1$，欧拉-拉格朗日方程可约化为：

$$-\nu\triangle u^{n+1}+\lambda u^{n+1}=B. \tag{3-52}$$

令

$$u(x,y)=\frac{B}{\lambda}+v(x,y),$$

则 v 对应的方程为

$$-\Delta v+\mu_0^2 v=0,$$

其中，$\mu_0=\sqrt{\dfrac{\lambda}{\nu}}$.令

$$H_4=\{v(x,y)|v=c_1\mathrm{e}^{-\mu_0 x}+c_2\mathrm{e}^{\mu_0 x}+c_3\mathrm{e}^{-\mu_0 y}+c_4\mathrm{e}^{\mu_0 y},\forall c_i\in\mathbb{R}\}.$$

那么我们设计如下求解方案：

$$\alpha_1V_1+\alpha_2V_2+\alpha_3V_3+\alpha_4V_4+\alpha_0V_0=0,$$

其中 $V_j=v(\mathbf{x}^j)$，使得对于任意的$v\in H_4$，上述方程都成立.因此我们得到如下关系式成立：

$$\begin{cases}\alpha_1\mathrm{e}^{-\mu_0 h}+\alpha_2+\alpha_3\mathrm{e}^{\mu_0 h}+\alpha_4+\alpha_0=0,\\ \alpha_1\mathrm{e}^{\mu_0 h}+\alpha_2+\alpha_3\mathrm{e}^{-\mu_0 h}+\alpha_4+\alpha_0=0,\\ \alpha_1+\alpha_2\mathrm{e}^{-\mu_0 h}+\alpha_3+\alpha_4\mathrm{e}^{\mu_0 h}+\alpha_0=0,\\ \alpha_1+\alpha_2\mathrm{e}^{\mu_0 h}+\alpha_3+\alpha_4\mathrm{e}^{-\mu_0 h}+\alpha_0=0.\end{cases}$$

也就是说，对任意给定的$0\neq\alpha_0\in\mathbb{R}$，方程组有唯一的解：

$$\alpha_1=\alpha_2=\alpha_3=\alpha_4=\frac{-\alpha_0}{4\cosh^2(\frac{\mu_0 h}{2})}.$$

我们最终得到了以下量身定做有限点方法求解方案:

$$U_0 - \frac{U_1 + U_2 + U_3 + U_4}{4\cosh^2(\frac{\mu_0 h}{2})} = \frac{B}{\lambda}(1 - \frac{1}{\cosh^2(\frac{\mu_0 h}{2})}),$$

其中，$U_j = u(x^j)$. 因此，$\varepsilon_1(u; \lambda_1)$ 的最小值点由求解下列方程得到:

$$u_{ij}^{n+1} - \frac{1}{4\cosh^2(\frac{\mu_0 h}{2})}(u_{i+1,j}^{n+1} + u_{i-1,j}^{n+1} + u_{i,j+1}^{n+1} + u_{i,j-1}^{n+1}) = \frac{B}{\lambda}(1 - \frac{1}{\cosh^2(\frac{\mu_0 h}{2})}), \tag{3-53}$$

其中，$\mu_0 = \sqrt{\frac{\lambda}{\nu}}$，且参数$\nu$可选取小一些.上面的公式可以改写为:

$$\boldsymbol{A}\boldsymbol{U}^{n+1} = \boldsymbol{F}^n,$$

其中，$\boldsymbol{A}$ 是严格对角占优矩阵，因此算法收敛且无条件稳定.由此得到的五对角常系数线性系统可以用BICGSTAB快速求解.

对于p子问题，$\varepsilon_2(p; \lambda_1)$ 的极小值有一个封闭解.可以将$\varepsilon_2(p; \lambda_1)$ 写成下列形式:

$$\varepsilon_2(p; \lambda_1) = \int_\Omega \phi_a(|p|)\mathrm{d}x + \frac{\nu}{2}\int_\Omega |p - p^*|^2 \mathrm{d}x + \tilde{C},$$

其中$p^* = \nabla u - \frac{\lambda_1}{\nu}$，且$\tilde{C} = \frac{\nu}{2}|\nabla u|^2 - \lambda_1 \cdot \nabla u - \frac{\nu}{2}(p^*)^2$ 与p 独立.由于不涉及 q 的空间导数，我们可以准确地找到被积函数 $\varepsilon_2(p; \lambda_1)$ 的最小值点.定义 $f(p) = \phi_a(|p|) + \frac{\nu}{2}|p - p^*|^2$.当$x > 0$ 时，$\phi_a(x)$ 是单调递增函数，因此 $f(p)$ 的最小值点一定是 sp^* 的形式，其中 $s \in [0, 1]$.记

$$\begin{aligned} g(s) &= f(sp^*) = \phi_a(|sp^*|) + \frac{\nu}{2}|sp^* - p^*|^2 \\ &= \begin{cases} \frac{|p^*|^2}{2a}s^2 + \frac{\nu|p^*|^2}{2}(s-1)^2, & 0 \le s|p^*| \le a, \\ |p^*|s - \frac{a}{2} + \frac{\nu|p^*|^2}{2}(s-1)^2, & a < s|p^*| \le |p^*|, \end{cases} \end{aligned}$$

由于$f(s)$在$[0, 1)$上是凸函数，故f的最小值点出现在鞍点或者端点处.当$0 \le s|p^*| \le a$，也就是 $0 \le s \le \frac{a}{|p^*|}$时，通过计算

$$g'(s) = \frac{|p^*|^2}{a}s + \nu|p^*|^2(s-1) = 0,$$

可以很容易得到 $g(s)$ 的最小值点为 $s_0 = \frac{\nu}{1/a+\nu}$.而且$s_0 = \frac{\nu}{1/a+\nu} \in [0, \frac{a}{|p^*|}]$ 当且仅当 $|p^*| \le a + \frac{1}{\nu}$. 这时，$\varepsilon_2(p; \lambda_1)$ 在 $s_0 p^* = \frac{\nu}{1/a+\nu}p^*$ 处取得最小值.

同理，对于 $a < s|p^*| \le |p^*|$ 或 $\frac{a}{|p^*|} < s \le 1$，$g(s)$ 的最小值点为 $s_1 = 1 - \frac{1}{\nu|p^*|}$.而且 $s_1 = 1 - \frac{1}{\nu|p^*|} \in (\frac{a}{|p^*|}, 1]$ 当且仅当 $|p^*| > a + \frac{1}{\nu}$.此时，$\varepsilon_2(p;\lambda_1)$ 在 $s_1 p^* = (1 - \frac{1}{\nu|p^*|})p^*$处取得最小值.

因此，$\varepsilon_2(p;\lambda_1)$ 的最小值点可以表示成如下形式：

$$\mathrm{Argmin}_p \varepsilon_2(p;\lambda_1) = \begin{cases} \frac{\nu}{1/a+\nu} p^*, & |p^*| \le a + \frac{1}{\nu}, \\ (1 - \frac{1}{\nu|p^*|})p^*, & |p^*| > a + \frac{1}{\nu}, \end{cases} \tag{3-54}$$

其中，$p^* = \nabla u - \frac{\lambda_1}{\nu}$.

我们把上述逼近泛函 (2-108) 的鞍点的迭代方法在本节也记作**ALM-TFPM**，在算法2中给出.

算法2：求解所提出的模型 (2-108) 的最小值点的ALM和量身定做有限点方法相结合的方法.

步骤1：初始化: $u^0 = f$，p^0，λ_1^0. 对于 $k \ge 1$，重复以下步骤 (步骤 2—4).

步骤2：固定拉格朗日乘子λ_1^k，采用方程 (3-53) 和方程 (3-54) 计算相关子问题的最小值点 u^k 和 p^k.

步骤3：更新拉格朗日乘子 λ_1^{k-1}:

$$\lambda_1^k = \lambda_1^{k-1} + \nu(p^k - \nabla u^k).$$

步骤4：估计相对残差式((3-61))，如果它们小于给定的阈值ϵ_r，则停止迭代.

3.3.3.2 算法的收敛性

下面我们给出序列$\{u^k\}$ 的收敛结果.事实上，类似的收敛结果可以参见相关文献[17,74,113].

定理 3.2 假设 $(u^*, p^*; \lambda_1^*)$ 是增广拉格朗日泛函 $\mathcal{L}(u, p; \lambda_1)$ 的一个鞍点.记 $(u^k, p^k; \lambda_1^k)$ 是由算法 2 生成的一个序列.如果 $\mathrm{Null}(\tilde{D} \circ K) = 0$，则

$$\lim_{k\to\infty} u^k = u^*.$$

证明 定义 $V(u^k) = u^k - u^*, V(p^k) = p^k - p^*; \lambda_1^k = \lambda_1^k - \lambda_1^*$.由 $(u^*, p^*; \lambda_1^*)$ 是泛函 $\mathcal{L}(u, p; \lambda_1)$ 的一个鞍点，我们有

$$\mathcal{L}(u^*, p^*; \lambda_1) \le \mathcal{L}(u^*, p^*; \lambda_1^*) \le \mathcal{L}(u, p; \lambda_1^*) \qquad \forall (u, p; \lambda_1). \tag{3-55}$$

根据 (3-55) 中第一个不等式，我们可以得到 $p^* = \nabla u^*$[17,74].记 $\langle f, g\rangle = \int_\Omega fg$，$\|f\|^2 = \int_\Omega |f|^2$，其中 f, g 是向量函数.又 $u^* = \mathrm{argmin}_u \mathcal{L}(u, p^*; \lambda_1^*)$，$h(t) = \mathcal{L}(u^* + t(u-u^*), p^*; \lambda_1^*)$，则对任给的 u 和 $t \in [0,1]$，有$h'(0) \geq 0$，

$$\lambda\langle f - \tilde{D}(K * u^*), \tilde{D}(K * (u^* - u))\rangle + \langle \nu(p^* - \nabla u^*) + \lambda_1^*, \nabla(u^* - u)\rangle \geq 0,\quad \forall u. \tag{3-56}$$

同理，由 $p^* = \mathrm{argmin}_p \mathcal{L}(u^*, p; \lambda_1^*)$，我们有

$$\langle \phi_a(|p|) - \phi_a(|p^*|), 1\rangle + \langle \nu(p^* - \nabla u^*) + \lambda_1^*, p - p^*\rangle \geq 0,\quad \forall p. \tag{3-57}$$

又 $u^k = \mathrm{argmin}_u \mathcal{L}(u, p^{k-1}; \lambda_1^{k-1})$，　$p^* = \mathrm{argmin}_p \mathcal{L}(u^k, p; \lambda_1^{k-1})$，我们可以得到下列关系式：

$$\begin{aligned}&\lambda\langle f - \tilde{D}(K * u^k), \tilde{D}(K * (u^k - u))\rangle\\&+\langle \nu(p^{k-1} - \nabla u^k) + \lambda_1^{k-1}, \nabla(u^k - u)\rangle \geq 0,\quad \forall u,\end{aligned} \tag{3-58}$$

和

$$\langle \phi_a(|p|) - \phi_a(|p^k|), 1\rangle + \langle \nu(p^k - \nabla u^k) + \lambda_1^{k-1}, p - p^k\rangle \geq 0,\quad \forall p. \tag{3-59}$$

将上述4个不等式相加，并令方程(3-56)中 $u = u^k$，方程(3-58)中$u = u^*$，方程(3-57)中$p = p^k$，方程(3-59)中$p = p^*$，可以得到

$$\begin{aligned}&-\lambda\langle \tilde{D}(K * V(u^k)), \tilde{D}(K * V(u^k))\rangle + \langle \nabla(V(u^k)), \nu(p^{k-1} - \nabla u^k) - d\lambda_1^{k-1}\rangle\\&+\langle V(p^k), -\nu(p^k - \nabla u^k) - d\lambda_1^{k-1}\rangle \geq 0.\end{aligned}$$

由 $\lambda_1^k = \lambda_1^{k-1} + \nu(p^k - \nabla u^k)$，$\nu(p^{k-1} - \nabla u^k) = \nu(p^k - \nabla u^k) + \nu(p^{k-1} - p^k)$，不等式简化如下：

$$-\lambda\|\tilde{D}(K * V(u^k))\|^2 + \langle \nabla(V(u^k)), \nu(p^{k-1} - p^k) + d\lambda_1^{k-1}\rangle + \langle V(p^k), -d\lambda_1^k\rangle \geq 0.$$

又 $p^* = \nabla u^*$，$\nabla(V(u^k)) = V(q^k) + (\nabla u^k - q^k) = V(q^k) + \frac{1}{\nu}(\lambda_1^{k-1} - \lambda_1^k)$，我们得到

$$\begin{aligned}-\lambda\|\tilde{D}(K * V(u^k))\|^2 + \frac{1}{\nu}\langle \lambda_1^{k-1} - \lambda_1^k\rangle + \nu\langle V(p^k), p^{k-1} - p^k\rangle&\\+\langle \lambda_1^{k-1} - \lambda_1^k, p^{k-1} - p^k\rangle \geq 0.&\end{aligned}$$

关于 p^{k-1}，我们也可以得到一个类似的不等式：

$$\langle \phi_a(|p|) - \phi_a(|p^{k-1}|), 1\rangle + \langle \nu(p^{k-1} - \nabla u^{k-1}) + \lambda_1^{k-2}, p - p^{k-1}\rangle \geq 0\quad \forall p. \tag{3-60}$$

令方程(3-59)中 $p = p^{k-1}$，方程(3-60)中$p = p^k$，然后将上述两个不等式相加，得到：

$$\langle \lambda_1^k, p^{k-1} - p^k \rangle + \langle \lambda_1^{k-1}, p^k - p^{k-1} \rangle \geq 0,$$

也就是 $\langle \lambda_1^{k-1} - \lambda_1^k, p^{k-1} - p^k \rangle \leq 0$.根据这些不等式，我们可以得到如下关系式：

$$-\lambda \|\tilde{D}(K * V(u^k))\|^2 + \frac{1}{\nu}\langle \lambda_1^{k-1} - \lambda_1^k, V(\lambda_1^k) \rangle + \nu \langle V(p^k), p^{k-1} - p^k \rangle \geq 0.$$

再根据

$$\begin{aligned}
\langle \lambda_1^{k-1} - \lambda_1^k, V(\lambda_1^k) \rangle &= \tfrac{1}{2}(\|d\lambda_1^{k-1}\|^2 - \|V(\lambda_1^k)\|^2 - \|\lambda_1^{k-1} - \lambda_1^k\|^2), \\
\langle p^{k-1} - p^k, V(p^k) \rangle &= \tfrac{1}{2}(\|dp^{k-1}\|^2 - \|V(p^k)\|^2 - \|p^{k-1} - p^k\|^2).
\end{aligned}$$

我们可推导出

$$\begin{aligned}
&(\frac{1}{2\nu}\|d\lambda_1^{k-1}\|^2 + \frac{\nu}{2}\|dp^{k-1}\|^2) - (\frac{1}{2\nu}\|d\lambda_1^k\|^2 + \frac{\nu}{2}\|dp^k\|^2) \\
\geq\ & \lambda \|\tilde{D}(K * V(u^k))\|^2 + \frac{1}{2\nu}\|\lambda_1^{k-1} - \lambda_1^k\|^2 + \frac{\nu}{2}\|p^{k-1} - p^k\|^2,
\end{aligned}$$

这表明非负序列 $\frac{1}{2\nu}\|d\lambda_1^k\|^2 + \frac{\nu}{2}\|dp^k\|^{2\,\infty}_{\,k=1}$ 是单调递减且收敛的，因此 $\lim_{k\to\infty} \|u^k - u^*\| = 0$. □

3.3.3.3 数值算例

在这一节中，我们展示一些应用我们所提出的基于Huber模型和ALM-TFPM算法进行图像超分辨重建得到的数值结果.我们的目标是将含有高斯噪声和/或被高斯模糊污染的低分辨率图像，经过处理得到满意的超分辨率图像.我们比较了MO模型、Huber模型的性能以及使用量身定做有限点方法的效果.对于所有数值实验，我们使用以下终止准则：

$$\frac{\|u^k - u^{k-1}\|_{L^1}}{\|u^{k-1}\|_{L^1}} < 5E - 9.$$

为了监控迭代过程的收敛性，我们检查相对残差[39]：

$$R^k = \frac{\|p^k - \nabla u^k\|_{L^1}}{|\Omega|}, \tag{3-61}$$

拉格朗日乘子λ^k 的相对误差：

$$L^k = \frac{\|\lambda^k - \lambda^{k-1}\|_{L^1}}{\|\lambda^{k-1}\|_{L^1}}, \tag{3-62}$$

解u^k 的相对误差:

$$\frac{\|u^k - u^{k-1}\|_{L^1}}{\|u^{k-1}\|_{L^1}}, \tag{3-63}$$

其中 $\|\cdot\|_{L^1}$ 是Ω 上的 L^1 范数，$|\Omega|$ 是区域的面积，k 代表迭代次数.此外，为了便于说明，上述所有指标在图中显示的均为log-比例下的大小. 图像质量的评价通过信噪比（SNR）、峰值信噪比（PSNR）和平均绝对误差（MAE）来衡量，其定义如下:

$$SNR = 10\log_{10}\frac{\sum_\Omega (u-\bar{u})^2}{\sum_\Omega((u-u_0)-\overline{(u-u_0)})^2},$$

$$PSNR = 10\log_{10}\frac{255^2 \times M \times N}{\sum_\Omega |u-u_0|^2},$$

$$MAE = \frac{\sum_\Omega |u-u_0|}{\sum_\Omega |u_0|},$$

其中，u_0 表示初始图像;u 是重建后的图像;$\bar{u}$ 是u 的信号的平均值;M, N 代表图像的尺寸. 为了便于比较，在下文中，ALM是指用标准差分格式求解u子问题的常规方法，而ALM-TFPM是指用量身定做有限点方法求解其中的子问题的增广拉格朗日方法.

我们首先检查使用量身定做有限点方法的效果.为此，我们首先考虑一个名为“Block”的合成图像，它有白色和黑色区域，如图 3.15所示.我们对一幅分辨率为20×20的被大小为20，标准差为3的高斯模糊污染的单帧图像进行了实验.在这个实验中，我们使用$\lambda = 8E2, \nu = 0.5, a = 0.1, h = 0.2$.我们选择一个小参数$a$，因为这个例子不会受到楼梯效应的影响.利用ALM 和ALM-TFPM获得的两幅超分辨率图像主要沿分隔黑白区域的边界不司.这说明了量身定做有限点方法的特点，即它保持了边界层/内层，从而通过使用不同的基函数求解椭圆方程有助于保持尖锐的跳跃.在设计标准差分格式时，这些基函数通常是相应算子的通解或本征函数，而不是多项式.两种方法的能量随迭代次数变化的图像和解 u^k 的相对误差的图像如图 3.16 所示，这也证明了ALM-TFPM比ALM 关于 u 的收敛速度快.

(a) (b) (c)

图 3.15 使用量身定做有限点方法的效果1

(a) 被高斯模糊污染的低分辨率图像“Block”；

(b) 使用ALM恢复的超分辨率图像;

(c) 使用ALM-TFPM恢复的超分辨率图像

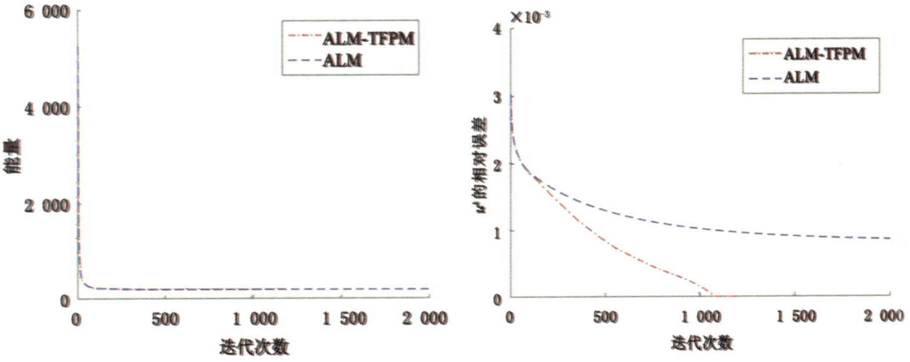

(a) (b)

图 3.16 能量和解u^k 的相对误差随迭代次数下降的曲线

为了进一步了解使用量身定做有限点方法的效果，我们将Huber模型应用于低分辨率灰度图像“Cameraman”，该图像受到大小为20，标准差为2的高斯模糊的污染，如图 3.17 所示.

(a) 高斯模糊污染 (b) 使用ALM恢复 (c) 使用ALM-TFPM 恢复

图 3.17 使用量身定做有限点方法的效果2

在这个实验中，我们使用$\lambda = 4E3$, $\nu = 0.5$, $a = 0.04$, $h = 0.5$.从两幅超分辨率图像可以看出，与ALM算法相比，ALM-TFPM算法能够更好地保持边界，比如脸和头发的交界处、脸和眼睛的交界处、头发顶部、肩膀部分等.为了更加清晰地看到算法的优势，我们将图像放大,如图 3.18所示.此外，我们在表3.2中给出使用ALM-TFPM 恢复的图像和使用ALM 恢复的图像的信噪比、峰值信噪比等指标.可以注意到，使用ALM-TFPM 恢复的“Cameraman”图像的峰值信噪比更低一些，这是由于峰值信噪比表示的是无噪图像与恢复图像的平均均方误差，本质是一个最小均方测度，更偏向于过平滑的结果.由于量身定做有限点方法可以更有效地保留图像尖锐的跳跃信号，从而导致峰值信噪比的下降.

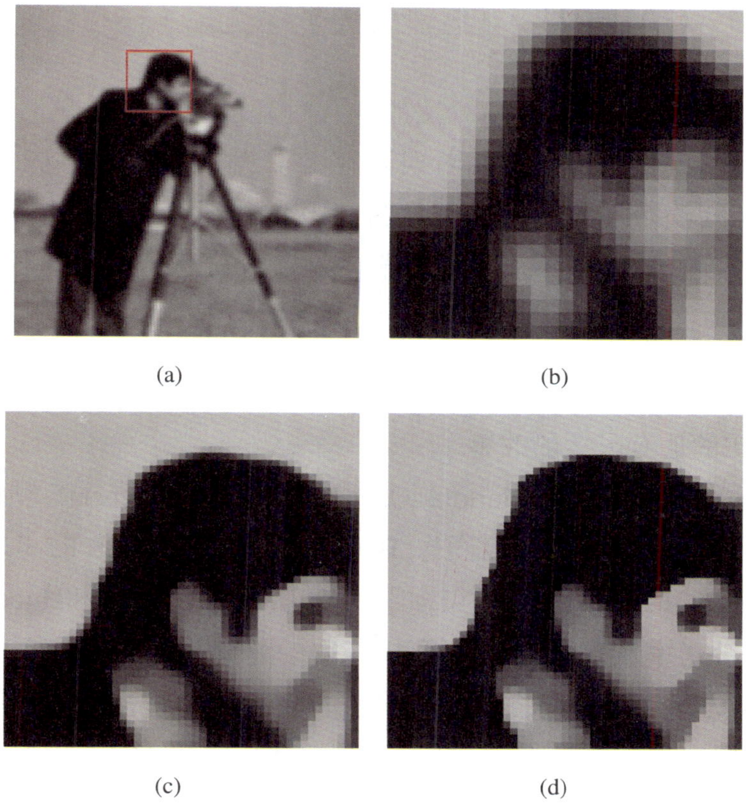

图 3.18　使用量身定做有限点方法的效果3
(a) 放大区域的位置；
(b) 放大区域中的图像；
(c) 使用Huber模型($a = 0.04$)和ALM算法恢复图像的放大部分；
(d) 使用Huber模型($a = 0.04$) 和ALM-TFPM算法恢复图像的放大部分

表 3.2 不同模型和算法获得的超分辨率图像的 SNR, PSNR 和 MAE 的对比

图像	算法	尺寸/px	a	SNR	PSNR	MAE
Cameraman	low-resolution image	128 × 128		8.4507	21.4836	0.1119
	ALM	256 × 256	0.04	11.5946	24.0605	0.0847
	ALM-TFPM	256 × 256	0.04	11.6042	24.0349	0.0842
Baby	low-resolution image	256 × 256		16.5998	27.6657	0.0573
	MO	512 × 512	0	17.1380	28.3057	0.0459
	ALM	512 × 512	3	17.4695	28.6387	0.0440
	ALM-TFPM	512 × 512	3	17.5606	28.7094	0.0435
Woman	low-resolution image	172 × 114		14.4238	25.1242	0.0762
	MO	344 × 228	0	14.4710	25.2683	0.0666
	ALM	344 × 228	3	14.9678	25.7247	0.0629
	ALM-TFPM	344 × 228	3	15.2636	25.9773	0.0610

为了证明使用ALM-TFPM算法的迭代过程的收敛性，我们给出了相对残差(3-61)、拉格朗日乘子中的相对误差(3-62)、解u^k的相对误差(3-63)，以及能量$E(u^k)$ 随迭代次数变化的曲线，见图 3.19.这些图显示了迭代过程的收敛性，并且一步步接近增广拉格朗日泛函的鞍点和超分辨率模型的极小值点.

除此之外，我们在表 3.2中比较了评估图像质量的指标，包括SNR、PSNR和MAE.该表表明，当使用所提出的方法ALM-TFPM时，SNR、PSNR和MAE的值有显著的改善.

接下来，我们将比较Markina-Osher(MO)模型和Huber模型的性能.为此，我们考虑一个低分辨率的灰度图像“Baby”，它被密度为3%的高斯噪声和大小为5，标准差为3的高斯模糊污染.如图 3.20所示.MO 模型和Huber模型都得到了满意的超分辨率图像.然而，这两幅获得的超分辨率图像确实存在一定的差异.为了观察这一点，我们将婴儿胖乎乎的脸的放大部分放在这些超分辨率图像的同一位置，如图 3.21所示.这些放大的图像表明，Huber模型可以充分改善图像灰度梯度变化较小区域的阶梯效应.另外，与ALM算法相比，量身定做有限点方法在图像灰度梯度变化加大的地方可以产生清晰的边界，而MO模型通常会将边界模糊掉.在这个实验中，我们使用$\lambda = 2E3, \nu = 0.5, a = 3, h = 0.005$.

然后，我们将Huber模型应用于一个被高斯模糊污染的低分辨率图像“Woman”.如图 3.22(a)所示.

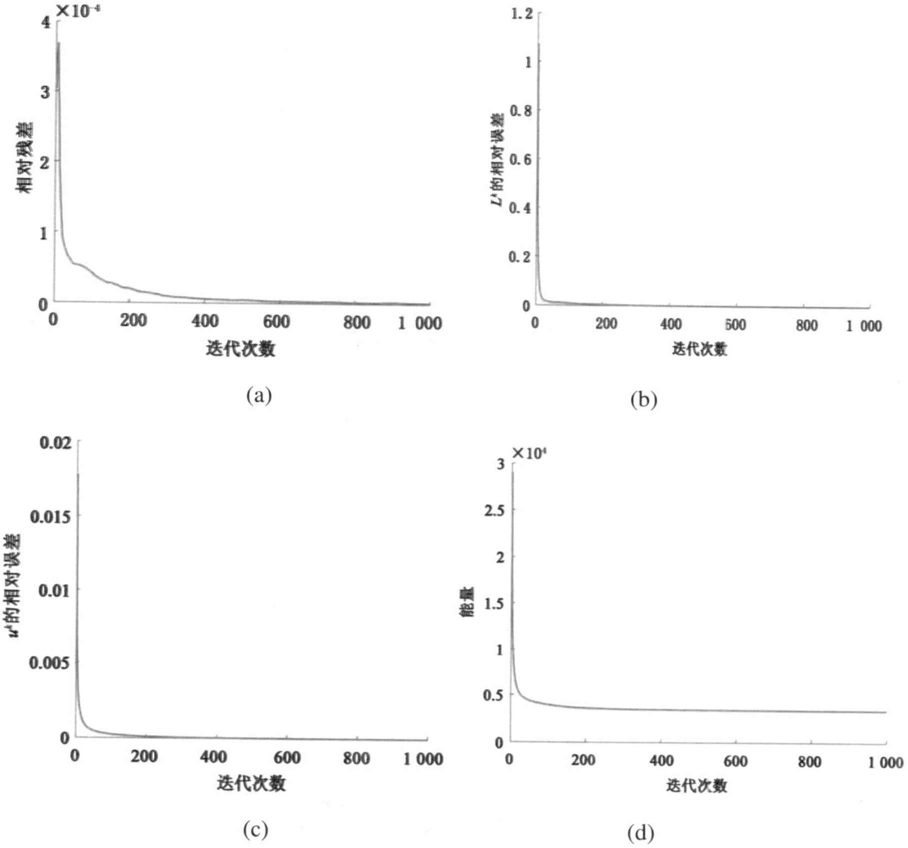

图 3.19 使用量身定做有限点方法的效果4

(a) “Cameraman”实验中ALM-TFPM算法的相对残差(3-61);

(b) 拉格朗日乘子中的相对误差(3-62);

(c) 解u^k的相对误差(3-63);

(d) 能量$E(u^k)$ 随迭代次数变化的曲线

该图像为彩色的、含有密度为3%的高斯噪声，且被大小为4，标准差为2的高斯模糊污染.我们将其性能与MO 模型进行了比较.

从图3.22(b)一图3.22(d)可以看出，Huber模型和MO模型再次产生良好的超分辨率图像.

为了更好地进行比较，我们在图 3.23中给出了这些获得的超分辨图像的放大部分，这表明我们的模型可以在很大程度上消除阶梯效应.此外，如表 3.1所示，与标准ALM 相比，使用ALM-TFPM可以提高恢复图像的质量.在这个实验中，我们使用参数$\lambda = 2E3, \nu = 0.5, a = 3, h = 0.005$.

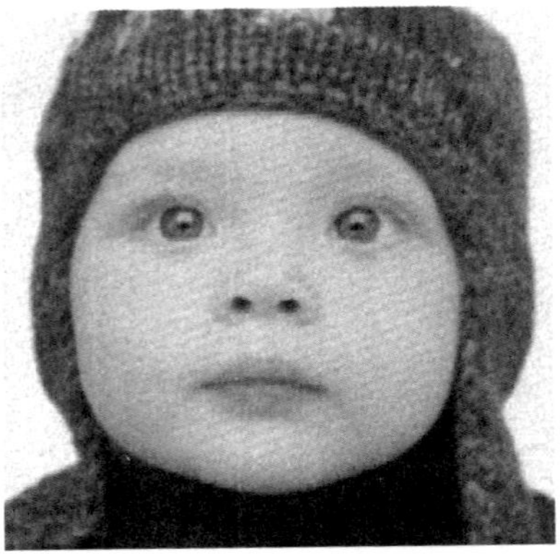

(a)

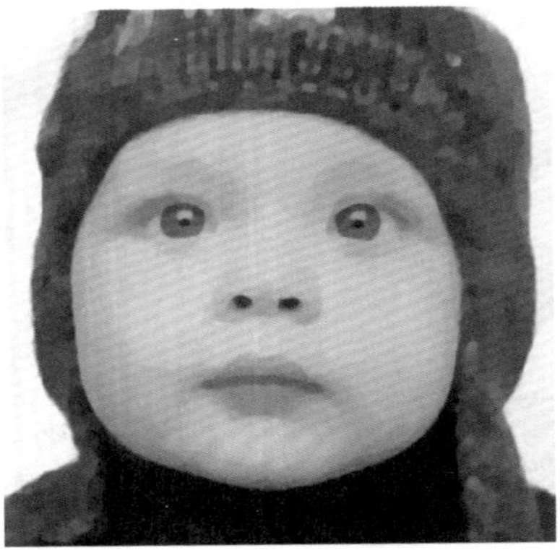

(b)

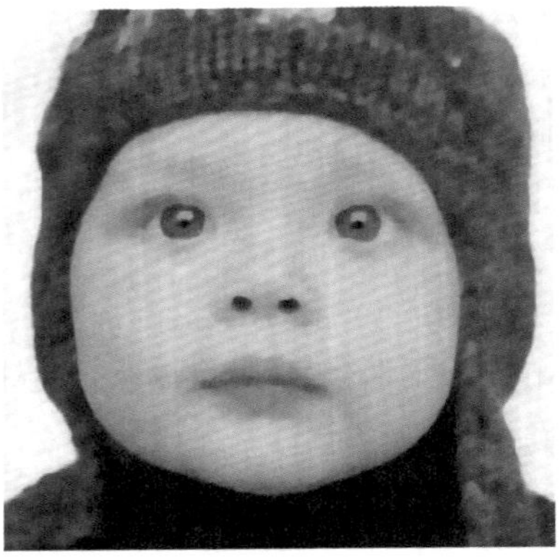

(c)

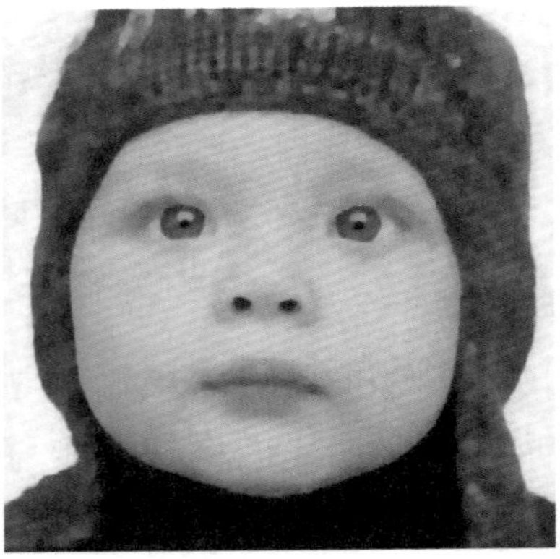

(d)

图 3.20　Huber模型和MO模型比较1

(a) 被高斯噪声和高斯模糊污染的低分辨率图像 “Baby”;

(b) 使用MO模型恢复的超分辨率图像;

(c) 使用Huber模型($a = 3$)和ALM算法恢复的超分辨率图像;

(d) 使用Huber模型($a = 3$) 和ALM-TFPM 算法恢复的超分辨率图像

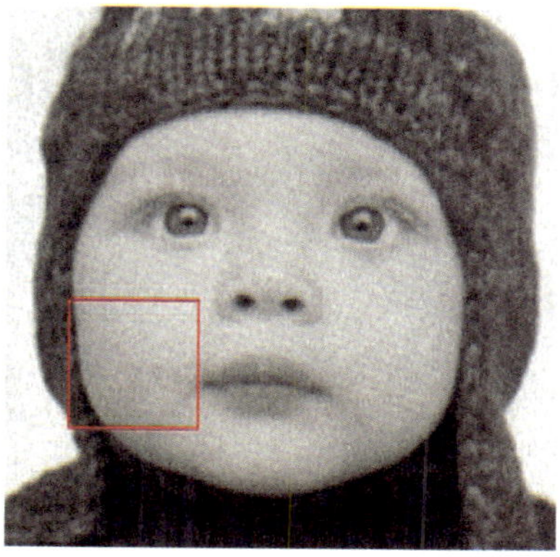

(a)

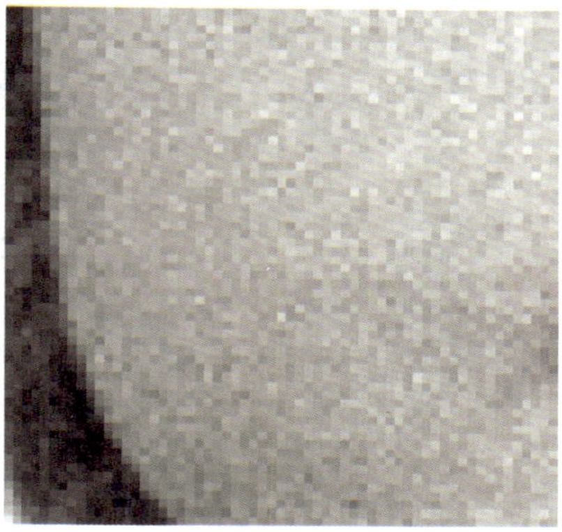

(b)

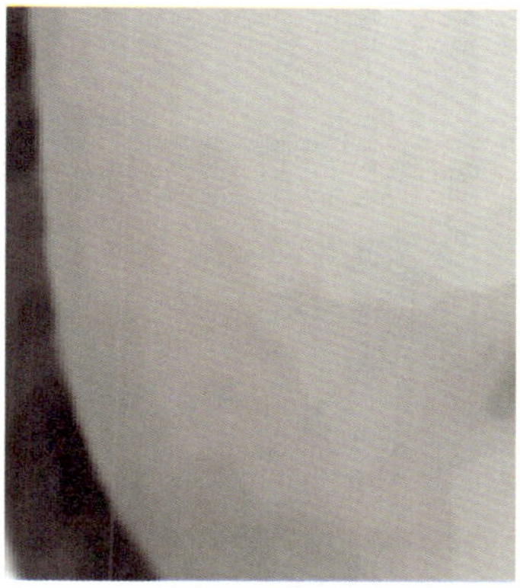

(c)

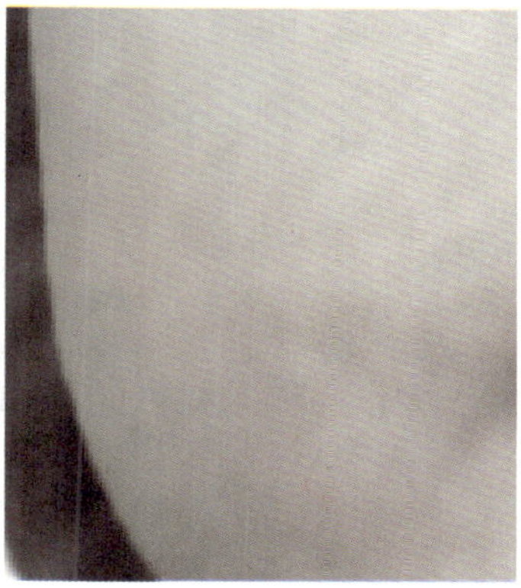

(d)

图 3.21　Huber模型和MO模型比较2

(a) 放大区域的位置；

(b) 放大区域中的图像；

(c) 使用MO模型恢复图像的放大部分；

(d) 使用Huber模型(a = 3)和ALM-TFPM算法恢复图像的放大部分

(a)

(b)

(c)

(d)

图 3.22 Huber模型和MO模型比较3

(a) 被高斯噪声和高斯模糊污染的低分辨率图像 “Woman”;

(b) 使用MO模型恢复的超分辨率图像;

(c) 使用Huber模型($a = 3$)和ALM算法恢复的超分辨率图像;

(d) 使用Huber模型($a = 3$) 和ALM-TFPM 算法恢复的超分辨率图像

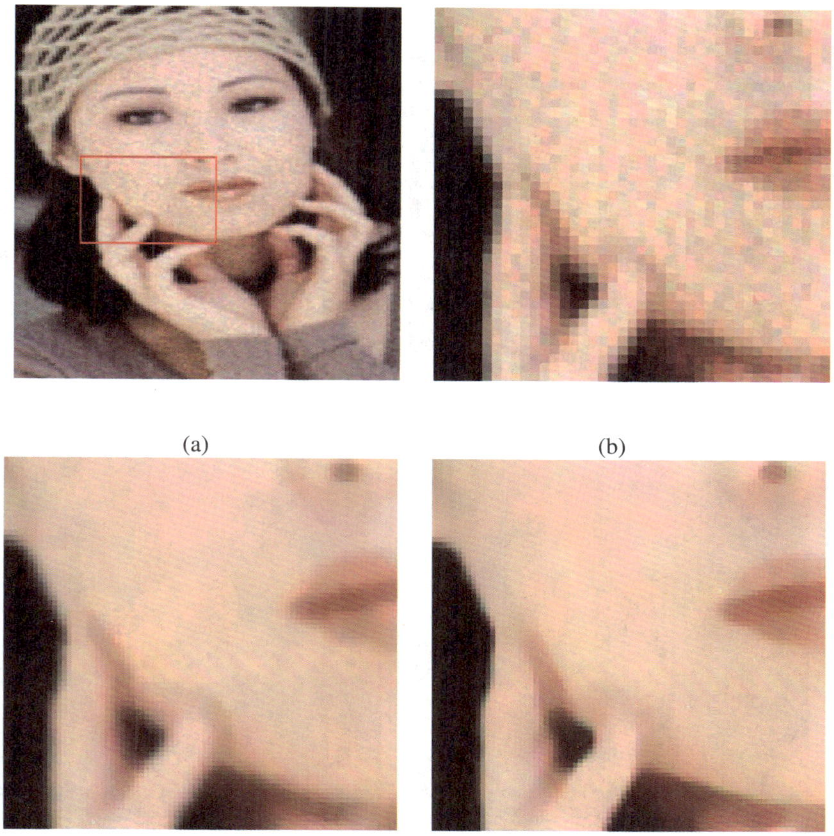

(a) (b) (c) (d)

图 3.23 Huber模型和MO模型比较4

(a) 放大区域的位置；

(b) 放大区域中的图像；

(c) 使用MO模型恢复图像的放大部分；

(d) 使用Huber模型($a = 3$)和ALM-TFPM算法恢复图像的放大部分

在接下来的两个实验中，我们将Huber超分辨率模型与SRCNN方法以及其他传统方法进行了比较，包括最近邻插值、双线性插值和双三次插值[50,51].在图 3.24 和图 3.25中，我们给出了这些方法应用到“Pepper”和“Butterfly”图像的超分辨率重建结果.这些结果看起来都不错.但是，将这些获得的超分辨率图像进行放大，如图 3.26 和图 3.27所示，可以看出使用Huber模型和ALM-TFPM算法进行超分辨率重建，可以获得比其他方法更清晰的细节.在“Pepper”实验中，使用的参数是$\lambda = 2E4, \nu = 0.5, a = 6, h = 0.003$，而在“Butterfly”实验中，使用的参数为$\lambda = 4E3, \nu = 0.5, a = 2, h = 0.005$.

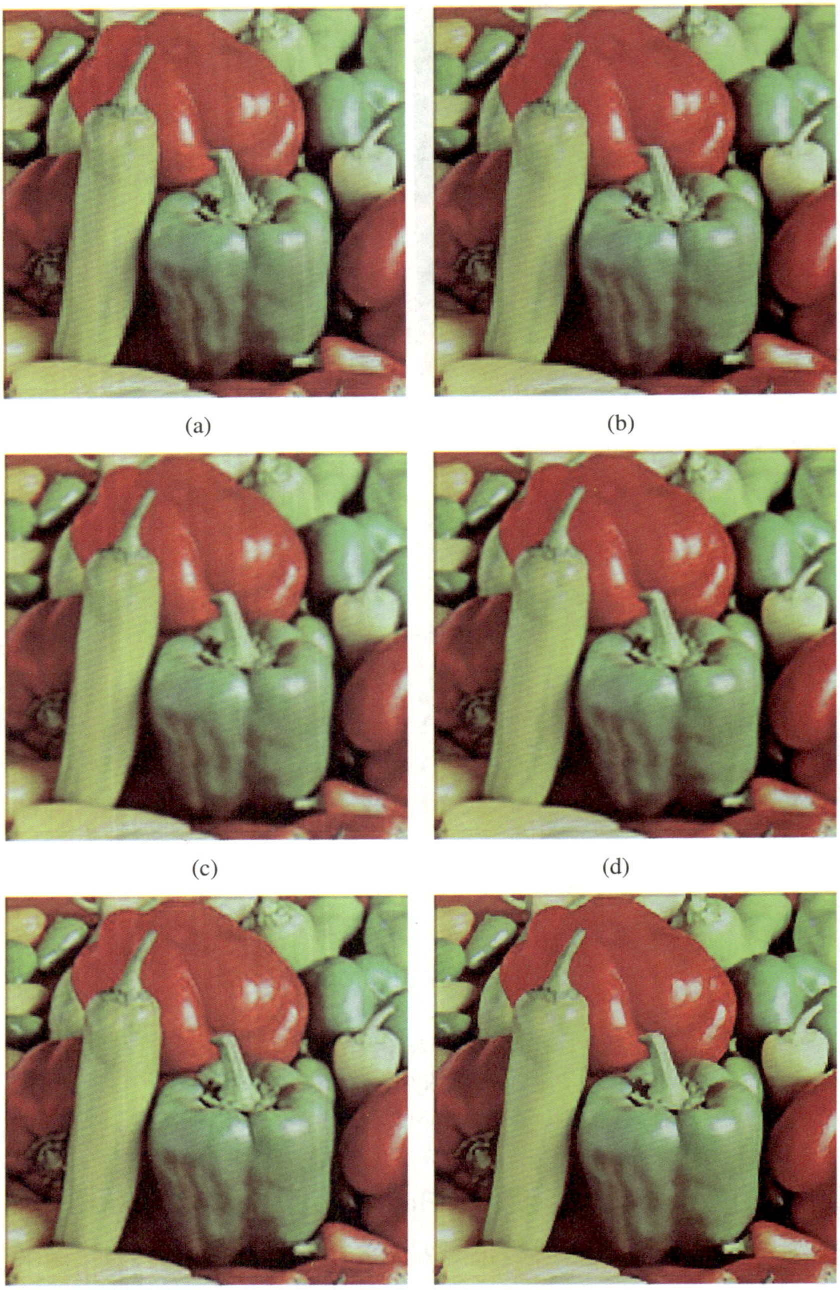

(a) (b) (c) (d) (e) (f)

图 3.24　不同算法比较1

(a) “Pepper”;

(b) 使用最近邻插值得到的超分辨率图像;

(c) 使用双线性插值得到的超分辨率图像;

(d) 使用双三次插值得到的超分辨率图像;

(e) 使用SRCNN方法得到的超分辨率图像;

(f) 使用Huber模型($a = 6$)和ALM-TFPM 算法得到的超分辨率图像

(a) (b) (c) (d) (e) (f)

图 3.25　不同算法比较2

(a) 低分辨率图像 “Butterfly”;

(b) 使用最近邻插值得到的超分辨率图像;

(c) 使用双线性插值得到的超分辨率图像;

(d) 使用双三次插值得到的超分辨率图像;

(e) 使用SRCNN方法得到的超分辨率图像;

(f) 使用Huber模型($a = 2$)和ALM-TFPM算法得到的超分辨率图像

(a)

(b)

(c)

(d)

(e)

(f)

(g)

图 3.26　不同算法比较3

(a) 放大区域的位置；

(b) 放大区域中的图像；

(c) 使用最近邻插值重建图像的放大部分；

(d) 使用双线性插值重建图像的放大部分；

(e) 使用双三次插值重建图像的放大部分；

(f) 使用SRCNN重建图像的放大部分；

(g) 使用Huber 模型(a = 6)和ALM-TFPM 算法重建图像的放大部分

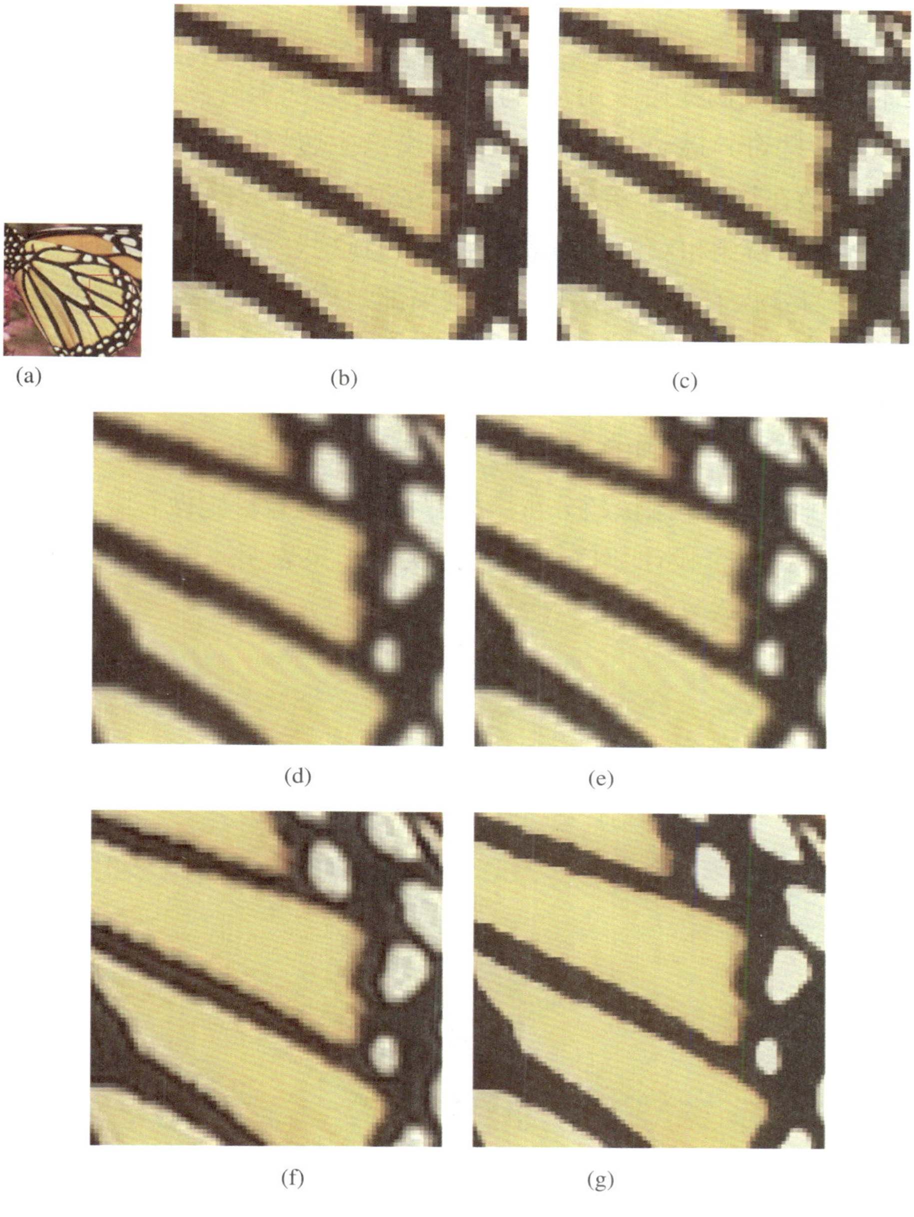

图 3.27　不同算法比较4

(a) 放大区域的位置；

(b) 放大区域中的图像；

(c) 使用最近邻插值重建图像的放大部分；

(d) 使用双线性插值重建图像的放大部分；

(e) 使用双三次插值重建图像的放大部分；

(f) 使用SRCNN重建图像的放大部分；

(g) 使用Huber 模型(a = 2)和ALM-TFPM 算法重建图像的放大部分

3.4 本章小结

在本章中，我们提出采用量身定做有限点方法求解图像处理模型.图像处理中会涉及一些奇异摄动方程，方程的解会产生边界层和内层，解本身或者其空间/时间导数在这些边界层/内层区域变化很快，一般的数值格式需要很密的网格剖分才能够得到相对满意的数值结果，且这些内层和边界层会引起数值解的伪振荡.量身定做有限点方法选取问题局部结构的特殊基函数进行插值求解，因此在边界层/内层区域依然能够保持解的形态，从而比传统数值格式更有助于保留图像强度跳跃信息.对于我们所提出的基于修正的Cahn-Hilliard方程的图像分割模型，我们直接利用量身定做有限点方法设计数值格式；对于所提的一些低阶图像融合模型和图像超分辨率模型，我们将量身定做有限点方法与增广拉格朗日算法相结合设计数值算法.多组实验结果表明，所提出的新方法可以更有效地提高图像恢复的质量.

第 4 章 优化方法

4.1 增广拉格朗日方法

为便于理解，考虑如下等式约束问题

$$\min_{\boldsymbol{x}} f(\boldsymbol{x}), \quad \text{s.t.} \quad \boldsymbol{A}\boldsymbol{x} = \boldsymbol{b}, \tag{4-1}$$

其中 $f(\boldsymbol{x})$ 是正常(Proper)、闭 (Closed) 的凸函数.我们可以使用对偶上升法求解该问题.引入拉格朗日函数

$$L(\boldsymbol{x}, \boldsymbol{\lambda}) = f(\boldsymbol{x}) + \langle \boldsymbol{\lambda}, \boldsymbol{A}\boldsymbol{x} - \boldsymbol{b} \rangle,$$

其中 $\boldsymbol{\lambda}$ 是拉格朗日乘子.问题 (4-1)的对偶函数为

$$\begin{aligned} d(\boldsymbol{\lambda}) &= \min_{\boldsymbol{x}} L(\boldsymbol{x}, \boldsymbol{\lambda}) \\ &= \min_{\boldsymbol{x}} (f(\boldsymbol{x}) + \langle \boldsymbol{\lambda}, \boldsymbol{A}\boldsymbol{x} - \boldsymbol{b} \rangle) \\ &= -\max_{\boldsymbol{x}} \left(-f(\boldsymbol{x}) - \left\langle \boldsymbol{A}^{\mathrm{T}}\boldsymbol{\lambda}, \boldsymbol{x} \right\rangle\right) - \langle \boldsymbol{\lambda}, \boldsymbol{b} \rangle \\ &= -f^* \left(-\boldsymbol{A}^{\mathrm{T}}\boldsymbol{\lambda}\right) - \langle \boldsymbol{\lambda}, \boldsymbol{b} \rangle, \end{aligned}$$

其中 $f^*(\cdot)$ 表示 $f(\cdot)$ 的共轭函数.对偶函数 $d(\boldsymbol{\lambda})$ 是凹函数，并且其定义域为 $\mathcal{D} = \{\boldsymbol{\lambda} \mid d(\boldsymbol{\lambda}) > -\infty\}$. 对偶问题定义为 $\max_{\boldsymbol{\lambda}\in\mathcal{D}} d(\boldsymbol{\lambda})$. 令$\boldsymbol{\lambda}^*$表示对偶问题的最优解，根据强对偶性，我们可以通过$\boldsymbol{\lambda}^*$得到原始问题 (4-1)的最优解

$$\boldsymbol{x}^* = \underset{\boldsymbol{x}}{\operatorname{argmin}} L(\boldsymbol{x}, \lambda^*).$$

当 f 是严格凸函数时, 由 Danskin 定理可知 $d(\boldsymbol{\lambda})$ 是可微函数并且 $\nabla d\left(\boldsymbol{\lambda}^k\right) = \boldsymbol{A}\boldsymbol{x}^{k+1} - \boldsymbol{b}$, 其中 $\boldsymbol{x}^{k+1}$ 是 $L\left(\boldsymbol{x}, \boldsymbol{\lambda}^k\right)$ 的最小值点.因此, 我们可以使用如下对偶上升法求解对偶问题,

$$\begin{aligned} \boldsymbol{x}^{k+1} &= \underset{\boldsymbol{x}}{\operatorname{argmin}} L\left(\boldsymbol{x}, \boldsymbol{\lambda}^k\right), \\ \boldsymbol{\lambda}^{k+1} &= \boldsymbol{\lambda}^k + \alpha_k \left(\boldsymbol{A}\boldsymbol{x}^{k+1} - \boldsymbol{b}\right), \end{aligned}$$

其中 α_k 表示步长.

在使用对偶上升法时，为了使对偶函数可微，我们需要 f 是严格凸函数.增广拉格朗日法可以将其放松到只需要 f 是凸函数.引入增广拉格朗日函数

$$L_\beta(\boldsymbol{x},\boldsymbol{\lambda}) = f(\boldsymbol{x}) + \langle \boldsymbol{\lambda}, \boldsymbol{Ax}-\boldsymbol{b}\rangle + \frac{\beta}{2}\|\boldsymbol{Ax}-\boldsymbol{b}\|^2,$$

其中 $\beta > 0$ 是惩罚系数.此时对应的对偶函数为

$$d_\beta(\boldsymbol{\lambda}) = \min_{\boldsymbol{x}} L_\beta(\boldsymbol{x},\boldsymbol{\lambda}).$$

对任意 $\boldsymbol{\lambda}$，我们有 $d(\boldsymbol{\lambda}) \leqslant d_\beta(\boldsymbol{\lambda})$.另外，对任意 $\boldsymbol{\lambda}$，有 $d_\beta(\boldsymbol{\lambda}) \leqslant f(\boldsymbol{x}^*)$.由强对偶性: $d(\boldsymbol{\lambda}^*) = f(\boldsymbol{x}^*)$可知 $d(\boldsymbol{\lambda}^*) = d_\beta(\boldsymbol{\lambda}^*) = f(\boldsymbol{x}^*)$. 因此引入增广项 $\frac{\beta}{2}\|\boldsymbol{Ax}-\boldsymbol{b}\|^2$ 并不改变问题的解. 使用对偶上升法最大化函数 $d_\beta(\boldsymbol{\lambda})$，可得如下增广拉格朗日算法:

$$\boldsymbol{x}^{k+1} = \underset{\boldsymbol{x}}{\operatorname{argmin}} L_\beta\left(\boldsymbol{x},\boldsymbol{\lambda}^k\right), \tag{4-2}$$

$$\lambda^{k+1} = \lambda^k + \beta\left(\boldsymbol{Ax}^{k+1}-\boldsymbol{b}\right), \tag{4-3}$$

其中步长取为常数 β.原因是问题 (4-1)的 KKT 条件 (Karush-Kuhn-Tucker 条件) 为存在 $(\boldsymbol{x},\boldsymbol{\lambda})$ 使得

$$\begin{aligned} \boldsymbol{0} &= \boldsymbol{Ax}-\boldsymbol{b}, \\ \boldsymbol{0} &\in \partial f(\boldsymbol{x}) + \boldsymbol{A}^{\mathrm{T}}\boldsymbol{\lambda}, \end{aligned}$$

而问题(4-2)的最优性条件为

$$0 \in \partial f\left(\boldsymbol{x}^{k+1}\right) + \boldsymbol{A}^{\mathrm{T}}\left[\lambda^k + \beta\left(\boldsymbol{Ax}^{k+1}-\boldsymbol{b}\right)\right].$$

因此对比 K K T 条件的第 2 条可知步长取为常数 β 最为自然.

4.2 交替方向乘子方法

问题 (4-1) 涵盖了实际应用中的很多模型.特别地，我们考虑一些具有特殊结构的重要问题

$$\min_{\boldsymbol{x},\boldsymbol{y}}(f(\boldsymbol{x}) + g(\boldsymbol{y})), \qquad \text{s.t.} \qquad \boldsymbol{Ax} = \boldsymbol{y}. \tag{4-4}$$

这种类型的问题具有可分离结构，在机器学习、信号处理和计算机视觉中广泛出现.引入增广拉格朗日函数：

$$L_\beta(\boldsymbol{x},\boldsymbol{y},\lambda)=f(\boldsymbol{x})+g(\boldsymbol{y})+\langle \boldsymbol{A}\boldsymbol{x}-\boldsymbol{y},\lambda\rangle+\frac{\beta}{2}\|\boldsymbol{A}\boldsymbol{x}-\boldsymbol{y}\|^2.$$

当我们使用增广拉格朗日算法求解问题 (4-4) 时，我们需要求解如下子问题：

$$\left(\boldsymbol{x}^{k+1},\boldsymbol{y}^{k+1}\right)=\underset{\boldsymbol{x},\boldsymbol{y}}{\operatorname{argmin}}\left(f(\boldsymbol{x})+g(\boldsymbol{y})+\left\langle \boldsymbol{A}\boldsymbol{x}-\boldsymbol{y},\lambda^k\right\rangle+\frac{\beta}{2}\|\boldsymbol{A}\boldsymbol{x}-\boldsymbol{y}\|^2\right), \tag{4-5}$$

这是一个同时关于 $\boldsymbol{x}$ 和 $\boldsymbol{y}$ 的极小化问题.交替方向乘子方法 (ADMM) 是分别针对 $\boldsymbol{x}$ 和 $\boldsymbol{y}$ 求解问题 (4-5)，交替更新 (或称顺序更新) $\boldsymbol{x}$ 和 $\boldsymbol{y}$.ADMM 每次迭代执行如下步骤：

$$\begin{aligned}
\boldsymbol{x}^{k+1}&=\underset{\boldsymbol{x}}{\operatorname{argmin}}\left(f(\boldsymbol{x})+g\left(\boldsymbol{y}^k\right)+\left\langle\lambda^k,\boldsymbol{A}\boldsymbol{x}-\boldsymbol{y}^k\right\rangle+\tfrac{\beta}{2}\left\|\boldsymbol{A}\boldsymbol{x}-\boldsymbol{y}^k\right\|^2\right),\\
\boldsymbol{y}^{k+1}&=\underset{\boldsymbol{y}}{\operatorname{argmin}}\left(f\left(\boldsymbol{x}^{k+1}\right)+g(\boldsymbol{y})+\left\langle\lambda^k,\boldsymbol{A}\boldsymbol{x}^{k+1}-\boldsymbol{y}\right\rangle+\tfrac{\beta}{2}\left\|\boldsymbol{A}\boldsymbol{x}^{k+1}-\boldsymbol{y}\right\|^2\right),\\
\lambda^{k+1}&=\lambda^k+\beta\left(\boldsymbol{A}\boldsymbol{x}^{k+1}-\boldsymbol{y}^{k+1}\right).
\end{aligned} \tag{4-6}$$

4.3　惯性近端交替方向乘子方法

假设 m,n_1,n_2 为正整数，$f:\mathbb{R}^{n_1}\to\mathbb{R}$ 和 $g:\mathbb{R}^{n_2}\to\mathbb{R}$ 为闭凸函数，$\mathcal{X}\subseteq\mathbb{R}^{n_1}$ 和 $\mathcal{Y}\subseteq\mathbb{R}^{n_2}$ 为闭凸集，$\boldsymbol{A}\in\mathbb{R}^{m\times n_1},\boldsymbol{B}\in\mathbb{R}^{m\times n_2},\boldsymbol{b}\in\mathbb{R}^m$. 我们考虑如下线性约束的可分离凸优化问题形式：

$$\min_{\boldsymbol{x},\boldsymbol{y}}(f(\boldsymbol{x})+g(\boldsymbol{y})),\quad \text{s.t.}\quad b,\boldsymbol{x}\in\mathcal{X},\boldsymbol{y}\in\mathcal{Y}. \tag{4-7}$$

一个非常重要的特例是，给定$\min_{\boldsymbol{y}}\{f(\boldsymbol{x})+g(\boldsymbol{A}\boldsymbol{x}):\boldsymbol{x}\in\mathbb{R}^{n_1}\}$，或者等价地

$$\min_{\boldsymbol{x},\boldsymbol{y}}(f(\boldsymbol{x})+g(\boldsymbol{y})),\quad \text{s.t.}\quad \boldsymbol{A}\boldsymbol{x}-\boldsymbol{y}=0,\boldsymbol{x}\in\mathbb{R}^{n_1},\boldsymbol{y}\in\mathbb{R}^{n_2}.$$

引入增广拉格朗日函数：

$$\mathcal{L}(\boldsymbol{x},\boldsymbol{y},\lambda)=f(\boldsymbol{x})+g(\boldsymbol{y})+\langle\boldsymbol{A}\boldsymbol{x}+\boldsymbol{B}\boldsymbol{y}-\boldsymbol{b},\lambda\rangle+\frac{\beta}{2}\|\boldsymbol{A}\boldsymbol{x}+\boldsymbol{B}\boldsymbol{y}-\boldsymbol{b}\|^2.$$

当我们使用惯性近端交替方向乘子法(inertial proximal ADMM, IPADMM)求解问题 (4-7) 时，我们首先在当前点向最后一次运动的方向外推，然后将近端交替方向乘子法应用于外推点.

IPADMM的算法整理如下：

定义$\mathcal{W} := \mathcal{X} \times \mathcal{Y} \times \mathbb{R}^m$, 给定 $S \geq 0, T \geq 0, \left(\boldsymbol{x}^0, \boldsymbol{y}^0, \boldsymbol{\lambda}^0\right) \in \mathcal{W}, \beta > 0$, 以及一系列非负参数 $\{\alpha_k\}_{k=0}^{\infty}$. 设 $\left(\boldsymbol{x}^{-1}, \boldsymbol{y}^{-1}, \boldsymbol{\lambda}^{-1}\right) = \left(\boldsymbol{x}^0, \boldsymbol{y}^0, \boldsymbol{\lambda}^0\right)$. 对于 $k \geq 0$, 作如下迭代:

$$
\begin{aligned}
\left(\bar{\boldsymbol{x}}^k, \bar{\boldsymbol{y}}^k, \bar{\boldsymbol{\lambda}}^k\right) &= \left(\boldsymbol{x}^k, \boldsymbol{y}^k, \boldsymbol{\lambda}^k\right) + \alpha_k \left(\boldsymbol{x}^k - \boldsymbol{x}^{k-1}, \boldsymbol{y}^k - \boldsymbol{y}^{k-1}, \boldsymbol{\lambda}^k - \boldsymbol{\lambda}^{k-1}\right), \\
\boldsymbol{x}^{k+1} &\in \arg\min_{\boldsymbol{x} \in \mathcal{X}} \mathcal{L}\left(\boldsymbol{x}, \bar{\boldsymbol{y}}^k, \bar{\boldsymbol{\lambda}}^k\right) + \left\|\boldsymbol{x} - \bar{\boldsymbol{x}}^k\right\|_S^2 /2, \\
\boldsymbol{\lambda}^{k+1} &= \bar{\boldsymbol{\lambda}}^k + \beta\left(\boldsymbol{A}\mathbf{x}^{k+1} + \boldsymbol{B}\bar{\boldsymbol{y}}^k - \boldsymbol{b}\right), \\
\boldsymbol{y}^{k+1} &\in \arg\min_{\boldsymbol{y} \in \mathcal{Y}} \mathcal{L}\left(\boldsymbol{x}^{k+1}, \boldsymbol{y}, \boldsymbol{\lambda}^{k+1}\right) + \left\|\boldsymbol{y}^k - \bar{\boldsymbol{y}}^k\right\|_T^2 /2.
\end{aligned}
$$

4.4 分裂布雷格曼方法

2011年Getreuer等[9]提出了一种有效地去除莱斯噪声的ROF模型，并且利用分裂布雷格曼方法[105]进行数值求解，分裂布雷格曼方法与增广拉格朗日方法等价.这里我们简单回顾分裂布雷格曼方法的具体实现步骤，并且我们验证了分裂布雷格曼迭代格式的稳定性.去除莱斯噪声的ROF模型为

$$
F(u) = \int_\Omega |Du| \mathrm{d}x + \lambda \int_\Omega [-\log I_0(\frac{fu}{\sigma^2}) + \frac{u^2}{2\sigma^2}] \mathrm{d}x. \tag{4-8}
$$

利用布雷格曼分裂和布雷格曼迭代，上面的能量泛函可写成

$$
\min_{d,u} \int_\Omega |d| + \lambda \int_\Omega [-\log I_0(\frac{fu}{\sigma^2}) + \frac{u^2}{2\sigma^2}] + \frac{\nu}{2} \int_\Omega (d - \nabla u - b)^2. \tag{4-9}
$$

由于泛函关于u和d均凸，下面可以分别关于u和d求最小值.

步骤1: $\min\limits_u \lambda \int_\Omega [-\log I_0(\frac{fu}{\sigma^2}) + \frac{u^2}{2\sigma^2}] + \frac{\nu}{2} \int_\Omega (d - \nabla u - b)^2$;

步骤2: $\min\limits_d \int_\Omega |d| + \frac{\nu}{2} \int_\Omega (d - \nabla u - b)^2$.

对于步骤2，根据其欧拉-拉格朗日方程可得，

$$
d = (\nabla u + b) - \frac{1}{\nu}\frac{d}{|d|} = \begin{cases} 0 & |\nabla u + b| \leq \frac{1}{\nu}, \\ (\nabla u + b) - \frac{1}{\nu}\frac{\nabla u + b}{|\nabla u + b|} & |\nabla u + b| > \frac{1}{\nu}. \end{cases} \tag{4-10}
$$

得到关于d和b的迭代格式如下

$$
\begin{cases}
d_x^{k+1} = \text{shrink}(\nabla_x u^{k+1} + b_x^k, \frac{1}{\nu}) = \max\{s^k - \frac{1}{\nu}, 0\}\frac{\nabla_x u^{k+1} + b_x^k}{s^k}, \\
d_y^{k+1} = \text{shrink}(\nabla_y u^{k+1} + b_y^k, \frac{1}{\nu}) = \max\{s^k - \frac{1}{\nu}, 0\}\frac{\nabla_y u^{k+1} + b_y^k}{s^k},
\end{cases} \tag{4-11}
$$

其中$s^k=\sqrt{|\nabla_x u^{k+1}+b_x^k|^2+|\nabla_y u^{k+1}+b_y^k|^2}$，

$$\begin{cases} b_x^{k+1}=b_x^k+(\nabla_x u^{k+1}-d_x^{k+1}), \\ b_y^{k+1}=b_y^k+(\nabla_y u^{k+1}-d_y^{k+1}). \end{cases} \tag{4-12}$$

由步骤 1，用λ替代$\frac{\lambda}{\sigma^2}$，推导出其欧拉-拉格朗日方程，

$$-\nu\triangle u+\lambda u=\lambda\frac{I_1}{I_0}(\frac{fu}{\sigma^2})f-\nu\nabla_x(d_x-b_x)-\nu\nabla_y(d_y-b_y). \tag{4-13}$$

由高斯-赛德尔迭代，

$$(\lambda I+8\nu I)u^{k+1}=(\nu\triangle+8\nu I)u^k+\lambda\frac{I_1}{I_0}(\frac{fu^k}{\sigma^2})f-\nu\nabla_x(d_x^k-b_x^k)-\nu\nabla_y(d_y^k-b_y^k). \tag{4-14}$$

令$\alpha=\frac{\lambda}{\nu}$，$g=\frac{\lambda}{\nu}\frac{I_1}{I_0}(\frac{fu}{\sigma^2})f$，$\tilde{d}=d-b$，得到迭代格式

$$u_{ij}^{k+1}=\frac{1}{\alpha+8}[u_{i+1,j}^k+u_{i-1,j}^k+u_{i,j+1}^k+u_{i,j-1}^k+4u_{i,j}^k-\tilde{d}_{x,i,j}^k+\tilde{d}_{x,i-1,j}^k-\tilde{d}_{y,i,j}^k+\tilde{d}_{y,i,j-1}^k+g_{ij}^k]. \tag{4-15}$$

根据von Neumann线性稳定性分析定理，记

$$u_{ij}^n=u^n\mathrm{e}^{\mathrm{I}kih+\mathrm{I}rjh},\quad d_{x,ij}^n=d_x^n\mathrm{e}^{\mathrm{I}kih+\mathrm{I}rjh},\quad d_{y,ij}^n=d_y^n\mathrm{e}^{\mathrm{I}kih+\mathrm{I}rjh}, \tag{4-16}$$

其中$\mathrm{I}=\sqrt{-1}$，k，r 是空间频率.代入迭代格式有

$$u^{n+1}=\frac{8}{\alpha+8}u^n+\frac{1}{\alpha+8}(b_x^{n-1}+b_y^{n-1})+F, \tag{4-17}$$

$$b_x^n=(1-\beta)(\mathrm{e}^{\mathrm{I}kh}-1)u^n+(1-\beta)b_x^{n-1}, \tag{4-18}$$

$$b_y^n=(1-\beta)(\mathrm{e}^{\mathrm{I}rh}-1)u^n+(1-\beta)b_y^{n-1}, \tag{4-19}$$

即

$$\begin{pmatrix} u^{n+1} \\ b_x^n \\ b_y^n \end{pmatrix}=\begin{pmatrix} \frac{8}{\alpha+8} & \frac{1}{\alpha+8} & \frac{1}{\alpha+8} \\ (1-\beta)(\mathrm{e}^{\mathrm{I}kh}-1) & 1-\beta & 0 \\ (1-\beta)(\mathrm{e}^{\mathrm{I}rh}-1) & 0 & 1-\beta \end{pmatrix}\begin{pmatrix} u^n \\ b_x^{n-1} \\ b_y^{n-1} \end{pmatrix}+\begin{pmatrix} F \\ 0 \\ 0 \end{pmatrix}, \tag{4-20}$$

其中

$$F=\frac{\alpha}{\alpha+8}\frac{I_1}{I_0}\left(\frac{fu^n\mathrm{e}^{\mathrm{I}kih+\mathrm{I}rjh}}{\sigma^2}\right)\frac{f}{\mathrm{e}^{\mathrm{I}kih+Irjh}}, \tag{4-21}$$

$$\beta = \max\,(s_{n-1} - \frac{1}{\gamma}, 0)\frac{1}{s_{n-1}}, \tag{4-22}$$

$$s_n = \sqrt{|\nabla_x u^{n+1} + b_x^n|^2 + |\nabla_y u^{n+1} + b_y^n|^2}. \tag{4-23}$$

记矩阵

$$\boldsymbol{G} = \begin{pmatrix} \frac{8}{\alpha+8} & \frac{1}{\alpha+8} & \frac{1}{\alpha+8} \\ (1-\beta)(\mathrm{e}^{\mathrm{I}kh}-1) & 1-\beta & 0 \\ (1-\beta)(\mathrm{e}^{\mathrm{I}rh}-1) & 0 & 1-\beta \end{pmatrix}, \tag{4-24}$$

则其谱半径为

$$\rho(\boldsymbol{G}) \le \max\,(\frac{10}{\alpha+8}, 1-\beta), \tag{4-25}$$

其中$0 \le \beta < 1$，取$\alpha = \frac{\lambda}{\gamma} > 2$，$\frac{10}{\alpha+8} < 1$，因此$\rho(G) < 1$，即迭代格式稳定.当然我们也可以利用快速傅里叶变换代替高斯-赛德尔迭代，记$\boldsymbol{B} = \lambda\frac{I_1}{I_0}(\frac{fu}{\sigma^2})f - \nu\nabla_x(d_x - b_x) - \nu\nabla_y(d_y - b_y)$，则欧拉- 拉格朗日方程可以简化为

$$-\nu\triangle u + \lambda u = \boldsymbol{B}. \tag{4-26}$$

其FFT格式为

$$(-\nu\hat{\Delta} + \lambda)\hat{u} = \hat{\boldsymbol{B}}. \tag{4-27}$$

4.5 基于优化方法的莱斯去噪和去模糊

4.5.1 数学模型

ROF 模型因其保持图像边界的特点，被认为是图像修复领域最流行的变分模型之一.然而，由于其使用全变分项作为正则项，使得该模型存在降低图像对比度的问题，导致所获得的干净的图像具有模糊的边界.为了克服这个问题，朱炜提出一个新的正则项[114]，在图像灰度梯度大的区域（边界）比全变分正则项惩罚的灰度跳跃更弱，即允许更大的跳跃；在图像灰度梯度较小的区域采用各向同性平滑，改善阶梯效应.我们将该正则项用于设计莱斯去噪和去模糊的模型.

假设 $\Omega \subset \mathbb{R}^N (N \geq 2)$ 是一个开的、具有利普希茨边界$\partial\Omega$的有界区域，$u : \Omega \to \mathbb{R}$ 是未知的干净图像，f 是给定的被莱斯噪声和高斯模糊K 污染的降质图像.特别地，在纯莱斯去噪情形下，$\boldsymbol{K}$是单位矩阵，即$\boldsymbol{K} = \boldsymbol{I}$.

假设 $\hat{u}$ 是给定降质图像f下的u的最大似然估计，即 $\hat{u} = \arg\max\limits_{u} P(u|f)$. 根据贝叶斯定理可得

$$\max_u P(u|f) \Leftrightarrow \max_u P(u)P(f|u) \Leftrightarrow \min_u\{-\log P(u) - \log P(f|u)\}.$$

就像 Getreuer 等在[9]中所提出的，莱斯去噪和去模糊模型是在先验信息 $P(u) = \exp(-\alpha \int_\Omega |\nabla u|)$ 下的最大先验估计(maximum a posteriori, MAP)，其中 α 是一个正数.特别地，我们考虑如下先验信息 $P(u) = \exp(-\alpha \int_\Omega \phi_a(|\nabla u|))$，势函数 $\phi_a(x)$ 为

$$\phi_a(x) = \begin{cases} \frac{1}{2a}x^2, & |x| \leq a, \\ a\ln|x| + \frac{a}{2} - a\ln a, & |x| > a, \end{cases} \tag{4-28}$$

其中 a 是一个正数.

为了便于对比，我们给出Huber模型[99] 中的势函数:

$$\phi_a(x) = \begin{cases} \frac{1}{2a}x^2, & |x| \leq a, \\ |x| - \frac{1}{2}a, & |x| > a. \end{cases}$$

由于莱斯分布具有以下概率密度函数

$$P(f|K*u) = P(f; K*u, \sigma) = \frac{f}{\sigma^2}\exp\left\{-\frac{(K*u)^2 + f^2}{2\sigma^2}\right\} I_0\left(\frac{fK*u}{\sigma^2}\right),$$

我们提出如下莱斯去噪和去模糊的变分模型:

$$\min_u \alpha \int_\Omega \phi_a(|\nabla u|)\mathrm{d}x + \int_\Omega \left[\frac{f^2 + (K*u)^2}{2\sigma^2} - \log\frac{f}{\sigma^2} - \log I_0(\frac{fK*u}{\sigma^2})\right]\mathrm{d}x,$$

其可简化为如下形式:

$$\begin{aligned} &\min_u E(u) \\ &= \min_u \int_\Omega \phi_a(|\nabla u|)\mathrm{d}x + \lambda \int_\Omega \left[\frac{(K*u)^2}{2} - \sigma^2 \log I_0(\frac{fK*u}{\sigma^2})\right]\mathrm{d}x, \end{aligned} \tag{4-29}$$

其中 $\lambda = \frac{1}{\sigma^2\alpha}$.

正如文献[114]中所讨论的，参数 $a>0$ 将图像区域分为灰度梯度相对较大区域和灰度梯度相对较小区域.一方面，在区域 $|\nabla u| \le a$中，使用吉洪诺夫正则项，各向同性平滑，避免全变分正则项带来的阶梯效应；另一方面，在区域 $|\nabla u|>a$ 中，正则项对应的势函数的增长率随着 $|x|$ 的增加比任何指数函数$|x|^r$（$r>0$) 都低，有助于保持大的图像灰度梯度，从而保持图像对比度.

在图4.1中，我们展示了全变分正则项、吉洪诺夫正则项、Huber 正则项和我们的正则项对应的势函数图像，其中$a=2$.从图像中可见，我们新的正则项比其他任何一个正则项都呈现出更低的增长速度，表明我们的正则项允许大的图像灰度梯度保持图像对比度.

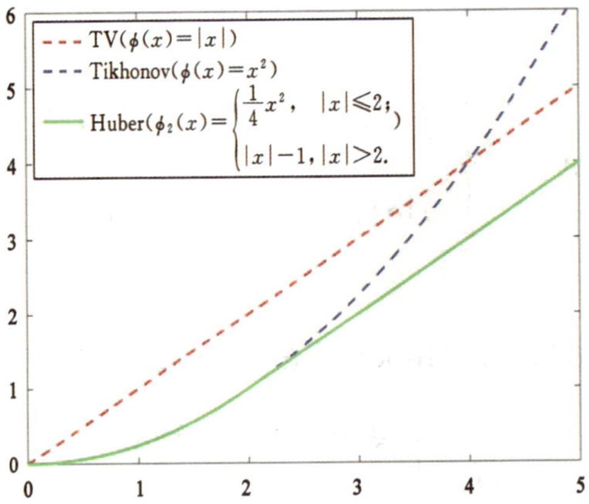

图 4.1　不同势函数的图像

为了找到模型 (4-29)的最小值点，我们计算 E 在 u 点关于方向 v 的方向导数：

$$\langle E'(u), v\rangle = \int E'(u) v \mathrm{d}x. \tag{4-30}$$

$v=-E'(u)$ 代表最速下降方向，方向导数 $<E'(u), v>$ 是负的，且 $|<E'(u), v>|$ 取值最大. 由于 $C_c^\infty(\Omega)$ 在 $L^2(\Omega)$中稠，根据对任给的$v \in C_c^\infty(\Omega)$，有 $<E'(u), v>= E'(u; v)=\frac{d}{dt}E(u+tv)|_{t=0}$，我们可得

$$E'(u)=-\operatorname{div}(\phi_a'(|\nabla u|)\frac{\nabla u}{|\nabla u|})+\lambda\left[\tilde{K}*(K*u)-\tilde{K}*\frac{I_1(\frac{f(K*u)}{\sigma^2})}{I_0(\frac{f(K*u)}{\sigma^2})}f\right], \tag{4-31}$$

其中 $\tilde{K}$ 是 K 的共轭.$I_n(x)$ 是n阶第一类修正的贝塞尔函数，如图 4.2所示，

$$I_n(x) = (\frac{x}{2})^n \sum_{k=0}^{\infty} \frac{(\frac{x}{2})^{2k}}{k!\Gamma(n+k+1)}, \quad (|x| < \infty, |\arg x| < \pi),$$

其中 $\Gamma(x)$ 是伽马函数.

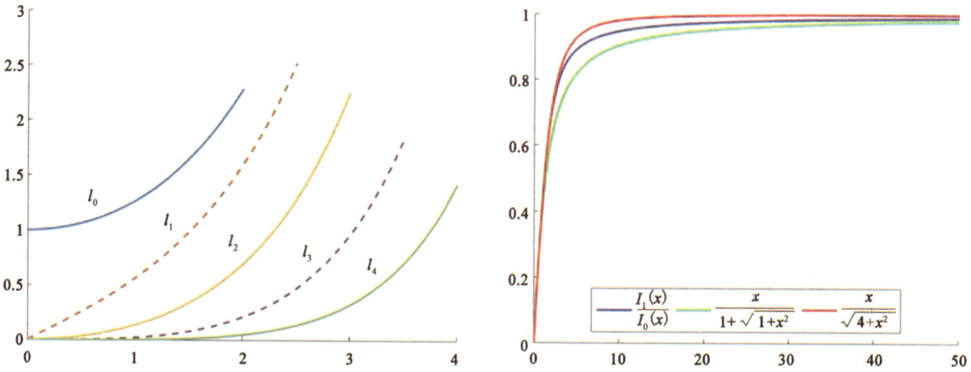

(a) 第一类修正贝塞尔函数　　(b) 比率 $\frac{I_1(x)}{I_0(x)}$ 的上下界

图 4.2

能量泛函 E 的梯度流为

$$\frac{\partial u}{\partial t} = \operatorname{div}\left(\phi_a'(|\nabla u|)\frac{\nabla u}{|\nabla u|}\right) + \lambda\left[\tilde{K} * \frac{I_1(\frac{f(K*u)}{\sigma^2})}{I_0(\frac{f(K*u)}{\sigma^2})} f - \tilde{K} * (K * u)\right]. \tag{4-32}$$

我们考虑下列二维非线性抛物问题：

$$\begin{cases} \frac{\partial u}{\partial t} = \operatorname{div}\left(\phi_a'(|\nabla u|)\frac{\nabla u}{|\nabla u|}\right) + \lambda\left[\tilde{K} * \frac{I_1(\frac{f(K*u)}{\sigma^2})}{I_0(\frac{f(K*u)}{\sigma^2})} f - \tilde{K} * (K * u)\right], & \text{in} \quad \Omega \times (0, \infty), \\ \frac{\partial u}{\partial \vec{n}} = 0, & \text{on} \quad \partial\Omega \times (0, \infty), \\ u = f, & \text{on} \quad \Omega \times \{t = 0\}. \end{cases} \tag{4-33}$$

为了证明极大极小值原理，我们采用 Stampacchia's 截断方法[115,116].

定理 4.1　考虑问题 (4-33)，f是任意有界可测函数满足

$$\operatorname*{ess\,inf}_{x\in\Omega} f(x) = 0, \quad \operatorname*{ess\,sup}_{x\in\Omega} f(x) = 1.$$

则问题 (4-33) 的解 u 满足

$$0 \le u(x,t) \le 1 \quad \text{on} \quad \Omega \times (0, \infty).$$

证明 对于 (4-33)，我们仅仅证明极大值原理.当应用于初始数据$-v$时，根据反向对比不变性和极大值原理可得极小值原理.

假设 $G \in C^1(\mathbb{R})$ 是一个函数，满足在$(-\infty, 0]$上 $G(l) = 0$，在$(0, \infty)$上 $0 < G'(l) \le C$，其中 C 是一个常数.定义

$$H(l) := \int_0^l G(s)ds, \quad l \in \mathbb{R},$$

$$J(t) := \int_\Omega H(u(x,t) - 1)\mathrm{d}x, \quad t \in [0, \infty).$$

根据柯西-施瓦茨不等式可得

$$\int_\Omega |G(u(x,t) - 1)\frac{\partial u}{\partial t}(x,t)|\mathrm{d}x \le C\|u(t) - 1\|_{L^2(\Omega)}\|\frac{\partial u}{\partial t}(t)\|_{L^2(\Omega)},$$

和

$$\begin{aligned}
\frac{\partial J}{\partial t} &= \int_\Omega G(u-1)\frac{\partial u}{\partial t}\mathrm{d}x \\
&= \int_\Omega G(u-1)\mathrm{div}\left(\phi_a'(|\nabla u|)\frac{\nabla u}{|\nabla u|}\right)\mathrm{d}x \\
&\quad + \int_\Omega G(u-1)\lambda\left[\tilde{K} * \frac{I_1(\frac{f(K*u)}{\sigma^2})}{I_0(\frac{f(K*u)}{\sigma^2})}f - \tilde{K} * (K * u)\right]\mathrm{d}x \\
&= \int_{\partial\Omega} G(u-1)\underbrace{< \phi_a'(|\nabla u|)\frac{\nabla u}{|\nabla u|}, n >}_{=0} dS \\
&\quad - \int_\Omega \underbrace{G'(u-1)}_{\ge 0}\underbrace{< \nabla u, \phi_a'(|\nabla u|)\frac{\nabla u}{|\nabla u|} >}_{\ge 0}\mathrm{d}x \\
&\quad + \int_{\Omega\bigcap\{u-1\le 0\}} \lambda\left[\tilde{K} * \frac{I_1(\frac{f(K*u)}{\sigma^2})}{I_0(\frac{f(K*u)}{\sigma^2})}f - \tilde{K} * (K * u)\right]\underbrace{G(u-1)}_{=0}\mathrm{d}x \\
&\quad + \int_{\Omega\bigcap\{u-1> 0\}} \underbrace{\lambda\left[\tilde{K} * \frac{I_1(\frac{f(K*u)}{\sigma^2})}{I_0(\frac{f(K*u)}{\sigma^2})}f - \tilde{K} * (K * u)\right]}_{\le 0}\underbrace{G(u-1)}_{\ge 0}\mathrm{d}x \\
&\le 0.
\end{aligned}$$

又 $G(l) \le Cl$，因此 $H(l) \le \frac{C}{2}l^2$.从而

$$0 \le J(t) \le \int_\Omega H(u(x,t) - f(x))\mathrm{d}x \le \frac{C}{2}\|u(t) - f\|_{L^2(\Omega)}.$$

由于 $u \in C([0,T];L^2(\Omega))$，可知 $J(0) = 0$，因此 $J(t)$ 在 0 处是连续的.根据 $J \in C([0,\infty))$, $J(0) = 0$, 在 $[0,\infty)$ 上，$J(t) \ge 0$，$\frac{\partial J}{\partial t} \le 0$，可得在$[0,\infty)$ 上，$J \equiv 0$. 从而在$\Omega \times (0,\infty)$ 上 $u(x,t) \le 1$. □

就像文章[110]中所述，代替最小化初始模型 (4-29)，我们考虑原始模型的凸松弛.定义

$$H_\sigma(z) = \frac{z^2}{2} - \sigma^2 \log I_0(\frac{fz}{\sigma^2}),$$

$G_\sigma(z)$ 是 $H_\sigma(z)$ 的凸松弛函数.Getreuer 等[110]提出如下凸松弛

$$G_\sigma(z) = \begin{cases} H_\sigma(z), & z \ge c\sigma, \\ H_\sigma(c\sigma) + H'_\sigma(c\sigma)(z - c\sigma), & z < c\sigma, \end{cases} \tag{4-34}$$

其中 $c = 0.824\,6$. 为了得到模型更好的近似，我们给出一个$H_\sigma(z)$ 的更加精确的凸松弛

$$G_\sigma(z) = \begin{cases} H_\sigma(z_0) + H'_\sigma(z_0)(z - z_0), & \sigma^2 < \frac{1}{2}, f > \sqrt{2}\sigma, z < z_0, \\ H_\sigma(z), & \text{其他}, \end{cases} \tag{4-35}$$

其中 $z_0^2 = \max\{\frac{[(\frac{4f^2}{\sigma^2})^{\frac{2}{3}} - 4]\sigma^4}{f^2}, \frac{[(\sqrt{\frac{f^2}{\sigma^2} + \frac{1}{4}} - \frac{1}{2})^2 - 1]\sigma^4}{f^2}\}$.

命题 4.1　假设

$$\operatorname*{ess\,inf}_{x\in\Omega} f(x) = 0, \quad \operatorname*{ess\,sup}_{x\in\Omega} f(x) = 1,$$

则 (4-35) 中定义的 $G_\sigma(z)$ 是 $H_\sigma(z)$ 的一个凸松弛.

证明　令 $t = \frac{fz}{\sigma^2}$，则 $H_\sigma(z)$ 的二阶导数为

$$H''_\sigma(z) = 1 - \frac{f^2}{\sigma^2}\frac{I'_1(t)I_0(t) - I_1(t)I'_0(t)}{I_0^2(t)}.$$

根据第一类修正 Bessel 函数 $I_n(t)$ 的性质[117]，

$$I'_1(t) = I_0(t) - \frac{1}{t}I_1(t), \quad I'_0(t) = I_1(t),$$

有

$$H''_{\sigma}(z) = 1 - \frac{f^2}{\sigma^2}\left[1 - \frac{1}{t}\frac{I_1(t)}{I_0(t)} - \frac{I_1^2(t)}{I_0^2(t)}\right].$$

根据第一类修正 Bessel 函数的关系式[118],

$$\frac{I_1^2(t)}{I_0^2(t)} > 1 - \frac{2}{t}\frac{I_1(t)}{I_0(t)},$$

可得

$$H''_{\sigma}(z) \geq 1 - \frac{f^2}{\sigma^2}\frac{1}{t}\frac{I_1(t)}{I_0(t)}.$$

根据第一类修正贝塞尔函数比值的更精确的上界[119]:

$$\frac{I_1(t)}{I_0(t)} < \frac{t}{\sqrt{4+t^2}}, \quad \forall t \geq 0,$$

可得

$$H''_{\sigma}(z) \geq 1 - \frac{f^2}{2\sigma^2}.$$

如图4.3所示,当 $f = \sqrt{2\sigma^2}$（在 green中）时，获得一个极限行为.对于 $f \leq \sqrt{2}\sigma$，我们有 $H''_{\sigma}(z) \geq 0$.另一方面，对于 $f > \sqrt{2}\sigma$，在z0的邻域中 $H''_{\sigma}(z) < 0$.标记点 $z_0 \approx 0.22$ 是由 (4-36)计算出的凸松弛的临界点.此时，$c\sigma \approx 0.476\,1$.

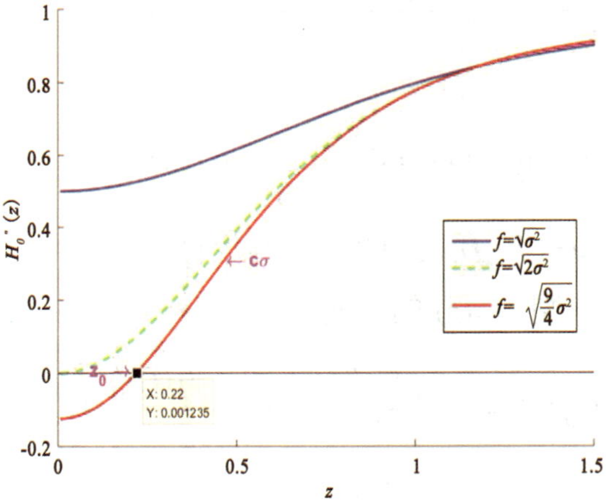

图 4.3　$\sigma^2 = \frac{1}{3}$ 和不同 f 下的 $H''_{\sigma}(z)$ 图像

在假设 $0 \le f^2 \le 1$ 下，我们有

$$H''_\sigma(z) \ge 1 - \frac{1}{2\sigma^2}.$$

因此，若 $\sigma^2 \ge \frac{1}{2}$，则 $H''_\sigma(z) \ge 0$. 由于 $H_\sigma(z)$ 是 $\mathbf{C}^1(\mathbb{R})$ 的，且 $H'_\sigma(z)$ 在 $\mathbb{R}$ 中不减的，$H_\sigma(z)$ 在 $\mathbb{R}$ 上凸.因此，当 $\sigma^2 \ge \frac{1}{2}$ 时，$G_\sigma(z) = H_\sigma(z)$. 当 $\sigma^2 < \frac{1}{2}$时，若 $f \le \sqrt{2}\sigma$，则 $H''_\sigma(z) \ge 0$ (可参见图 4.3)，否则，若 $f > \sqrt{2}\sigma$，则 $H''_\sigma(z) \ge 1 - \frac{f^2}{\sigma^2}g(t)$ (可参见图4.4):

$$g(t) = \max\left\{\frac{4}{(4+t^2)^{3/2}}, \frac{1}{\sqrt{1+t^2}+1+t^2}\right\}.$$

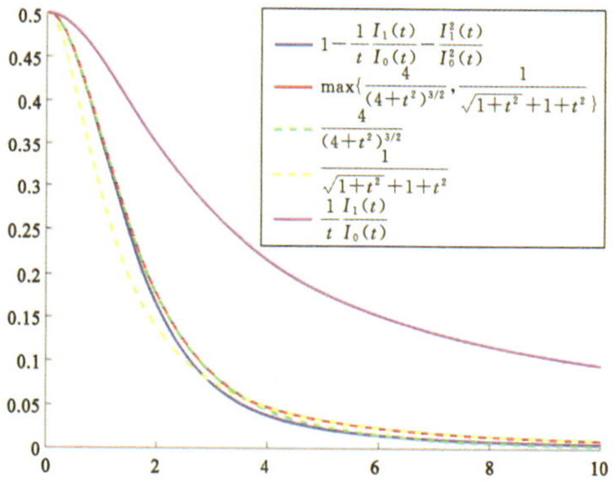

(a) 函数$1 - \frac{1}{t}\frac{I_1(t)}{I_0(t)} - \frac{I_1^2(t)}{I_0^2(t)}$ 的上界$\max\{\frac{4}{(4+t^2)^{3/2}}, \frac{1}{\sqrt{1+t^2}+1+t^2}\}$ 比上界$\frac{1}{t}\frac{I_1(t)}{I_0(t)}$ 更精确

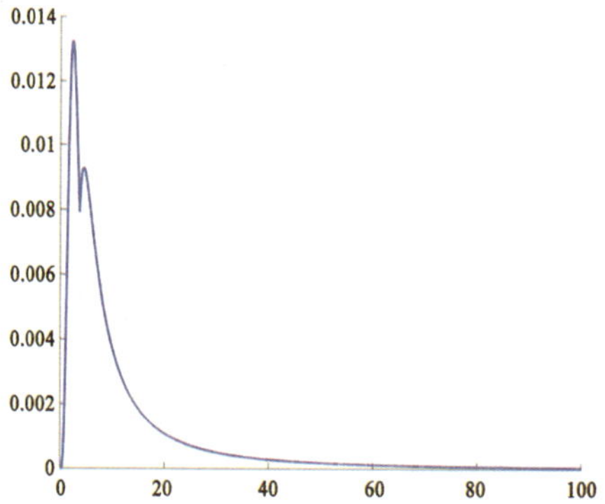

(b) 误差$\max\{\frac{4}{(4+t^2)^{3/2}}, \frac{1}{\sqrt{1+t^2}+1+t^2}\} - [1 - \frac{1}{t}\frac{I_1(t)}{I_0(t)} - \frac{I_1^2(t)}{I_0^2(t)}]$

图 4.4

由于 $g(t)$ 关于 $t \ge 0$ 单调下降，可找到 z_0 使得当 $z \ge z_0$时，$H''_\sigma(z) \ge$

$H''_\sigma(z_0) \geq 1 - \frac{f^2}{\sigma^2} g(\frac{f z_0}{\sigma^2}) = 0$, 其中

$$z_0^2 = \max\left\{\frac{[(\frac{4f^2}{\sigma^2})^{\frac{2}{3}} - 4]\sigma^4}{f^2}, \frac{[(\sqrt{\frac{f^2}{\sigma^2} + \frac{1}{4}} - \frac{1}{2})^2 - 1]\sigma^4}{f^2}\right\}. \tag{4-36}$$

因此，

$$G_\sigma(z) = \begin{cases} H_\sigma(z_0) + H'_\sigma(z_0)(z - z_0), & \sigma^2 < \frac{1}{2}, f > \sqrt{2}\sigma, z < z_0, \\ H_\sigma(z), & \text{其他} \end{cases}$$

是 $H_\sigma(z)$ 的凸松弛.

□

利用这种新颖的凸化，我们得到如下莱斯去噪和去模糊的修正模型:

$$\min_u F(u) = \min_u \left\{\int_\Omega \phi_a(|\nabla u|)\mathrm{d}x + \lambda \int_\Omega G_\sigma(K * u)\mathrm{d}x\right\}. \tag{4-37}$$

4.5.2 数值方法

在这项工作中，我们采用增广拉格朗日方法最小化所提出的模型.事实上，增广拉格朗日方法已经被用于求解TV模型[17,110].

最小化泛函 (4-37)

$$F(u) = \int_\Omega \phi_a(|\nabla u|)\mathrm{d}x + \lambda \int_\Omega G_\sigma(K * u)\mathrm{d}x, \tag{4-38}$$

我们将其重新定义为一个等价的约束优化问题

$$\min_{u,\boldsymbol{p},z} \int_\Omega \phi_a(|\boldsymbol{p}|)\mathrm{d}x + \lambda \int_\Omega G_\sigma(z)\mathrm{d}x,$$

$$\text{s.t.} \quad \boldsymbol{p} = \nabla u, z = K * u,$$

考虑下面的增广拉格朗日泛函

$$
\begin{aligned}
\mathcal{L}(u,\boldsymbol{p},z;\boldsymbol{\lambda}_1,\lambda_2)= & \int_\Omega \phi_a(|\boldsymbol{p}|)\mathrm{d}x+\lambda\int_\Omega G_\sigma(z)\mathrm{d}x \\
& +\frac{\gamma_1}{2}\int_\Omega |\boldsymbol{p}-\nabla u|^2\mathrm{d}x+\int_\Omega \boldsymbol{\lambda}_1\cdot(\boldsymbol{p}-\nabla u)\mathrm{d}x \\
& +\frac{\gamma_2}{2}\int_\Omega |z-K*u|^2\mathrm{d}x+\int_\Omega \lambda_2\cdot(z-K*u)\mathrm{d}x,
\end{aligned} \tag{4-39}
$$

其中 $\gamma_1>0,\gamma_2>0$ 是在数值计算中要选取的惩罚参数，$\boldsymbol{\lambda}_1\in\mathbb{R}^2,\lambda_2\in\mathbb{R}$ 是拉格朗日乘子. 基于优化理论，我们需要找到 $\mathcal{L}$的鞍点，以便找到原始泛函 $F(u)$的最小值.我们可以应用迭代算法找到 $\mathcal{L}$的鞍点：对于 $u,\boldsymbol{p}$ 和 z中的每一个变量，我们固定其中两个变量寻找另一个变量的相关子问题的最小值，当 $u,\boldsymbol{p}$ 和 z都被更新后，更新拉格朗日乘子.该过程将重复进行，直到三个变量都收敛，表明得到近似鞍点.因此，我们考虑以下三个子问题的最小化：

$$
\begin{aligned}
\varepsilon_1(u)= & \frac{\gamma_1}{2}\int_\Omega(\boldsymbol{p}-\nabla u)^2\mathrm{d}x+\int_\Omega \boldsymbol{\lambda}_1\cdot(\boldsymbol{p}-\nabla u)\mathrm{d}x \\
& +\frac{\gamma_2}{2}\int_\Omega(z-K*u)^2\mathrm{d}x+\int_\Omega \lambda_2\cdot(z-K*u)\mathrm{d}x, \\
\varepsilon_2(\boldsymbol{p})= & \int_\Omega \phi_a(|\boldsymbol{p}|)\mathrm{d}x+\frac{\gamma_1}{2}\int_\Omega|\boldsymbol{p}-\nabla u|^2\mathrm{d}x+\int_\Omega \boldsymbol{\lambda}_1\cdot(\boldsymbol{p}-\nabla u)\mathrm{d}x, \\
\varepsilon_3(z)= & \lambda\int_\Omega G_\sigma(z)\mathrm{d}x+\frac{\gamma_2}{2}\int_\Omega(z-K*u)^2\mathrm{d}x+\int_\Omega \lambda_2\cdot(z-K*u)\mathrm{d}x.
\end{aligned}
$$

$\varepsilon_1(u)$ 的最小值点没有封闭解的形式，其可以通过相应的欧拉-拉格朗日方程得到

$$
-\gamma_1\Delta u+\gamma_2\tilde{K}*K*u=B,
$$

其中 $B=\tilde{K}*(\lambda_2+\gamma_2 z)-\nabla\cdot(\gamma_1\boldsymbol{p}+\boldsymbol{\lambda}_1)$. 设 h 是网格尺寸，$\Omega=\{(i,j)|1\le i\le M,1\le j\le N\}$ 是离散的图像区域，每个像素点 (i,j) 都是一个网格节点.

我们定义带有纽曼边界条件的离散向后、向前差分算子为

$$
\partial_1^- u(i,j)=\begin{cases}\frac{u(i,j)-u(i-1,j)}{h}, & 1<i\le M,\\ 0, & i=1.\end{cases}
$$

$$\partial_1^+ u(i,j) = \begin{cases} \frac{u(i+1,j)-u(i,j)}{h}, & 1 \le i < M, \\ 0, & i = M. \end{cases}$$

$$\partial_2^- u(i,j) = \begin{cases} \frac{u(i,j)-u(i,j-1)}{h}, & 1 < j \le N, \\ 0, & j = 1. \end{cases}$$

$$\partial_2^+ u(i,j) = \begin{cases} \frac{u(i,j+1)-u(i,j)}{h}, & 1 \le j < N, \\ 0, & j = N. \end{cases}$$

梯度算子和拉普拉斯算子定义如下：

$$\nabla^{\pm} u(i,j) = (\partial_1^{\pm} u(i,j), \partial_2^{\pm} u(i,j)),$$

$$\Delta u(i,j) = \partial_1^+ \partial_1^- u(i,j) + \partial_2^+ \partial_2^- u(i,j).$$

记 $\boldsymbol{p} = (p_1, p_2)$, $\boldsymbol{\lambda}_1 = (\lambda_{11}, \lambda_{12})$.

$$\begin{aligned} B(i,j) = \ & \tilde{K} * (\lambda_2^{k-1}(i,j) + \gamma_2 z^{k-1}(i,j)) - \gamma_1(\partial_1^- p_1^{k-1}(i,j) \\ & + \partial_2^- p_2^{k-1}(i,j)) - (\partial_1^- \lambda_{11}^{k-1}(i,j) + \partial_2^- \lambda_{12}^{k-1}(i,j)), \end{aligned}$$

我们注意到在实践中 u 的尺寸大于拉普拉斯卷积核 Δ和高斯卷积核K 的尺寸，因此卷积核需要根据图 4.5 和图 4.6进行填充，扩展到图像 u 的大小：对原始卷积核循环移位，使得核的中心元素在 $(0,0)$的位置.事实上，具有扩展核的循环卷积等价于具有初始卷积核的循环卷积.

为了使基于傅立叶的卷积满足纽曼边界条件，图像需要在两个维度上从大小 (dataW, dataH) 扩展和填充到大小 (fftW, fftH)，如图 4.7所示.

而卷积核只需要调整到新的填充大小 (fftW, fftH) 即可满足纽曼边界条件，如图 4.5 和图 4.6 所示.

使用快速傅里叶方法（FFTs），可得

$$-\gamma_1 \mathcal{F}(\tilde{\Delta}) \mathcal{F} u^k(i,j) + \gamma_2 \mathcal{F}(\tilde{K}) \mathcal{F}(K) \mathcal{F} u^k(i,j) = \mathcal{F} B(i,j), \tag{4-40}$$

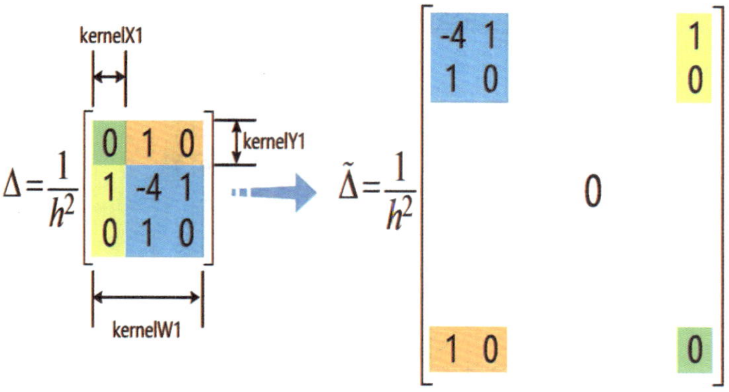

图 4.5　将拉普拉斯卷积核扩展为图像大小

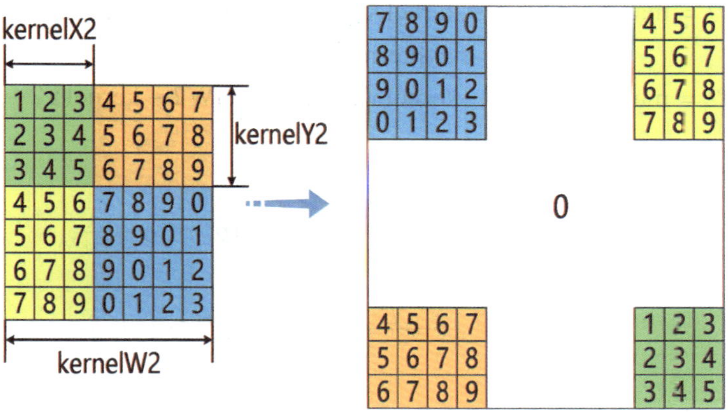

图 4.6　将高斯卷积核扩展为图像大小

其中 $\tilde{\Delta}$ 是拉普拉斯卷积核的扩展，定义如图 4.5所示；$\mathcal{F}(\cdot)$ 是二维傅里叶变换函数，计算方法如下：

$$\mathcal{F}u^k(i,j) = [\gamma_2\mathcal{F}(\tilde{K})(i,j)\mathcal{F}(K)(i,j) - \gamma_1\mathcal{F}(\tilde{\Delta})(i,j)]^{-1}\mathcal{F}B(i,j),$$

$u^k(i,j)$ 可以使用二维傅里叶逆变换得到.

$$u^k(i,j) = Re[\mathcal{F}^{-1}(\mathcal{F}u^k(i,j))],$$

其中 Re 代表实值部分.

我们通过逐点积分得到 $\varepsilon_2(\boldsymbol{p})$ 的最小值.

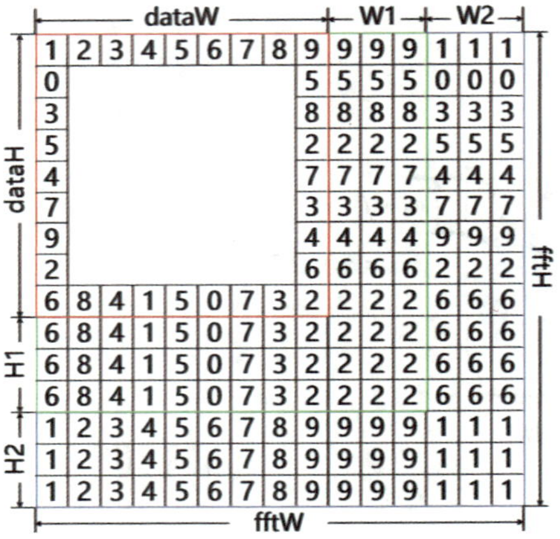

图 4.7　填充图像

其中 W1 = max{kernelX1, kernelX2},

W2 = max{kernelW1 − kernelX1 − 1, kernelW2 − kernelX2 − 1},

H1 = max{kernelY1, kernelY2},

H2 = max{kernelW1 − kernelY1 − 1, kernelW2 − kernelY2 − 1}

命题 4.2　$\varepsilon_2(\boldsymbol{p})$ 的最小值点为

$$\arg\min_{\boldsymbol{p}} \varepsilon_2(\boldsymbol{p}) = \begin{cases} \frac{\gamma_1}{1/a+\gamma_1}\boldsymbol{p}^*, & |\boldsymbol{p}^*| \le a + \frac{1}{\gamma_1}, \\ \frac{1+\sqrt{1-\frac{4a}{\gamma_1|\boldsymbol{p}^*|^2}}}{2}\boldsymbol{p}^*, & |\boldsymbol{p}^*| > a + \frac{1}{\gamma_1}, \end{cases} \tag{4-41}$$

其中 $\boldsymbol{p}^* = \nabla u - \frac{\lambda_1}{\gamma_1}$.

记 $\boldsymbol{p}^* = (p_1^*, p_2^*)$.根据性质4.2可以得到如下关于 p_1 和 p_2 的更新:

$$p_1^k(i,j) = \begin{cases} \frac{\gamma_1}{1/a+\gamma_1} p_1^*(i,j), & |\boldsymbol{p}^*(i,j)| \le a + \frac{1}{\gamma_1}, \\ \frac{1+\sqrt{1-\frac{4a}{\gamma_1|\boldsymbol{p}^*(i,j)|^2}}}{2} p_1^*(i,j), & |\boldsymbol{p}^*(i,j)| > a + \frac{1}{\gamma_1}, \end{cases} \tag{4-42}$$

$$p_2^k(i,j) = \begin{cases} \frac{\gamma_1}{1/a+\gamma_1} p_2^*(i,j), & |\boldsymbol{p}^*(i,j)| \le a + \frac{1}{\gamma_1}, \\ \frac{1+\sqrt{1-\frac{4a}{\gamma_1|\boldsymbol{p}^*(i,j)|^2}}}{2} p_2^*(i,j), & |\boldsymbol{p}^*(i,j)| > a + \frac{1}{\gamma_1}, \end{cases} \tag{4-43}$$

其中

$$p_1^*(i,j) = \partial_1^+ u^k(i,j) - \frac{\lambda_{11}^{k-1}(i,j)}{\gamma_1},$$

$$p_2^*(i,j)=\partial_2^+u^k(i,j)-\frac{\lambda_{12}^{k-1}(i,j)}{\gamma_1},$$

$|\boldsymbol{p}^*(i,j)|=\sqrt{(p_1^*(i,j))^2+(p_2^*(i,j))^2}$.

$\varepsilon_3(z)$ 的最小值点可以根据欧拉-拉格朗日方程得到：

$$\lambda G'_\sigma(z)+\gamma_2(z-K*u)+\lambda_2=0.$$

计算

$$G'_\sigma(z)=\begin{cases}H'_\sigma(z_0)=z_0-\dfrac{I_1(\frac{fz_0}{\sigma^2})}{I_0(\frac{fz_0}{\sigma^2})}f, & \sigma^2<\frac{1}{2},f>\sqrt{2}\sigma,z<z_0,\\[2ex] H'_\sigma(z)=z-\dfrac{I_1(\frac{fz}{\sigma^2})}{I_0(\frac{fz}{\sigma^2})}f, & 其他.\end{cases}$$

根据性质4.1，当 $\sigma^2<\frac{1}{2}, f(i,j)>\sqrt{2}\sigma$ 且 $z^{k-1}(i,j)<z_0$时，我们有

$$z^k(i,j)=\frac{1}{\gamma_2}\left[\lambda(\frac{I_1(\frac{f(i,j)z_0^{k-1}(i,j)}{\sigma^2})}{I_0(\frac{f(i,j)z_0^{k-1}(i,j)}{\sigma^2})}f(i,j)-z_0)+\gamma_2K*u^k(i,j)-\lambda_2^{k-1}(i,j)\right],\tag{4-44}$$

否则，

$$z^k(i,j)=\frac{1}{\lambda+\gamma_2}\left[\lambda\frac{I_1(\frac{f(i,j)z^{k-1}(i,j)}{\sigma^2})}{I_0(\frac{f(i,j)z^{k-1}(i,j)}{\sigma^2})}f(i,j)+\gamma_2K*u^k(i,j)-\lambda_2^{k-1}(i,j)\right].\tag{4-45}$$

式(4-44) 和式 (4-45) 可以根据 Picard 迭代方法求解，也就是说，$z^k=Q(z^{k-1})$，其中 Q 代表方程右侧的函数.

如前所述，当所有变量u, $\boldsymbol{p}$ 和 z被更新后，拉格朗日乘子$\boldsymbol{\lambda}_1,\lambda_2$按下面方式更新：

$$\lambda_{11}^k(i,j)=\lambda_{11}^{k-1}(i,j)+\gamma_1(p_1^k(i,j)-\partial_1^+u^k(i,j)),\tag{4-46}$$

$$\lambda_{12}^k(i,j)=\lambda_{12}^{k-1}(i,j)+\gamma_1(p_2^k(i,j)-\partial_2^+u^k(i,j)),\tag{4-47}$$

$$\lambda_2^k(i,j)=\lambda_2^{k-1}(i,j)+\gamma_2(z^k(i,j)-K*u^k(i,j)).\tag{4-48}$$

我们在算法3中给出逼近泛函 (4-39)的鞍点的迭代方法.

算法3: 使用ALM最小化所提议模型

步骤1：初始化：$u^0 = f$，$\boldsymbol{p}^0, z^0, \boldsymbol{\lambda}_1^0, \lambda_2^0$. 对于 $k \geq 1$, 更新步骤 2-4.

步骤2：固定 $\boldsymbol{\lambda}_1^{k-1}$ 和 λ_2^{k-1}，通过式 (4-40)计算 u^k, 通过式 (4-42)－(4-43)计算$\boldsymbol{p}^k$, 通过式 (4-44)－(4-45) 计算 z^k.

步骤3：通过式 (4-46)－(4-47)更新拉格朗日乘子 $\boldsymbol{\lambda}_1^k$, 通过式(4-48)更新拉格朗日乘子λ_2^k.

步骤4：估计解 u^k 的相对误差(Eq.(4-67))，当其小于给定阈值 ϵ_r时停止迭代.

基于以上讨论，一旦初始值 $(u^0, \boldsymbol{p}^0, z^0; \boldsymbol{\lambda}_1^0, \lambda_2^0)$ 给定, 可计算出序列 $(u^k, \boldsymbol{p}^k, z^k; \boldsymbol{\lambda}_1^k, \lambda_2^k), k = 1, 2, \cdots$.下面我们给出解序列 u^k 的收敛性.为此，我们引入两个引理[114].

引理 4.1 考虑$\mathbb{R}$上的函数 $h(x) = \phi_a(x) + \frac{\gamma_1}{2}x^2$，其中$\phi_a(x)$ 的定义为 (4-28), $a, \gamma_1 > 0$. 若 $\gamma_1 > \frac{1}{a}$, 则 $h(x)$ 在 $\mathbb{R}$ 上是凸的.

引理 4.2 若 $\gamma_1 > \frac{1}{a}$, 子问题 $\varepsilon_2(\boldsymbol{p})$ 关于 $\boldsymbol{p}$是凸的.

注　子问题 $\varepsilon_3(z)$ 关于 z 是凸的. 事实上，如果我们不对 $H_\sigma(z)$ 进行凸近似，那么我们可以验证当 $\sigma^2 \geq \frac{1}{2}$ 时，或者当 $\sigma^2 < \frac{1}{2}$ 和 $\gamma_2 \geq (\frac{1}{2\sigma^2} - 1)\lambda$ 时，$\varepsilon_3(z)$ 关于 z 是凸的.然而，若在数值实验中设置的参数满足这样的条件，图像恢复效果并不理想，因此我们仍然对 $H_\sigma(z)$进行凸近似.

下面我们给出数值算法的收敛性分析[114].

定理 4.2 假设 $(u^*, \boldsymbol{p}^*, z^*; \boldsymbol{\lambda}_1^*, \lambda_2^*)$ 是拉格朗日泛函 $\mathcal{L}(u, \boldsymbol{p}, z; \boldsymbol{\lambda}_1, \lambda_2)$ 的鞍点，设 $(u^k, \boldsymbol{p}^k, z^k; \boldsymbol{\lambda}_1^k, \lambda_2^k)$ 是由算法3生成的解序列.若 $\gamma_1 > \dfrac{1}{a}$，则

$$\lim_{k\to\infty} \int_\Omega |K * (u^k - u^*)|^2 = 0.$$

若同时满足 Null$(K) = 0$，则 $\lim\limits_{k\to\infty} u^k = u^*$.

证明　定义 $du^k = u^k - u^*, d\boldsymbol{p}^k = \boldsymbol{p}^k - \boldsymbol{p}^*, dz^k = z^k - z^*, d\boldsymbol{\lambda}_1^k = \boldsymbol{\lambda}_1^k - \boldsymbol{\lambda}_1^*, d\lambda_2^k = \lambda_2^k - \lambda_2^*$.由于 $(u^*, \boldsymbol{p}^*, z^*; \boldsymbol{\lambda}_1^*, \lambda_2^*)$ 是泛函$\mathcal{L}(u, \boldsymbol{p}, z; \boldsymbol{\lambda}_1, \lambda_2)$ 的一个鞍点, $\forall(u, \boldsymbol{p}, z; \boldsymbol{\lambda}_1, \lambda_2)$ 我们有

$$\mathcal{L}(u^*, \boldsymbol{p}^*, z^*; \boldsymbol{\lambda}_1, \lambda_2) \leq \mathcal{L}(u^*, \boldsymbol{p}^*, z^*; \boldsymbol{\lambda}_1^*, \lambda_2^*) \leq \mathcal{L}(u, \boldsymbol{p}, z; \boldsymbol{\lambda}_1^*, \lambda_2^*). \tag{4-49}$$

根据式(4-49)中的第一个不等式，我们得到 $\boldsymbol{p}^* = \nabla u^*$ 且 $z^* = K * u^*$[17,74]. 定义 $\langle f, g\rangle = \int_\Omega fg$，$\|f\|^2 = \int_\Omega |f|^2$, 其中 f, g 是向量函数.由于 $u^* =$

$\arg\min_u \mathcal{L}(u,\boldsymbol{p}^*,z^*;\boldsymbol{\lambda}_1^*,\lambda_2^*)$，则对任给的$u$ 和 $t\in[0,1]$，$y(t)=\mathcal{L}(u^*+t(u-u^*),\boldsymbol{p}^*,z^*;\boldsymbol{\lambda}_1^*,\lambda_2^*)$ 满足 $y'(0)\geq 0$, 因此

$$\langle\gamma_2(z^*-K*u^*)+\lambda_2^*,K*(u^*-u)\rangle+\langle\gamma_1(\boldsymbol{p}^*-\nabla u^*)+\boldsymbol{\lambda}_1^*,\nabla(u^*-u)\rangle\geq 0,\ \ \forall u. \tag{4-50}$$

若 $\gamma_1>\dfrac{1}{a}$, 则 $\mathcal{L}(u,\boldsymbol{p},z;\boldsymbol{\lambda}_1,\lambda_2)$ 关于 $\boldsymbol{p}$ 是凸的, 存在 $\gamma_{11},n>0$ 使得 $\gamma_1=\gamma_{11}+n$，$\gamma_{11}>\dfrac{1}{a}$. 对任给的 $\boldsymbol{p}$, 设 $\boldsymbol{p}_t^*=\boldsymbol{p}^*+t(\boldsymbol{p}-\boldsymbol{p}^*)$，其中 $t\in[0,1]$, 我们有

$$\mathcal{L}(u^*,\boldsymbol{p}_t^*,z^*;\boldsymbol{\lambda}_1^*,\lambda_2^*)=\int_\Omega g(\boldsymbol{p}_t^*)+\frac{n}{\gamma_1}(\frac{\gamma_1}{2}|\boldsymbol{p}_t^*-\nabla u^*|^2+\boldsymbol{\lambda}_1^*\cdot(\boldsymbol{p}_t^*-\nabla u^*))\mathrm{d}x+\tilde{c},$$

其中 $g(\boldsymbol{p}_t^*)=\phi_a(|\boldsymbol{p}_t^*|)+\dfrac{\gamma_{11}}{2}|\boldsymbol{p}_t^*-\nabla u^*|^2+\dfrac{\gamma_{11}}{\gamma_1}\boldsymbol{\lambda}_1^*\cdot(\boldsymbol{p}_t^*-\nabla u^*)$，$\tilde{c}$ 独立于 t. 由于 $\gamma_{11}>\dfrac{1}{a}$, $g(\boldsymbol{p})$关于 $\boldsymbol{p}$是凸的, 则

$$\mathcal{L}(u^*,\boldsymbol{p}_t^*,z^*;\boldsymbol{\lambda}_1^*,\lambda_2^*)\leq$$

$$\int_\Omega tg(\boldsymbol{p})+(1-t)g(\boldsymbol{p}^*)+\frac{n}{\gamma_1}(\frac{\gamma_1}{2}|\boldsymbol{p}_t^*-\nabla u^*|^2+\boldsymbol{\lambda}_1^*\cdot(\boldsymbol{p}_t^*-\nabla u^*))\mathrm{d}x+\tilde{c}:=G(t).$$

由于$\boldsymbol{p}^*=\arg\min_{\boldsymbol{p}}\mathcal{L}(u^*,\boldsymbol{p},z^*;\boldsymbol{\lambda}_1^*,\lambda_2^*)$, 这意味着对任给的$t\in[0,1]$，有$\mathcal{L}(u^*,\boldsymbol{p}^*,z^*;\boldsymbol{\lambda}_1^*,\lambda_2^*)\leq\mathcal{L}(u^*,\boldsymbol{p}_t^*,z^*;\boldsymbol{\lambda}_1^*,\lambda_2^*)\leq G(t)$.注意到 $G(0)=\mathcal{L}(u^*,\boldsymbol{p}^*,z^*;\boldsymbol{\lambda}_1^*,\lambda_2^*)$, 因此在区间 $[0,1]$上，$G(t)$ 在 $t=0$ 取得最小值, 意味着 $G'(0)\geq 0$，因此

$$\langle g(\boldsymbol{p})-g(\boldsymbol{p}^*),1\rangle+\frac{n}{\gamma_1}\langle\gamma_1(\boldsymbol{p}^*-\nabla u^*)+\lambda_1^*,\boldsymbol{p}-\boldsymbol{p}^*\rangle\geq 0,\ \ \forall\boldsymbol{p}. \tag{4-51}$$

根据 $z^*=\arg\min_z\mathcal{L}(u^*,\boldsymbol{p}^*,z;\boldsymbol{\lambda}_1^*,\lambda_2^*)$, 可得

$$\langle\lambda G'_\sigma(z^*),z-z^*\rangle+\langle\gamma_2(z^*-K*u^*)+\lambda_2^*,z-z^*\rangle\geq 0,\ \ \forall z. \tag{4-52}$$

由于

$$u^k=\arg\min_u\mathcal{L}(u,\boldsymbol{p}^{k-1},z^{k-1};\boldsymbol{\lambda}_1^{k-1},\lambda_2^{k-1})$$

,

$$p^k=\arg\min_{\boldsymbol{p}}\mathcal{L}(u^k,\boldsymbol{p},z^{k-1};\boldsymbol{\lambda}_1^{k-1},\lambda_2^{k-1}),z^k=\arg\min_z\mathcal{L}(u^k,\boldsymbol{p}^k,z;\boldsymbol{\lambda}_1^{k-1},\lambda_2^{k-1})$$

使用同样的策略，我们有

$$\begin{aligned}&\langle\gamma_2(z^{k-1}-K*u^k)+\lambda_2^{k-1},K*(u^k-u)\rangle\\&+\langle\gamma_1(\boldsymbol{p}^{k-1}-\nabla u^k)+\boldsymbol{\lambda}_1^{k-1},\nabla(u^k-u)\rangle\geq 0,\ \ \forall u,\end{aligned} \tag{4-53}$$

$$\langle g(\boldsymbol{p})-g(\boldsymbol{p}^k),1\rangle+\frac{n}{\gamma_1}\langle\gamma_1(\boldsymbol{p}^k-\nabla u^k)+\boldsymbol{\lambda}_1^{k-1},\boldsymbol{p}-\boldsymbol{p}^k\rangle\geq 0,\quad\forall\boldsymbol{p},\tag{4-54}$$

且

$$\langle\lambda G'_\sigma(z^k),z-z^k\rangle+\langle\gamma_2(z^k-K*u^k)+\lambda_2^{k-1},z-z^k\rangle\geq 0,\quad\forall z.\tag{4-55}$$

设置 $u=u^k$ (4-50), $u=u^*$ (4-53), $\boldsymbol{p}=\boldsymbol{p}^k$ (4-51), $\boldsymbol{p}=\boldsymbol{p}^*$ (4-54), $z=z^k$ (4-52), $z=z^*$ (4-55), 将上述六个不等式相加，我们得到

$$\begin{aligned}&\langle K*du^k,\gamma_2(dz^{k-1}-K*du^k)+d\lambda_2^{k-1}\rangle+\langle dz^k,-\lambda(G'_\sigma(z^k)-G'_\sigma(z^*))\rangle\\&+\tfrac{n}{\gamma_1}\langle d\boldsymbol{p}^k,\gamma_1(-d\boldsymbol{p}^k+\nabla du^k)-d\boldsymbol{\lambda}_1^{k-1}\rangle+\langle\nabla du^k,\gamma_1(d\boldsymbol{p}^{k-1}-\nabla du^k)+d\boldsymbol{\lambda}_1^{k-1}\rangle\\&+\langle dz^k,\gamma_2(-dz^k+K*du^k)-d\lambda_2^{k-1}\rangle\geq 0.\end{aligned}\tag{4-56}$$

由于 $\boldsymbol{\lambda}_1^k=\boldsymbol{\lambda}_1^{k-1}+\gamma_1(\boldsymbol{p}^k-\nabla u^k)$， $\lambda_2^k=\lambda_2^{k-1}+\gamma_2(z^k-K*u^k)$, 我们得到 $d\boldsymbol{\lambda}_1^{k-1}=d\boldsymbol{\lambda}_1^k-\gamma_1(\boldsymbol{p}^k-\nabla u^k)$， $d\lambda_2^{k-1}=d\lambda_2^k-\gamma_2(z^k-K*u^k)$. 根据 $\boldsymbol{p}^*=\nabla u^*$， $z^*=K*u^*$, 我们得到

$$\gamma_2(dz^{k-1}-K*du^k)+d\lambda_2^{k-1}=d\lambda_2^k+\gamma_2(z^{k-1}-z^k),$$

$$\gamma_1(d\boldsymbol{p}^{k-1}-\nabla du^k)+d\boldsymbol{\lambda}_1^{k-1}=d\boldsymbol{\lambda}_1^k+\gamma_1(\boldsymbol{p}^{k-1}-\boldsymbol{p}^k),$$

$$\gamma_2(-dz^k+K*du^k)-d\lambda_2^{k-1}=-d\lambda_2^k,$$

$$\gamma_1(-d\boldsymbol{p}^k+\nabla du^k)-d\boldsymbol{\lambda}_1^{k-1}=-d\boldsymbol{\lambda}_1^k.$$

将不等式 (4-56) 简化为如下形式，

$$\begin{aligned}&\langle K*du^k,\gamma_2(z^{k-1}-z^k)+d\lambda_2^k\rangle+\langle\nabla du^k,\gamma_1(\boldsymbol{p}^{k-1}-\boldsymbol{p}^k)+d\boldsymbol{\lambda}_1^k\rangle\\&+\tfrac{n}{\gamma_1}\langle d\boldsymbol{p}^k,-d\boldsymbol{\lambda}_1^k\rangle+\langle dz^k,-d\lambda_2^k\rangle+\langle dz^k,-\lambda(G'_\sigma(z^k)-G'_\sigma(z^*))\rangle\geq 0.\end{aligned}\tag{4-57}$$

再根据 $\boldsymbol{p}^*=\nabla u^*$， $z^*=K*u^*$, 可得

$$\nabla(du^k)=d\boldsymbol{p}^k+(\nabla u^k-\boldsymbol{p}^k)=d\boldsymbol{p}^k+\frac{1}{\gamma_1}(\boldsymbol{\lambda}_1^{k-1}-\boldsymbol{\lambda}_1^k),$$

且

$$K*du^k=dz^k+(K*u^k-z^k)=dz^k+\frac{1}{\gamma_2}(\lambda_2^{k-1}-\lambda_2^k).$$

因此不等式 (4-57) 等价于如下形式

$$\begin{aligned}&\tfrac{1}{\gamma_1}\langle d\boldsymbol{\lambda}_1^k, \boldsymbol{\lambda}_1^{k-1}-\boldsymbol{\lambda}_1^k\rangle+\gamma_1\langle d\boldsymbol{p}^k, \boldsymbol{p}^{k-1}-\boldsymbol{p}^k\rangle+\tfrac{1}{\gamma_2}\langle d\lambda_2^k, \lambda_2^{k-1}-\lambda_2^k\rangle\\&+\gamma_2\langle dz^k, z^{k-1}-z^k\rangle+\langle\boldsymbol{\lambda}_1^{k-1}-\boldsymbol{\lambda}_1^k, \boldsymbol{p}^{k-1}-\boldsymbol{p}^k\rangle+(1-\tfrac{n}{\gamma_1})\langle d\boldsymbol{p}^k, d\boldsymbol{\lambda}_1^k\rangle\\&+\langle\lambda_2^{k-1}-\lambda_2^k, z^{k-1}-z^k\rangle-\lambda\langle dz^k, G'_\sigma(z^k)-G'_\sigma(z^*)\rangle\geq 0.\end{aligned}\tag{4-58}$$

对于 $\boldsymbol{p}^{k-1}=\arg\min\limits_{\boldsymbol{p}}\mathcal{L}(u^{k-1},\boldsymbol{p},z^{k-2};\boldsymbol{\lambda}_1^{k-2},\lambda_2^{k-2})$，我们可以写出如下相似的不等式

$$\langle g(\boldsymbol{p})-g(\boldsymbol{p}^{k-1}),1\rangle+\frac{n}{\gamma_1}\langle\gamma_1(\boldsymbol{p}^{k-1}-\nabla u^{k-1})+\boldsymbol{\lambda}_1^{k-2},\boldsymbol{p}-\boldsymbol{p}^{k-1}\rangle\geq 0,\quad\forall\boldsymbol{p}.\tag{4-59}$$

设置 $\boldsymbol{p}=\boldsymbol{p}^{k-1}$ (4-54)，$\boldsymbol{p}=\boldsymbol{p}^k$ (4-59)，将上述两个不等式相加可得

$$\langle\boldsymbol{\lambda}_1^{k-1}-\boldsymbol{\lambda}_1^k,\boldsymbol{p}^{k-1}-\boldsymbol{p}^k\rangle\leq 0.$$

同样的方式，我们可以得到

$$\langle\lambda_2^{k-1}-\lambda_2^k,z^{k-1}-z^k\rangle\leq 0,$$

且

$$\langle\boldsymbol{\lambda}_1^k-\boldsymbol{\lambda}_1^*,\boldsymbol{p}^k-\boldsymbol{p}^*\rangle\leq 0.$$

因此，我们可以得到

$$\begin{aligned}&\tfrac{1}{\gamma_1}\langle d\boldsymbol{\lambda}_1^k,\boldsymbol{\lambda}_1^{k-1}-\boldsymbol{\lambda}_1^k\rangle+\gamma_1\langle d\boldsymbol{p}^k,\boldsymbol{p}^{k-1}-\boldsymbol{p}^k\rangle+\tfrac{1}{\gamma_2}\langle d\lambda_2^k,\lambda_2^{k-1}-\lambda_2^k\rangle\\&+\gamma_2\langle dz^k,z^{k-1}-z^k\rangle-\lambda\langle dz^k,G'_\sigma(z^k)-G'_\sigma(z^*)\rangle\geq 0.\end{aligned}\tag{4-60}$$

使用下面的不等式

$$\langle\boldsymbol{\lambda}_1^{k-1}-\boldsymbol{\lambda}_1^k,d\boldsymbol{\lambda}_1^k\rangle=\frac{1}{2}(\|d\boldsymbol{\lambda}_1^{k-1}\|^2-\|d\boldsymbol{\lambda}_1^k\|^2-\|\boldsymbol{\lambda}_1^{k-1}-\boldsymbol{\lambda}_1^k\|^2),$$

$$\langle\lambda_2^{k-1}-\lambda_2^k,d\lambda_2^k\rangle=\frac{1}{2}(\|d\lambda_2^{k-1}\|^2-\|d\lambda_2^k\|^2-\|\lambda_2^{k-1}-\lambda_2^k\|^2),$$

$$\langle\boldsymbol{p}^{k-1}-\boldsymbol{p}^k,d\boldsymbol{p}^k\rangle=\frac{1}{2}(\|d\boldsymbol{p}^{k-1}\|^2-\|d\boldsymbol{p}^k\|^2-\|\boldsymbol{p}^{k-1}-\boldsymbol{p}^k\|^2),$$

$$\langle z^{k-1}-z^k,dz^k\rangle=\frac{1}{2}(\|dz^{k-1}\|^2-\|dz^k\|^2-\|z^{k-1}-z^k\|^2),$$

我们有

$$
\begin{aligned}
&(\tfrac{1}{2\gamma_1}\|d\boldsymbol{\lambda}_1^{k-1}\|^2+\tfrac{\gamma_1}{2}\|d\boldsymbol{p}^{k-1}\|^2+\tfrac{1}{2\gamma_2}\|d\lambda_2^{k-1}\|^2+\tfrac{\gamma_2}{2}\|dz^{k-1}\|^2)\\
&\quad-(\tfrac{1}{2\gamma_1}\|d\boldsymbol{\lambda}_1^{k}\|^2+\tfrac{\gamma_1}{2}\|d\boldsymbol{p}^{k}\|^2+\tfrac{1}{2\gamma_2}\|d\lambda_2^{k}\|^2+\tfrac{\gamma_2}{2}\|dz^{k}\|^2)\\
&\geq \lambda\langle dz^k, G'_\sigma(z^k)-G'_\sigma(z^*)\rangle+\tfrac{1}{2\gamma_1}\|\boldsymbol{\lambda}_1^{k-1}-\boldsymbol{\lambda}_1^{k}\|^2+\tfrac{\gamma_1}{2}\|\boldsymbol{p}^{k-1}-\boldsymbol{p}^{k}\|^2\\
&\quad+\tfrac{1}{2\gamma_2}\|\lambda_2^{k-1}-\lambda_2^{k}\|^2+\tfrac{\gamma_2}{2}\|z^{k-1}-z^{k}\|^2.
\end{aligned}
$$

由于 $G_\sigma(z)$ 关于 z 是凸函数, 因此其导数 $G'_\sigma(z)$ 关于 z 是单调不减的.因此我们得到 $\langle dz^k, G'_\sigma(z^k)-G'_\sigma(z^*)\rangle \geq 0$.

综上，我们可得$\{\frac{1}{2\gamma_1}\|d\boldsymbol{\lambda}_1^k\|^2+\frac{\gamma_1}{2}\|d\boldsymbol{p}^k\|^2+\frac{1}{2\gamma_2}\|d\lambda_2^k\|^2+\frac{\gamma_2}{2}\|dz^k\|^2\}_{k=1}^{\infty}$ 是非负下降的, 因此 $\lim\limits_{k\to\infty}\|K*(u^k-u^*)\|=0$.因此在离散情形下，若 $\mathrm{Null}(K)=0$, 我们还有 $\lim\limits_{k\to\infty}u^k=u^*$. □

对于纯莱斯去噪情形，即 $K=I$，我们的模型 (4-37) 退化为以下凸泛函的最小化

$$
F(u)=\int_\Omega \phi_a(|\nabla u|)\mathrm{d}x+\lambda\int_\Omega G_\sigma(u)\mathrm{d}x. \tag{4-61}
$$

如上所述，我们可以采用增广拉格朗日方法求解该问题.特别地，我们将其描述成一个等价的约束优化问题

$$
\begin{aligned}
&\min_{u,\boldsymbol{p}} \int_\Omega \phi_a(|\boldsymbol{p}|)\mathrm{d}x+\lambda\int_\Omega G_\sigma(u)\mathrm{d}x,\\
&\text{s.t.}\quad \boldsymbol{p}=\nabla u,
\end{aligned}
$$

其增广拉格朗日泛函为

$$
\begin{aligned}
\mathcal{L}(u,\boldsymbol{p};\boldsymbol{\lambda}_1)=&\int_\Omega \phi_a(|\boldsymbol{p}|)\mathrm{d}x+\lambda\int_\Omega G_\sigma(u)\mathrm{d}x\\
&+\frac{\gamma_1}{2}\int_\Omega|\boldsymbol{p}-\nabla u|^2\mathrm{d}x+\int_\Omega \boldsymbol{\lambda}_1\cdot(\boldsymbol{p}-\nabla u)\mathrm{d}x,
\end{aligned}\tag{4-62}
$$

其关于 $\boldsymbol{u}$ 和 $\boldsymbol{p}$ 的子问题可以使用与K 取一般情形相同的技术来解决.请注意，纯莱斯去噪情况因为只有一个约束 $\boldsymbol{p}=\nabla u$，因此它只涉及一个惩罚参数 $\gamma_1>0$.

4.5.3 数值实验

在本节中，我们展示使用我们所提模型处理莱斯去噪和高斯去模糊的实验结果.我们将所提模型与 Huber 模型[99] 和全变分模型[9]进行对比.对于所有的数值实验，使用如下停机准则:

$$\frac{\|u^k - u^{k-1}\|_F}{\|u^{k-1}\|_F} < 1 \times 10^{-7}.$$

为了监控迭代过程的收敛性，我们检查以下相对残差[39]:

$$R_p^k = \frac{\|\boldsymbol{p}^k - \nabla u^k\|_F}{|\Omega|}, \tag{4-63}$$

$$R_z^k = \frac{\|z^k - K * u^k\|_F}{|\Omega|}, \tag{4-64}$$

拉格朗日乘子 λ_1^k， λ_2^k的相对误差为

$$L_1^k = \frac{\|\boldsymbol{\lambda}_1^k - \boldsymbol{\lambda}_1^{k-1}\|_F}{\|\boldsymbol{\lambda}_1^{k-1}\|_F}, \tag{4-65}$$

$$L_2^k = \frac{\|\lambda_2^k - \lambda_2^{k-1}\|_F}{\|\lambda_2^{k-1}\|_F}, \tag{4-66}$$

解 u^k的相对误差为

$$\frac{\|u^k - u^{k-1}\|_F}{\|u^{k-1}\|_F}, \tag{4-67}$$

其中 $\|\cdot\|_F$ 是 Ω 上的 Frobenius 范数, $|\Omega|$ 是区域的面积, k 代表迭代的次数.同时，为了更清晰地展示收敛性，取所有上述指标值的对数值展示在图像中.我们假设所有实验中网格尺寸为 $h = 1$.

图像质量的评估通过信噪比(signal to noise ratio, SNR)、峰值信噪比(peak signal-to-noise ratio, PSNR)、平均绝对误差(the mean absolute error, MAE)和结构相似度量(the measure of structural similarity, SSIM)来衡量，其定义如下:

$$SNR = 10\log_{10}\frac{\sum_\Omega (u-\bar{u})^2}{\sum_\Omega((u-u_0)-\overline{(u-u_0)})^2},$$

$$PSNR = 10\log_{10}\frac{255^2 \times M \times N}{\sum_{(x,y)\in\Omega}|u-u_0|^2},$$

$$MAE = \frac{\sum_\Omega |u-u_0|}{\sum_\Omega |u_0|},$$

$$SSIM = \frac{2\bar{u}\bar{u_0} + c_1}{\bar{u}^2 + \bar{u_0}^2 + c_1} \cdot \frac{2\sigma_u\sigma_{u_0} + c_2}{\sigma_u^2 + \sigma_{u_0}^2 + c_2} \cdot \frac{\sigma_{uu_0} + c_3}{\sigma_u\sigma_{u_0} + c_3},$$

其中u_0 表示初始图像, u 表示修复图像, $\bar{u}$ 是信号 u的平均值; σ_u 是信号 u的标准差, σ_{uu_0} 是信号 u 和 u_0的协方差;$c_1 = (k_1L)^2$, $c_2 = (k_2L)^2$, $c_3 = \frac{c_2}{2}$, $k_1 = 0.01$, $k_2 = 0.03$, $L = 255$;M, N 代表图像的维数.

对于参数的选择，在所提出的所有实验中，将所有的降质图像（初始图像）的灰度值缩放在$[0, 1]$中. 为了观测我们新提出的凸松弛 (4-35)的影响, 我们将带有新提出的凸松弛的模型 (4-37) 和带有Getreuer 等提出的凸松弛 $G_\sigma(u)$ 的模型应用到一个名为 “Strips-6”的合成图像，该图像的灰度值为 $\frac{3}{51}, \frac{20}{51}, \frac{4}{51}, \frac{40}{51}, \frac{4}{51}, \frac{2}{51}$, 如图 4.8所示. 在区域 $f < \sqrt{2}\sigma$ 且 $u < c\sigma$ 和区域 $f \geq \sqrt{2}\sigma$且 $u_0 < u < c\sigma$, 两种方法表现不同.也就是说，在灰度值非常小的区域，我们的凸近似方法不需要对保真度项进行凸化，但之前的方法需要这样做.因此，我们将图像设计为具有一些灰度值非常小的区域，例如 $\frac{3}{51}$ 和 $\frac{2}{51}$. 第一行列出了 “Strips-6” 的原始干净图像和被莱斯噪声($\sigma = 0.10$)污染的图像.第二行展示分别使用我们的模型但含有不同的凸近似 (4-34) 和 (4-35)恢复的图像.这两种方法都给出了很好的恢复结果.然而，从第三行中相关的残差图像 $u - f + 0.5$ 可以看出，在灰度值较小的区域，通过之前的凸近似方法获得的图像比我们的图像暗.为了更好地进行比较，我们展示噪声图像、无噪声图像和使用两种凸逼近方法给出了恢复图像在同一位置的切片图.这些图表明，之前的凸近似方法倾向于将非常小的灰度值拉到 0，例如 $\frac{3}{51}$ 和 $\frac{2}{51}$，而我们的凸近似方法即使在图像灰度值非常小的区域也能够逼近其真实值.在这个实验中, 我们设置 $\lambda = 3, \gamma_1 = 5, a = 0.01$.

我们将所提模型与 TV 模型和 Huber 模型进行对比.为此，我们考虑一个名为 “Strips-5” 的合成图像，含有亮灰度条和暗灰度条，如图 4.9所示. 第一行展示了原始干净图像和被莱斯噪声($\sigma = 0.15$)污染的图像.第二行展示了分别使用 TV 模型、Huber 模型和所提模型恢复的图像.第三行展示了相对应的残差 $u - f + 0.5$. 在这个实验中，我们设置 $\lambda = 1, \gamma_1 = 4, a = 0.02$. 从三幅残差图像，特别是沿着亮灰度条和暗灰度条的分界处，我们可以看到我们所提模型和 TV 模型有助于保持尖锐的灰度跳跃.为了进一步展示三种模型的效果，我们作切片图和插值图(图 4.10).

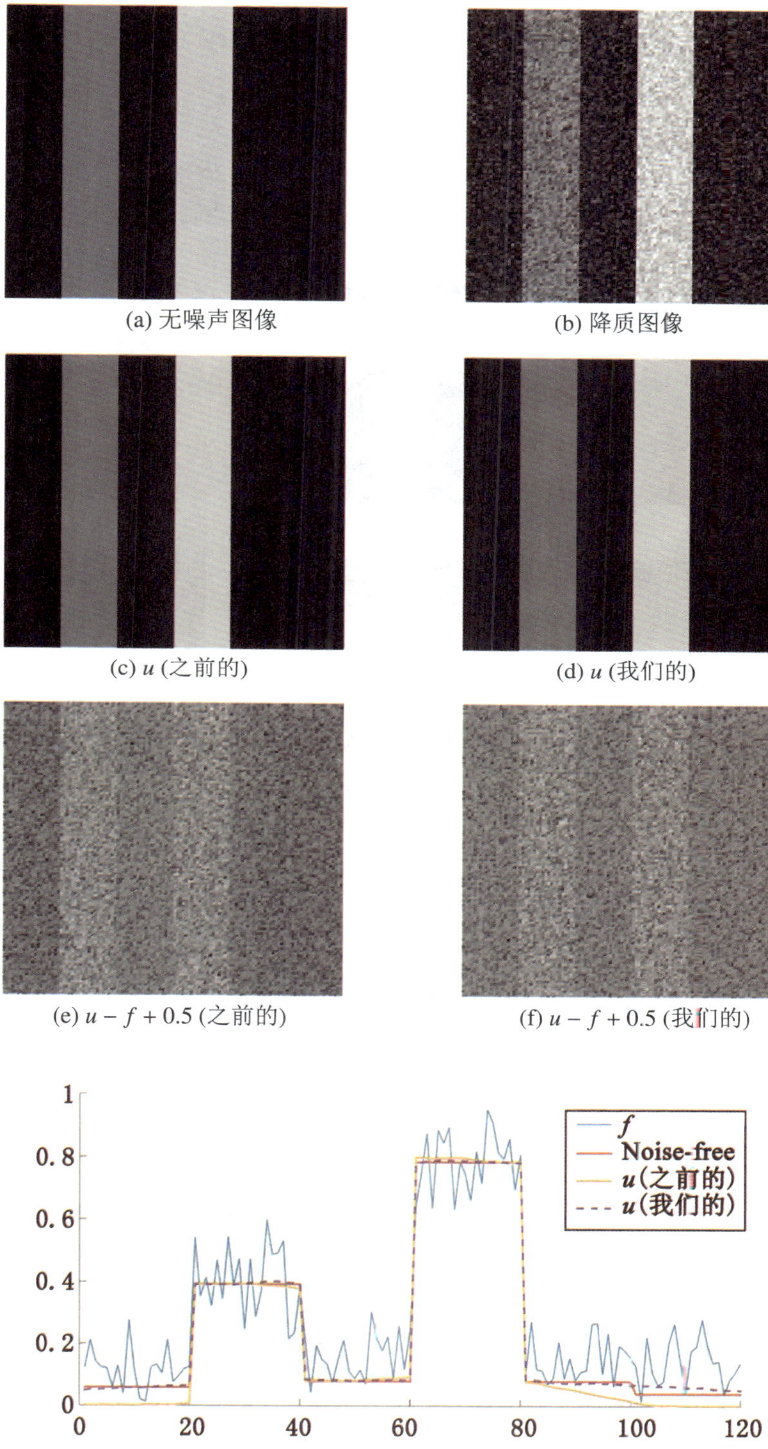

(a) 无噪声图像　(b) 降质图像

(c) u (之前的)　(d) u (我们的)

(e) $u-f+0.5$ (之前的)　(f) $u-f+0.5$ (我们的)

(g) 同一位置的切片图

图 4.8　不同凸松弛 (4-34) 和 (4-35) 下的去噪实验 “Strips-6” (莱斯噪声 ($\sigma=0.10$))

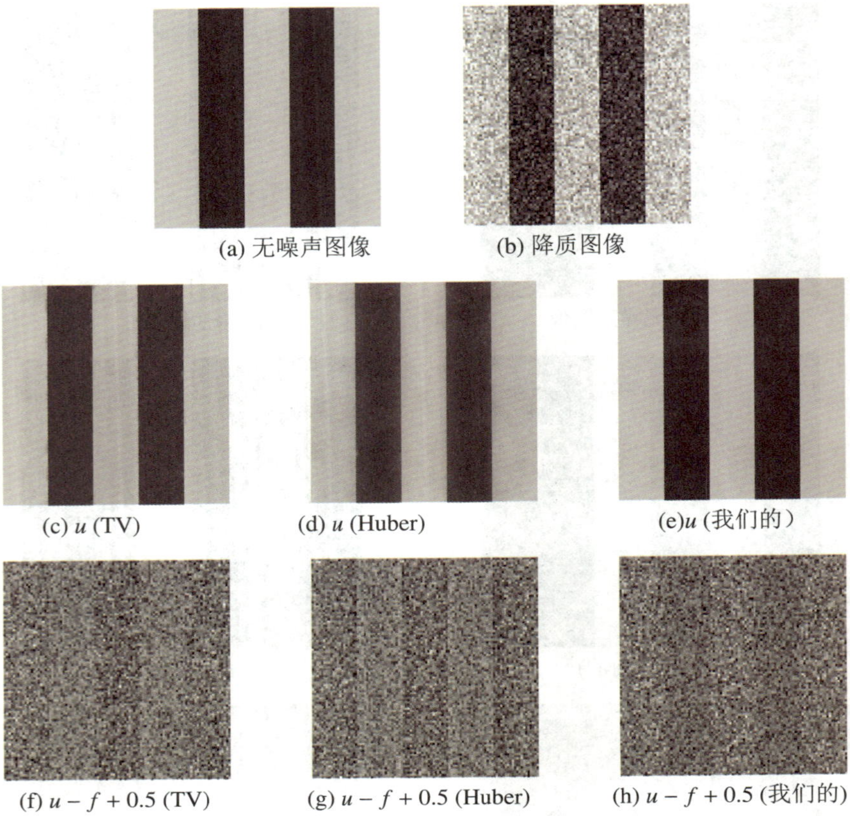

图 4.9　莱斯噪声 ($\sigma=0.15$) 下的去噪实验 “Strips-5”

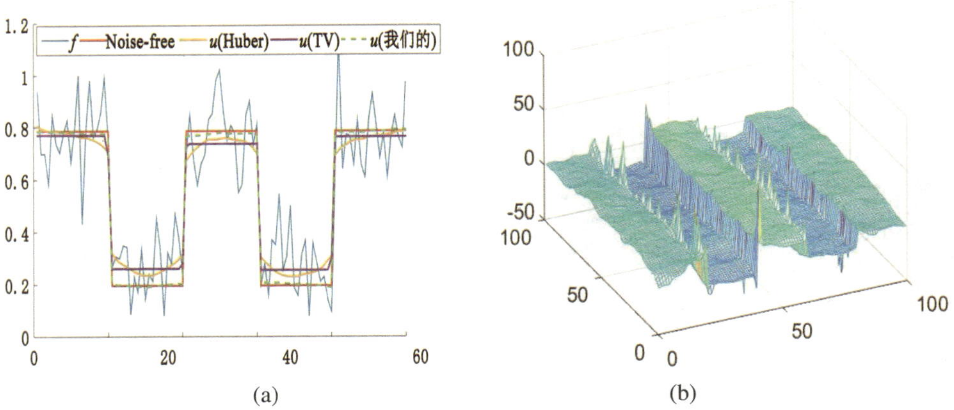

图 4.10　三种模型的效果比较

(a) 图像 “Strips-5” 同一位置处的切片图;

(b) 所提模型与 TV 模型恢复图像的差值

在图 4.10(a) 中, 我们展示了无噪声图像、噪声图像和恢复图像在同一位置的切片图，表明在保持图像对比度方面，我们所提模型比 TV 模型和 Huber 模型更具优势.在图 4.10(b)中, 我们展示了所提模型与 TV 模型的差值图像，表明我们的模型更有助于保持大的灰度跳跃.

接下来，我们将所提模型应用于被莱斯噪声 ($\sigma = 0.07$) 和大小为5、标准差为1 的高斯模型污染的真实图像 “R1”，如图 4.11所示.

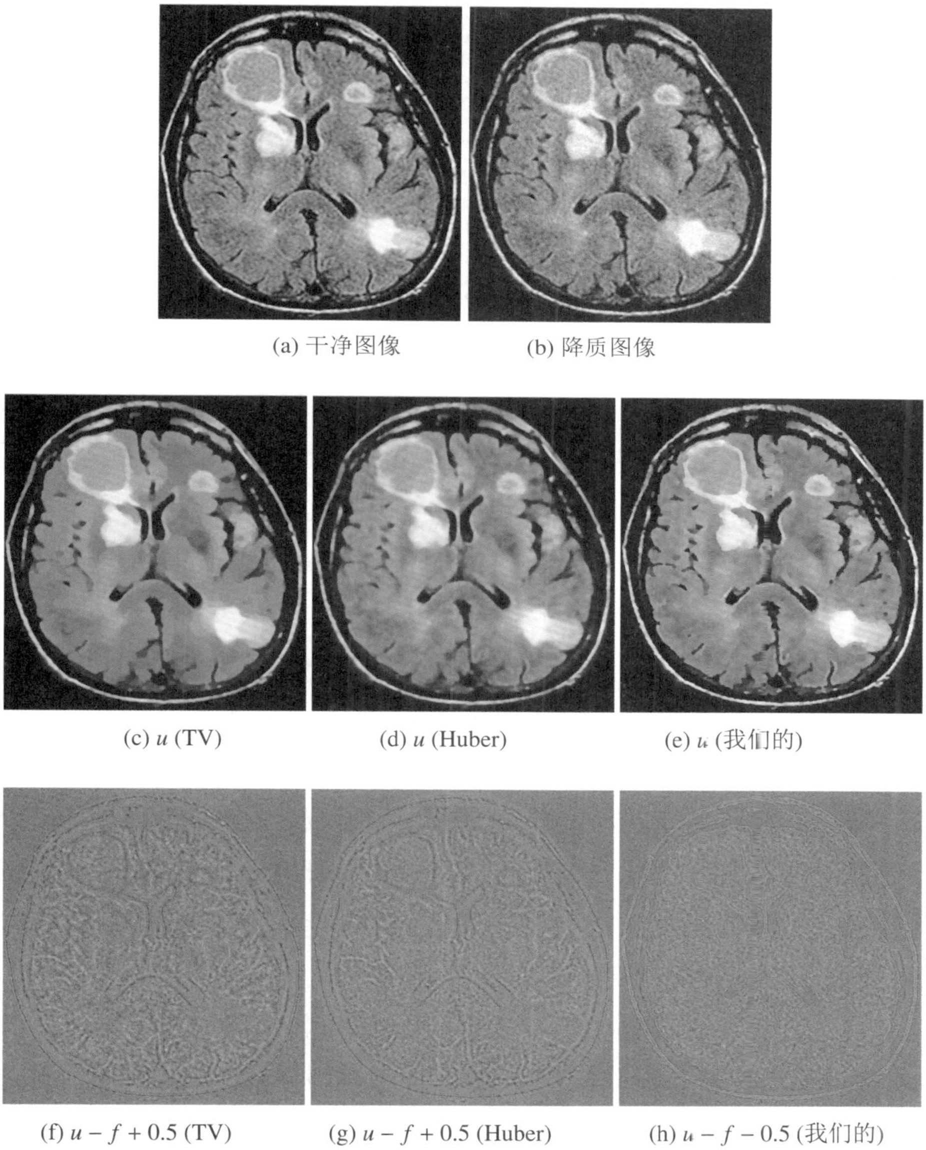

(a) 干净图像　(b) 降质图像

(c) u (TV)　(d) u (Huber)　(e) u (我们的)

(f) $u - f + 0.5$ (TV)　(g) $u - f + 0.5$ (Huber)　(h) $u - f - 0.5$ (我们的)

图 4.11　莱斯噪声 ($\sigma = 0.07$) 和高斯模型 (size= 5, $\sigma = 1$)下的图像恢复实验 “R1”

在这个实验中，我们设置$\lambda = 5.4, \gamma_1 = 20, \gamma_2 = 2, a = 0.022$. 通过对比可知所提模型与 TV 模型的区别主要表现在以下两个方面. 一是，所提模型和Huber模型可以成功地抑制阶梯效应. 这是由专门设计的正则项导致的，也就是说，所提模型的正则项在图像梯度变化相对较小的区域施加了吉洪诺夫正则项. 二是，所提模型能够保持锋利的边缘.这是因为，如前所述，相较于全变分正则项，我们的正则项在图像灰度梯度较大区域允许大的灰度跳跃. 换句话说，我们的模型有助于在图像修复过程中保持图像对比度. 这种奇特的特征有助于产生清晰的边界，从而大大减弱了恢复图像中的模糊效果，特别是图像边界的位置.

为了查看这些特征，我们在图 4.12中展示了图像 “R1”的放大部分(在第一列中用彩色矩形圈出). 这些放大的图像表明，所提模型可以改善阶梯效应并保留锋利的边缘.

为了展示所提模型和算法的收敛性，我们在图 4.13中给出了实验 “R1”的解 u^k的相对误差图像 (4-67)、能量$E(u^k)$ (由于 $E(u^k) < 0$, 作 $-\log(-E(u^k))$ 的图像), 关于 p 和 z 的相对残差 (4-63,4-64), 拉格朗日乘子 λ_1 和 λ_2 的相对误差 (4-65,4-66) 随迭代次数的变化.这些图说明了迭代过程的收敛性，因此我们可以近似得到增广拉格朗日泛函的鞍点或恢复模型的最小值点.

为了显示参数 a 对模型的影响，我们将模型应用于被莱斯噪声 ($\sigma = 0.03$) 和大小为 15 且标准差为 11 的高斯模糊污染的真实灰度图像 “M1”.我们在图 4.14中展示了不同参数 a 下的恢复图像和恢复图像的放大部分.当a从0.1减小到0.04时，图像中大脑的轮廓变得越来越清晰; 当 a 减小到 0.02 时，图像中的颞叶也变得清晰; 然而，当 a 继续减小到0.01 时，出现了明显的边界.事实上，当参数 a 减小时，区域 $|\nabla u| > a$ 变大，在这个区域上，我们的正则项呈现出比全变分更低的增长率，因此允许更大的跳跃，这比 TV 和 Huber 模型恢复出更清晰的图像，尤其是在边界处.此外，在区域 $|\nabla u| \leq a$ 上，我们的正则项是吉洪诺夫正则项，从而相较于TV 模型得到更光滑的解.

简而言之，模型中的a越小，图像对比度可以保留得越多.当然，如果参数 a 太小，则吉洪诺夫正则项将太弱而无法抑制阶梯效应.因此，选择相对较小的参数 a 将获得更令人满意的恢复图像.在这些实验中，我们使用参数 $\lambda = 80, \gamma_1 = 60, \gamma_2 = 20$.

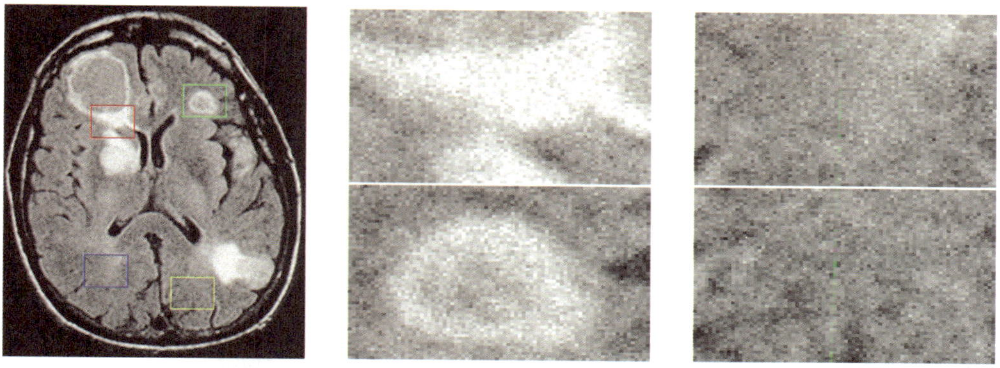

(a) 被莱斯噪声($\sigma = 0.07$) 和高斯模型 (size= 5, $\sigma = 1$) 污染的图像

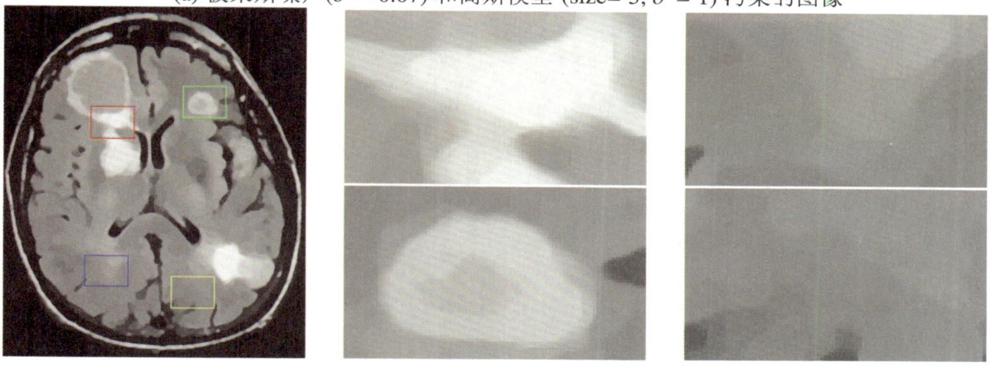

(b) 使用TV模型恢复的干净图像

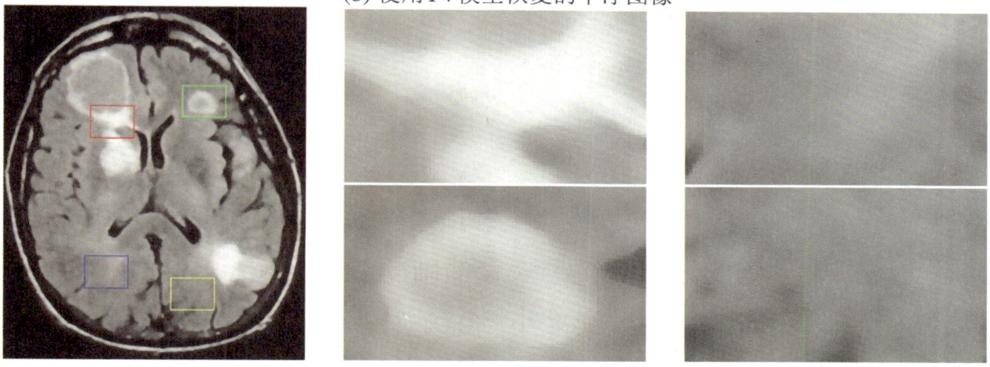

(c) 使用 Huber模型恢复的干净图像

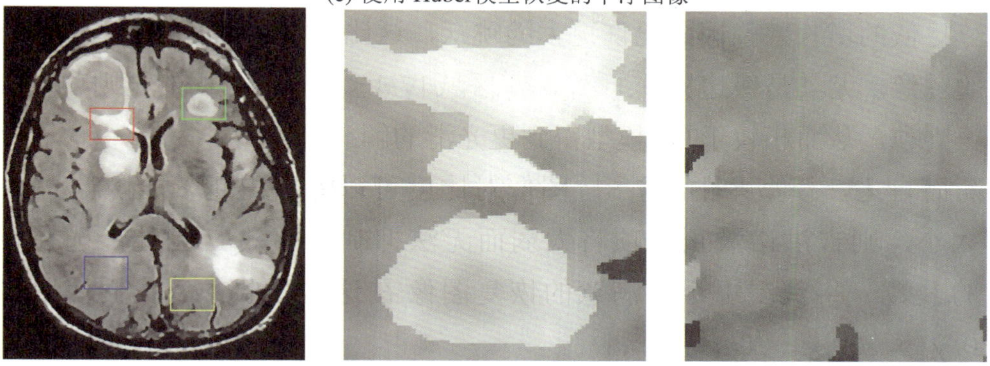

(d) 使用所提模型恢复的干净图像

图 4.12 图像"R1"的放大部分

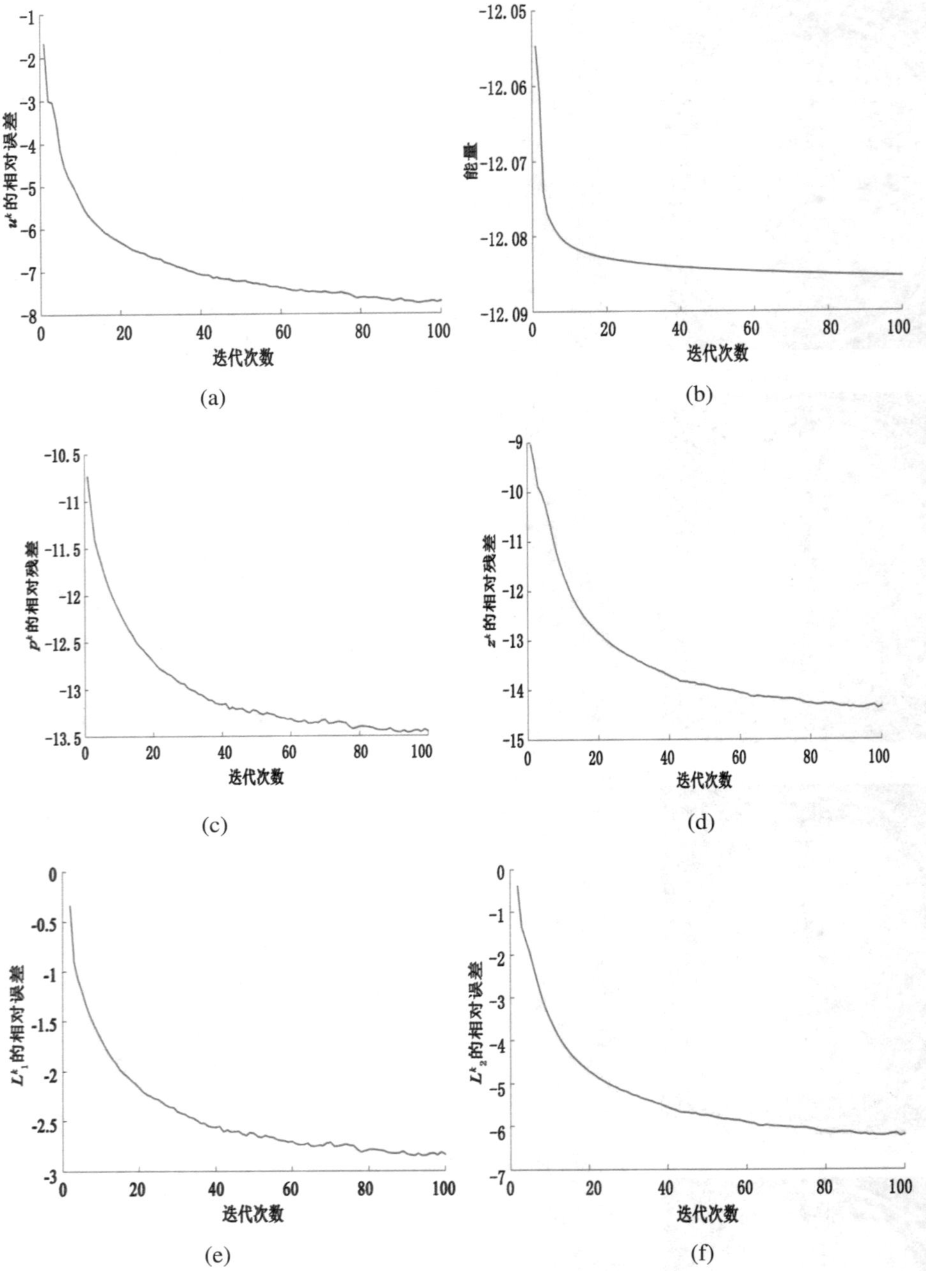

图 4.13　实验“R1” 中使用所提模型各种参数随迭代次数的变化图像

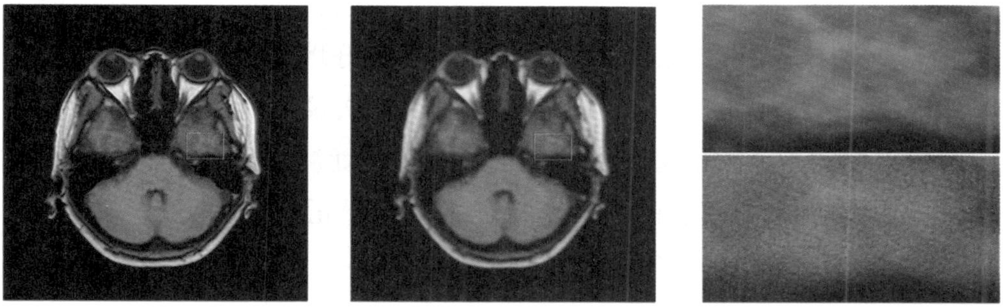

(a) 干净图像　　(b) 降质图像　　(c) 放大

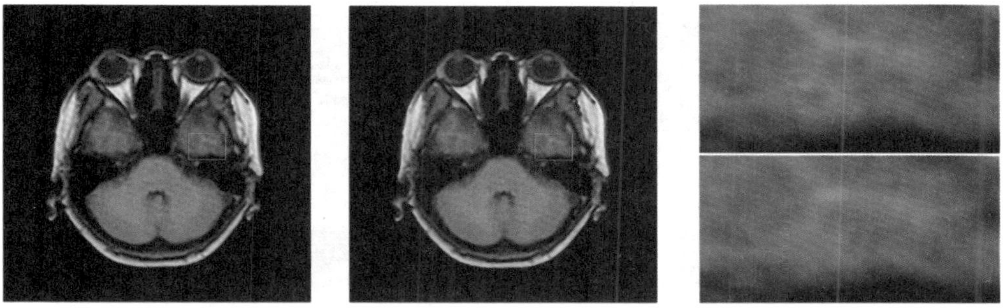

(d) u ($a = 0.1$)　　(e) u ($a = 0.07$)　　(f) 放大

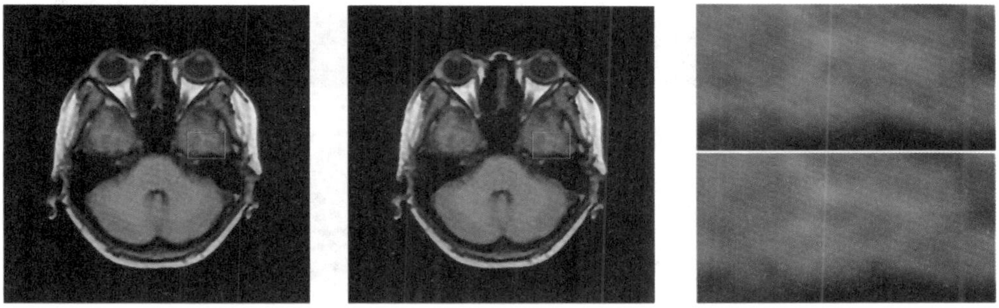

(g) u ($a = 0.04$)　　(h) u ($a = 0.03$)　　(i) 放大

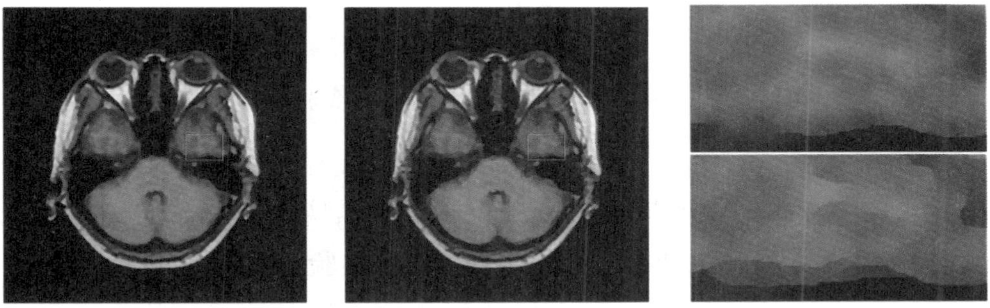

(j) u ($a = 0.02$)　　(k) u ($a = 0.01$)　　(l) 放大

图 4.14　莱斯噪声 ($\sigma = 0.03$) 和高斯模糊 (size= 15, $\sigma = 11$) 下的图像恢复实验 “M1”

然后，我们将所提模型应用于被莱斯噪声 ($\sigma = 0.10$)污染的名为 “Kodim” 的彩色图像，如图 4.15所示.我们将其与全变分模型和 Huber 模型的性能进行了对比.所有这些模型都产生了良好的结果.为了更好地进行比较，我们在第三行中显示了所获得图像的放大部分.通过对比，再次表明所提模型能够抑制阶梯效应，更重要的是，它能够还原锐利的边缘，从而减少所获得的干净图像中的模糊效应.我们提出的模型的这两个特征主要源于正则项.在这个实验中，我们使用参数 $\lambda = 3, \gamma_1 = 10, a = 0.03$.

(a) 无噪声图像　(b) 降质图像　(c) 放大
(d) u (TV)　(e) u (Huber)　(f) u (我们的)
(h) 放大(TV)　(i) 放大(Huber)　(k) 放大(我们的)

图 4.15　莱斯噪声 ($\sigma = 0.10$) 下的去噪实验 “Kodim”

在图 4.16中，我们将所提模型应用于另一个真实的彩色降质图像 “Kid”，并将其与全变分模型和 Huber 模型进行比较.该实验再次说明了所提模型的显著特点，即它比其他两个模型恢复了更多的图像对比度，从而产生了锐利清晰的边缘，更重要的是，我们的模型还原了更多的精细细节，并在很大程度上抑制了所获得的干净图像中的模糊效果.在这个实验中，我们使用

$\lambda = 10, \gamma_1 = 30, \gamma_2 = 2, a = 0.02$.

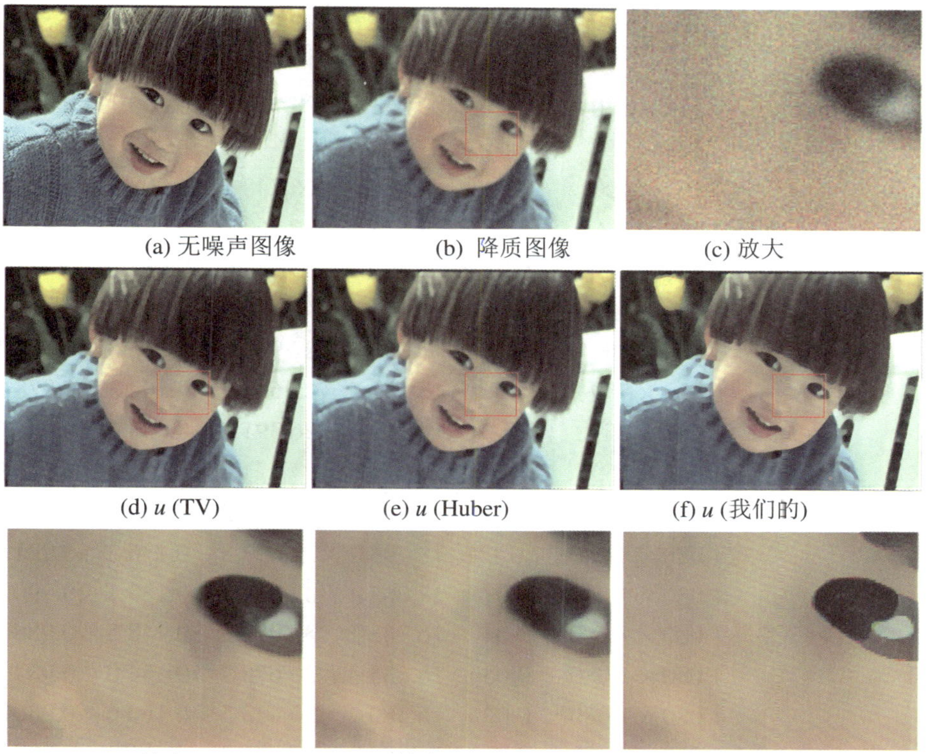

(a) 无噪声图像　(b) 降质图像　(c) 放大

(d) u (TV)　(e) u (Huber)　(f) u (我们的)

(h) 放大(TV)　(i) 放大(Huber)　(k) 放大(我们的)

图 4.16　莱斯噪声 ($\sigma = 0.05$) 和高斯模糊 (hsize= 21, $\sigma = 3$) 下的图像恢复实验 "Kid"

除了比较获得的干净图像外，我们还在表4.1中提供了评估这些降质图像和恢复图像质量的数量指标，包括 SNR、PSNR、MAE 和 SSIM.从以上实验可以看出，我们的模型处理后的图像总能得到较好的视觉效果，但相应的图像质量评价指标可能并不理想，包括SNR、PSNR、MAE和SSIM.由于这些质量评估指标是基于最小二乘的估计，因此它们更倾向于过度平滑的结果.

4.6　本章小结

本章中，我们简要介绍了几类优化算法，包括增广拉格朗日方法、交替方向乘子方法、惯性近端交替方向乘子方法、分裂布雷格曼方法.具体给出使用增广拉格朗日方法/交替方向乘子方法求解莱斯去噪和去模糊的优化模型.首先，我们提出一个新的莱斯去噪和去模糊的模型，采用了一个具有特殊设计的正则

表 4.1 使用不同模型和算法得到的恢复图像的SNR, PSNR, 和 MAE 的对比

图像	算法	大小	a	SNR	PSNR	MAE	SSIM
		120 × 120		9.303 3	19.763 4	0.340 4	0.926 3
Strips-6	Previous	120 × 120	0.01	20.933 5	29.357 5	0.106 1	0.991 0
	我们的	120 × 120	0.01	28.337 3	38.899 9	0.035 9	0.999 0
		100 × 100		6.465 3	16.748 1	0.208 8	0.882 4
Strips-5	TV	100 × 100		14.414 2	26.469 1	0.074 8	0.984 8
	Huber	100 × 100	0.02	12.807 7	25.078 6	0.085 6	0.978 4
	我们的	100 × 100	0.02	30.6102	41.461 1	0.011 8	0.999 6
		663 × 559		11.097 4	22.902 0	0.156 3	0.962 1
R1	TV	663 × 559		13.352 5	25.685 0	0.102 3	0.978 8
	Huber	663 × 559	0.022	14.110 6	26.391 7	0.093 4	0.982 0
	我们的	663 × 559	0.022	15.445 3	27.221 7	0.081 1	0.986 0
		1 080 × 1 080		12.058 5	26.034 2	0.338 2	0.956 3
		1 080 × 1 080	0.1	18.793 2	32.697 8	0.136 2	0.991 7
		1 080 × 1 080	0.07	18.065 4	32.031 7	0.139 1	0.990 5
M1	我们的	1 080 × 1 080	0.04	16.943 2	30.972 4	0.148 5	0.988 3
		1 080 × 1 080	0.03	16.635 3	30.675 2	0.154 0	0.987 6
		1 080 × 1 080	0.02	16.380 2	30.423 5	0.160 6	0.986 9
		1 080 × 1 080	0.01	16.709 9	30.726 3	0.161 4	0.987 7
		512 × 768 × 3		7.698 5	20.135 2	0.195 6	0.911 0
Kodim	TV	512 × 768 × 3		15.628 1	28.934 1	0.053 5	0.986 9
	Huber	512 × 768 × 3	0.03	16.156 2	29.390 8	0.050 6	0.988 3
	我们的	512 × 768 × 3	0.03	15.936 6	29.126 4	0.050 7	0.987 6
		512 × 768 × 3		10.231 0	22.188 4	0.149 8	0.954 5
Kid	TV	512 × 768 × 3		12.325 7	24.203 6	0.106 3	0.971 6
	Huber	512 × 768 × 3	0.02	12.435 8	24.309 9	0.104 9	0.972 3
	我们的	512 × 768 × 3	0.02	11.732 5	23.531 9	0.111 7	0.967 2

项，给出了保真项的一个更精确的凸近似，并对模型进行了理论分析；然后，我们使用增广拉格朗日方法/交替方向乘子方法求解所提模型，对于其中的子问题，采用了快速傅里叶变换方法和求封闭解的方法进行处理，并给出了算法的收敛性分析；最后，进行了数值实验，数值结果表明所提方法有助于抑制全变差模型带来的阶梯效应，并且能够保持尖锐的图像边界.

第 5 章　机器学习方法

5.1　机器学习方法简介

机器学习，就是让计算机具有像人一样的学习能力的技术，能够从堆积如山的数据（也称大数据）中寻找出有用知识的数据挖掘技术.机器学习的基本思想是通过让计算机系统从数据中学习模式和规律，从而实现对未知数据的预测或决策.机器学习的核心理念是利用数据来推导出模型，实现对数据的理解、分类、预测或决策.机器学习涉及计算机科学、统计学、数学、人工智能、模式识别、信息论、神经科学、工程学以及领域知识等多个学科，是一个多学科交叉的领域.

机器学习所研究的主要内容，是关于在计算机上从数据中产生“模型”的算法，即“学习算法”.机器学习方式大体可分为监督式学习、非监督式学习、半监督学习、强化学习和深度学习，具体的学习算法主要用于解决分类、回归、聚类、异常检测和降维.

监督式学习指根据具有明确标识的数据获得一个高准确率的预测模型.其中，准备数据然后获得预测模型的过程称为训练，输入的数据称为“训练数据”.在建立预测模型的时候，监督式学习通过对每一类训练数据进行分析，建立一个学习过程（训练过程），将预测结果与训练数据的实际结果进行对比，不断调整预测模型，直到模型的预测结果达到预期的准确率.监督式学习在手写文字识别、声音处理、图像处理、垃圾邮件分类与拦截、网页检索、基因诊断以及股票预测等方面都有着广泛的应用.这类机器学习的典型任务包括：预测数值型数据的回归、预测分类标签的分类、预测顺序的排序等.比较流行的监督式学习算法有：支持向量机、决策树、K近邻算法、逻辑回归、BP神经网络等.

非监督式学习是指对没有事先标记的样本集进行学习，挖掘数据集中的内在结构特性，根据其内在的结构，推出数据之间的联系，自动获得模型.非监督式学习可以作为监督式学习方法的前处理工具，在人造卫星故障诊断、视频分析、社交网络解析、声音信号解析、数据可视化等方面有广泛的应用.这类机器学习的典型任务有聚类、异常检测等.常见的非监督式学习算法有Apriori

算法、k-Means 算法、主成分分析算法和独立分量分析法等.但是在很多实际问题中，常常会出现只有少量数据带有标记，而大多数数据没有标记的情况，这样就使得能够同时利用标记样本和未标记样本的半监督式学习技术迅速地发展起来.

半监督式学习可以在监督式学习算法中加入无标记样本来增强有监督的学习效果，也可以在非监督式学习算法中加入有标记的样本来增强非监督式学习算法的效果.常见的半监督式学习算法有自训练算法、生成模型、图论推理算法和拉普拉斯支撑向量机等.

强化学习的基本思想是通过学习环境对系统的某种行为是强化还是弱化来动态调整系统参数，最终达到系统总体信号最大的目的.其学习过程就是在不断的尝试中慢慢探索出最佳的输入与输出关系.强化学习在机器人的自动控制、计算机游戏中的人工智能、市场战略的最优化及其他需要进行系统控制的领域有广泛的应用.在强化学习中经常使用回归、分类、聚类、降维等机器学习算法.常见的强化学习算法包括时间差分算法、Q 学习算法等.

深度学习的基本思想是通过构建多层神经网络来学习数据的分层表示，并通过大规模数据的训练和优化算法的迭代优化来提高模型性能，从而实现对复杂任务的高效学习和推理.深度学习在图像分类、目标检测、语义分割、图像生成、图像超分辨率重建、特征提取和图像分割等领域发挥着重要作用.常见的深度学习算法包括卷积神经网络、循环神经网络、长短期记忆网络、生成对抗网络、自编码器、深度信息网络等.

开发机器学习应用程序通常遵循以下步骤：(1)收集数据.(2)准备输入数据.(3)分析输入数据.(4)训练算法.机器学习从这一步开始学习.如果使用非监督式学习算法，由于不存在目标变量值，因此不需要训练算法.(5) 测试算法.这一步将使用训练算法获得的知识信息.(6)使用算法.将机器学习算法转换为应用程序，执行实际任务.

5.2 基于稀疏表示的图像去噪

5.2.1 基于K-SVD的图像去噪

图像去噪是图像处理中的一个经典问题.假设 $\boldsymbol{X}$ 是大小为 $\sqrt{N}\times\sqrt{N}$ 的未知干净图像，$\boldsymbol{Y}$ 是给定的被加性高斯白噪声污染的降质图像，其中加性高斯白噪声(additive white Gaussian noise, AWGN) $\boldsymbol{V} \in \mathbb{R}^{\sqrt{N}\times\sqrt{N}}$，则

$$\boldsymbol{Y} = \boldsymbol{X} + \boldsymbol{V}.$$

我们期望得到 $\hat{\boldsymbol{X}}$ - 给定降质图像 $\boldsymbol{Y}$ 下的 $\boldsymbol{X}$ 的最大似然估计值.很多方法或者模型已经被提出用于处理图像去噪问题，比如全变分模型[7]，小波变换方法[120]，各向异性扩散滤波[6]，Perona-Malik 滤波[4]和非线性扩散滤波[5] 等.本节，我们期望从稀疏表示的视角去处理图像去噪问题.

字典学习为一组训练图像补丁生成稀疏表示的想法已经在一系列的工作中进行了研究[121].给定一个字典 $\boldsymbol{D} \in \mathbb{R}^{n\times K}$ (其中 $K > n$，意味着它是冗余的) 包含原型信号原子 $\boldsymbol{d}_k \in \mathbb{R}^n, k = 1,\cdots,K$，稀疏表示的目标是将图像补丁 $\boldsymbol{x} \in \mathbb{R}^n$ 表示为少量原子 $\hat{\boldsymbol{x}} = \boldsymbol{D}\boldsymbol{\alpha}$ 的线性组合，其中 $\boldsymbol{\alpha} \in \mathbb{R}^K$ 是稀疏表示向量，$\|\boldsymbol{\alpha}\|_0 = m \ll n$ ($\|\cdot\|_0$ 是 ℓ_0 范数).通过稀疏表示进行图像去噪在Elad[122]的论文中首次进行了阐述.其关键思想是通过对图像重叠的局部补丁去噪来获得图像的全局去噪.它将 $\boldsymbol{R}_{ij}$ 定义为一个 $n\times N$ 的矩阵，该矩阵从列化图像 $\boldsymbol{Y}$ 的二维坐标 (i,j)[1] 处开始提取大小为 $\sqrt{n}\times\sqrt{n}$ 的图像补丁.通过扫描 $\boldsymbol{Y}$ 的坐标 (i,j), $\boldsymbol{R}_{ij}$ 可以提取并存储这些 $1\times n$ 的列向量.有两种方法可以获得合适的字典 $\boldsymbol{D}$.要么选择一种信号稀疏化的线性变换 (例如傅里叶变换、余弦变换、小波变换等)，要么从一组样本信号中训练字典.假设 $\boldsymbol{D}$ 是先验已知的，或者我们已经固定了它，那么从这些局部表示中为全局图像制定一个最大后验概率(maximum a posteriori probability, MAP)估计，

$$\begin{aligned}\left\{\hat{\boldsymbol{X}}, \hat{\boldsymbol{\alpha}}_{ij}\right\} = \quad & \arg\min_{X,\alpha_{ij}} \left\{\alpha\|\boldsymbol{Y}-\boldsymbol{X}\|_2 + \sum_{ij}\mu_{ij}\left\|\boldsymbol{\alpha}_{ij}\right\|_0\right. \\ & \left. + \sum_{ij}\left\|\boldsymbol{D}\boldsymbol{\alpha}_{ij} - \boldsymbol{R}_{ij}X\right\|_2\right\}.\end{aligned} \tag{5-1}$$

(5-1) 的解分两步得到.首先获得所有的局部稀疏表示.由于 X 是未知的，因此通过将 $\boldsymbol{Y}$ 看作 $\boldsymbol{X}$ 并适当选择 μ_{ij} 来获得稀疏近似,

$$\forall_{ij} \quad \hat{\boldsymbol{\alpha}}_{ij} = \arg\min_{\alpha_{ij}}\left\{\mu_{ij}\left\|\boldsymbol{\alpha}_{ij}\right\|_0 + \left\|\boldsymbol{D}\boldsymbol{\alpha}_{ij} - \boldsymbol{R}_{ij}\boldsymbol{Y}\right\|_2^2\right\}. \tag{5-2}$$

得到 $\left\{\forall_{ij}\hat{\boldsymbol{\alpha}}_{ij}\right\}$ 后，即可得到估计 $\hat{\boldsymbol{X}}$,

$$\hat{\boldsymbol{X}} = \arg\min_{\boldsymbol{X}}\left\{\lambda\|\boldsymbol{Y}-\boldsymbol{X}\|_2 + \sum_{ij}\left\|\boldsymbol{D}\hat{\boldsymbol{\alpha}}_{ij} - \boldsymbol{R}_{ij}X\right\|_2\right\}. \tag{5-3}$$

上述最小值问题的封闭形式解为

$$\hat{\boldsymbol{X}} = \left(\lambda \boldsymbol{I}_N + \sum_{ij} \boldsymbol{R}_{ij}^{\mathrm{T}} \boldsymbol{R}_{ij}\right)^{-1} \left(\lambda \boldsymbol{Y} + \sum_{ij} \boldsymbol{R}_{ij}^{\mathrm{T}} \boldsymbol{D} \hat{\boldsymbol{\alpha}}_{ij}\right),$$

其中， $\boldsymbol{R}_{ij}^{\mathrm{T}}$ 是矩阵 $\boldsymbol{R}_{ij}$ 的转置.它将图像补丁放回到空白图像的坐标 (i, j) 中，这是 $N \times 1$ 的列化形式.

假设 $\boldsymbol{D}$ 是要被训练的字典，那么 MAP 估计将变为如下形式

$$\left\{\hat{\boldsymbol{X}}, \hat{\boldsymbol{D}}, \boldsymbol{\alpha}_{ij}\right\} = \arg \min_{\boldsymbol{X}, \boldsymbol{D}, \boldsymbol{\alpha}_{ij}} \left\{\lambda \|\boldsymbol{Y} - \boldsymbol{X}\|_2 + \sum_{ij} \mu_{ij} \left\|\boldsymbol{\alpha}_{ij}\right\|_0 + \sum_{ij} \left\|\boldsymbol{D}\boldsymbol{\alpha}_{ij} - \boldsymbol{R}_{ij}\boldsymbol{X}\right\|_2\right\}. \tag{5-4}$$

这将是一个两阶段的迭代过程；一是稀疏表示阶段，二是字典更新阶段.稀疏表示的精确确定被证明是一个 NP-困难问题[123]，因此我们考虑其近似解，例如匹配追踪(matching pursuit, MP)[124]，正交匹配追踪(the orthogonal matching pursuit, OMP)[125]，基追踪(basis pursuit, BP)[126]，焦点欠确定系统求解器(focal underdetermined system solver, FOCUSS)[127]，最小最大凹惩罚(minimax-concave penalty, MCP)[128]，截断$-\ell^1$ (Cappedl$_1$, CL1) 惩罚[129]，平滑剪裁的绝对偏差(smoothly clipped absolute deviation, SCAD)[130]，和对数和惩罚(Log-Sum penalty, LSP)[131].

不同的算法已经被提出用于字典设计，比如推广 K-均值，最大似然方法[121]，优化算法[132]，最大后验概率方法[132]，基于正交基的方法[133]，K-SVD 算法[122,133](算法4)，K-均值的顺序泛化方法[134].

算法4: 基于 K-SVD 进行稀疏表示的图像去噪算法.

输入: 噪声图像$\boldsymbol{Y}$，块大小n，字典大小$\boldsymbol{K}$，字典训练的迭代次数$\boldsymbol{J}$，拉格朗日乘子λ，和噪声相关参数C.

输出: 去噪图像$\hat{\boldsymbol{X}}$，K-SVD 训练字典$\hat{\boldsymbol{D}}$.

步骤1：初始化: 令 $\boldsymbol{X} = \boldsymbol{Y}, \boldsymbol{D} =$ 大小为 $n \times K$ 的过完备 DCT 字典.

步骤2：重复 J 次:

◇ 稀疏编码阶段: 对每一个图像补丁 $\boldsymbol{R}_{ij}\boldsymbol{X}$，使用OMP (或者Cappedl$_1$，或者LASSO，或者LSP)方法计算表示向量 $\boldsymbol{\alpha}_{ij}$，去近似如下问题的解:

$$\boldsymbol{\alpha}_{ij} = \arg \min_{\boldsymbol{\alpha}_{ij}} \left\|\boldsymbol{\alpha}_{ij}\right\|_0 \text{ s.t. } \left\|\boldsymbol{R}_{ij}\boldsymbol{X} - \boldsymbol{D}\boldsymbol{\alpha}_{ij}\right\|_2^2 \leq (C\sigma)^2.$$

◇ 字典更新阶段: 对于 $\boldsymbol{D}$ 的每一列 $k=1,2,\cdots,K$，作如下更新:

- 查找使用原子的补丁集合，$w_k=\{(i,j)|\boldsymbol{\alpha}_{ij}(k)\neq 0\}$.

- 对于每个索引 $(i,j)\in w_k$，计算其稀疏表示误差

$$\boldsymbol{e}_{ij}^k=\boldsymbol{R}_{ij}\boldsymbol{X}-\sum_{l\neq k}\boldsymbol{d}_l\boldsymbol{\alpha}_{ij}(l).$$

- 通过堆叠 $\left\{\boldsymbol{e}_{i,j}^k\right\}_{(i,j)\in w_k}$ 形成误差矩阵 $\boldsymbol{E}^k$.

- 使用 SVD 分解 $\boldsymbol{E}^k=\boldsymbol{U\Delta V}^{\mathrm{T}}$.选择更新后的字典列 $\tilde{d}_k$ 作为 $\boldsymbol{U}$ 的第一列，更新系数值 $\{\boldsymbol{\alpha}_{ij}(k)\}_{(i,j)\in w_k}$ 为 $\boldsymbol{V}$ 乘以 $\boldsymbol{\Delta}(1,1)$.

步骤3：最终去噪:

◇ 对每一个提取的局部图像补丁 $\boldsymbol{R}_{ij}$X，使用 K-SVD 训练字典 $\hat{\boldsymbol{D}}$ 得到最终的稀疏表示向量 $\hat{\boldsymbol{\alpha}}_{ij}$.

$$\hat{\boldsymbol{\alpha}}_{ij}=\arg\min_{\boldsymbol{\alpha}_{ij}}\left\|\boldsymbol{\alpha}_{ij}\right\|_0 \quad \text{s.t.} \quad \left\|\boldsymbol{R}_{ij}\boldsymbol{X}-\hat{\boldsymbol{D}}\boldsymbol{\alpha}_{ij}\right\|_2^2\leq (C\sigma)^2.$$

◇ 估计

$$\hat{\boldsymbol{X}}=\left(\lambda\boldsymbol{I}_N+\sum_{ij}\boldsymbol{R}_{ij}^{\mathrm{T}}\boldsymbol{R}_{ij}\right)^{-1}\left(\lambda\boldsymbol{Y}+\sum_{ij}\boldsymbol{R}_{ij}^{\mathrm{T}}\hat{\boldsymbol{D}}\hat{\boldsymbol{\alpha}}_{ij}\right).$$

下面，我们将展示上述方法应用于测试图像的数值结果.我们测试在多组不同噪声水平下采用不同算法进行图像去噪的结果.在实验中，使用的字典大小为64×256，设计用于处理大小为8×8 像素的图像补丁，全局训练后得到的字典如图 5.1所示，该字典是由K-SVD算法(使用OMP进行稀疏编码)进行的训练.当对来自噪声图像本身的重叠补丁进行字典训练时，每个256×256的图像包括62 001个补丁.

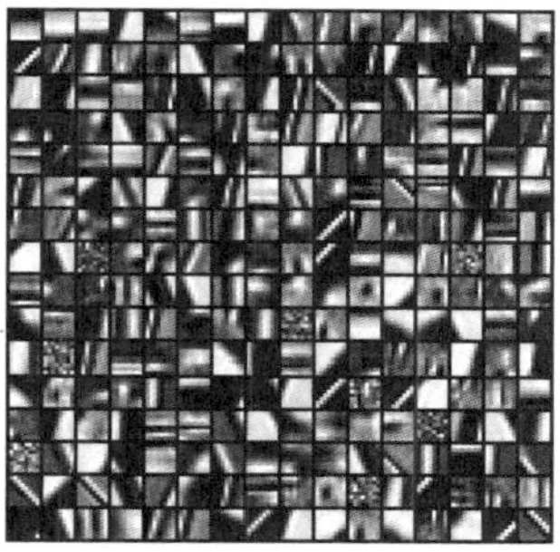

图 5.1　实验 “Cameraman”($\sigma=15$) - 训练字典

除了比较获得的干净图像外，我们还在表 5.1中提供了评估这些降质图像和恢复图像质量的数量指标——峰值信噪比.

表 5.1 使用不同方法去除不同水平的高斯噪声的峰值信噪比

	$\sigma = 5$				$\sigma = 15$			
	OMP	Cappedl$_1$	LASSO	LSP	OMP	Cappedl$_1$	LASSO	LSP
Barbara	36.01	36.28	36.64	36.48	28.87	28.05	26.80	27.49
House	36.53	36.75	36.70	36.75	28.34	28.08	27.34	27.73
C.man	36.38	37.03	36.91	37.07	28.02	27.81	27.86	27.93
Lena	36.66	37.14	37.14	37.10	29.57	29.09	28.10	28.48
Mandrill	35.13	35.13	35.13	35.19	25.07	24.36	23.30	23.78
Peppers	36.92	36.91	36.96	37.06	30.06	29.53	29.15	29.11
Average	36.27	36.54	36.58	36.61	28.32	27.82	27.09	27.42
	$\sigma = 25$				$\sigma = 50$			
	OMP	Cappedl$_1$	LASSO	LSP	OMP	Cappedl$_1$	LASSO	LSP
Barbara	27.98	25.29	23.19	24.80	25.15	25.33	23.81	25.01
House	27.39	25.08	22.49	23.43	24.89	25.01	24.03	24.38
C.man	26.08	26.29	25.46	25.93	24.09	24.43	24.22	24.66
Lena	28.57	27.13	24.08	23.89	25.48	25.62	23.43	24.64
Mandrill	24.52	23.06	22.96	22.97	22.85	22.85	22.21	22.82
Peppers	28.76	26.17	26.81	26.92	25.58	26.07	25.71	26.01
Average	27.22	25.50	24.17	24.66	24.67	24.89	23.90	24.59
	$\sigma = 75$				$\sigma = 100$			
	OMP	Cappedl$_1$	LASSO	LSP	OMP	Cappedl$_1$	LASSO	LSP
Barbara	22.74	22.92	22.82	22.96	21.12	21.15	21.10	21.00
House	22.63	22.74	22.65	22.56	20.85	20.84	20.91	20.95
C.man	22.02	22.52	22.28	22.58	20.54	20.70	21.02	20.90
Lena	23.16	23.29	23.40	23.28	21.26	21.28	21.45	21.23
Mandrill	21.38	21.35	21.74	21.39	20.06	20.11	20.18	20.02
Peppers	23.11	23.19	23.24	23.29	21.22	21.31	21.40	21.31
Average	22.51	22.67	22.69	22.68	20.84	20.90	21.01	20.90

我们在图 5.2中展示使用不同去噪方法(K-SVD方法中的稀疏编码步骤采

用OMP、Cappedl$_1$、LASSO和LSP)得到的去噪图像，从图像中可见，当图像中含有的噪声水平较低($\sigma < 50$) 时，采用OMP 进行稀疏编码得到的去噪图像的PSNR较高；而当图像中含有的噪声水平较高($\sigma \geq 50$)时，采用Cappedl$_1$、LASSO或LSP 进行稀疏编码得到的去噪图像的PSNR较高.但总体来看，在K-SVD方法中采用不同的稀疏编码方法，对图像去噪的效果影响不大.

我们使用OMP、Cappedl$_1$、LASSO和LSP进行了多组实验，将所得到的去噪图像的PSNR 取平均值，如图 5.3所示.我们发现，随着噪声水平的增加，PSNR提升得越少；四种不同算法对PSNR具有一致性的改进.

5.2.2 基于SGK的图像去噪

最大后验概率估计 (MAP) (5-1) 假定字典 $\boldsymbol{D}$ 是先验已知的，或我们事先将字典固定好了.因此，我们可通过如下两个步骤获得问题 (5-1) 的解：一是令 $\boldsymbol{X}=\boldsymbol{Y}$，计算字典的系数表示 $\left\{\forall_{ij}\hat{\boldsymbol{\alpha}}_{ij}\right\}$，二是通过 (5-3) 计算去噪图像 $\hat{\boldsymbol{X}}$.然而，我们也可以将字典 $\boldsymbol{D}$ 加入最大后验概率估计中，得到问题 (5-4).

就像相关文献[122]中一样，这将是一个两阶段的迭代过程；稀疏编码阶段之后是字典更新阶段.因此，我们取 $\boldsymbol{X}=\boldsymbol{Y}$ 和一个初始字典$\boldsymbol{D}$.通过沿着 $\boldsymbol{X}$ 的坐标扫描获得一组采样信号 $\boldsymbol{R}_{ij}$.SGK的目标是通过顺序更新每个信号原子 $\boldsymbol{d}_k$来最小化稀疏表示.在所提出的图像去噪框架中，稀疏表示误差表示为

$$\boldsymbol{e}_{ij}=\boldsymbol{R}_{ij}\boldsymbol{X}-\boldsymbol{D}\boldsymbol{\alpha}_{ij}=\boldsymbol{R}_{ij}\boldsymbol{X}-\sum_{l}\boldsymbol{d}_m\boldsymbol{\alpha}_{ij}(l),$$

其中 $\boldsymbol{\alpha}_{ij}(l)$ 是 $\boldsymbol{\alpha}_{ij}$ 的第 l^{th} 个分量. 我们可以通过叠加所有的 $\left\{\boldsymbol{e}_{ij}\right\}$ 形成一个误差矩阵 $\boldsymbol{E}$. 类似地，与信号原子 $\boldsymbol{d}_k$ 相对应的误差可以表示为

$$\boldsymbol{e}_{ij}^k=\boldsymbol{R}_{ij}\boldsymbol{X}-\sum_{l\neq k}\boldsymbol{d}_m\boldsymbol{\alpha}_{ij}(l)=\boldsymbol{e}_{ij}+\boldsymbol{d}_k\boldsymbol{\alpha}_{ij}(k).$$

我们叠加所有的 $\left\{\boldsymbol{e}_{ij}^k\right\}$ 形成误差矩阵 $\boldsymbol{E}^k$，同时形成一个包含所有 $\left\{\boldsymbol{\alpha}_{ij}(k)\right\}$ 的行向量 $\boldsymbol{a}_k$. 从而

$$\boldsymbol{E}^k=\boldsymbol{E}+\boldsymbol{d}_k\boldsymbol{a}_k \Longrightarrow \|\boldsymbol{E}\|_F^2=\left\|\boldsymbol{E}^k-\boldsymbol{d}_k\boldsymbol{a}_k\right\|_F^2.$$

(a) $\sigma = 5$

(b) $\sigma = 15$

(c) $\sigma = 25$

(d) $\sigma = 50$

(e) $\sigma = 75$

(f) $\sigma = 100$

图 5.2　不同方法下的图像去噪

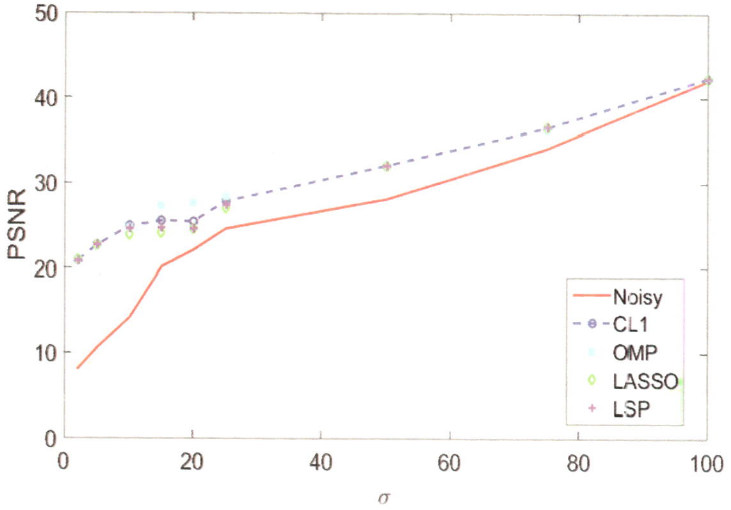

图 5.3　不同方法下的PSNR

K-均值的顺序泛化可以找到下面问题的解.

$$\boldsymbol{d}_k^{(t+1)} = \arg\min_{\boldsymbol{d}_k} \|\boldsymbol{E}\|_F^2 = \arg\min_{\boldsymbol{d}_k} \left\|\boldsymbol{E}^k - \boldsymbol{d}_k\boldsymbol{a}_k\right\|_F^2,$$

其有封闭解

$$\hat{\boldsymbol{d}}_k = \boldsymbol{E}^k\boldsymbol{a}_k^{\mathrm{T}}\left(\boldsymbol{a}_k\boldsymbol{a}_k^{\mathrm{T}}\right)^{-1}.$$

我们替换 $\boldsymbol{d} = \hat{\boldsymbol{d}}_k$，对所有的 K 原子继续该过程.为了更好地训练，SGK 过程可以重复几次.

算法5：基于SGK的稀疏表示的图像去噪

输入: 噪声图像 $\boldsymbol{Y}$，块大小n，字典大小K，字典训练的迭代次数J，拉格朗日乘子λ 和噪声相关参数C.

输出: 去噪图像$\hat{\boldsymbol{X}}$，SGK 训练字典$\hat{\boldsymbol{D}}$.

步骤1：初始化: 令 $\boldsymbol{X} = \boldsymbol{Y}$, $\boldsymbol{D} =$ 大小为 $n \times K$ 的过完备 DCT 字典.

步骤2：K-均值序列泛化: 重复 J 次 ⋄ 稀疏编码阶段: 对每一个图像补丁 $\boldsymbol{R}_{ij}\boldsymbol{X}$，使用任意的稀疏追踪算法计算表示向量 $\boldsymbol{\alpha}_{ij}$，去近似如下问题的解:

$$\boldsymbol{\alpha}_{ij} = \arg\min_{\boldsymbol{\alpha}_{ij}} \left\|\boldsymbol{\alpha}_{ij}\right\|_0 \text{ s.t. } \left\|\boldsymbol{R}_{ij}\boldsymbol{X} - \boldsymbol{D}\boldsymbol{\alpha}_{ij}\right\|_2^2 \leq (C\sigma)^2.$$

⋄ 字典更新阶段: 对于 $\boldsymbol{D}$ 的每一列 $k = 1, 2, \cdots, K$，作如下更新:

- 对于每个索引$(i, j) \in w_k$，$w_k = \{(i, j) \| \boldsymbol{\alpha}_{ij}(k) \neq 0\}$，计算其稀疏表示误差:

$$\boldsymbol{e}_{ij}^k = \boldsymbol{R}_{ij}\boldsymbol{X} - \sum_{l \neq k} \boldsymbol{d}_l \boldsymbol{\alpha}_{ij}(l).$$

- 通过堆叠 $\left\{\boldsymbol{e}_{i,j}^k\right\}$形成误差矩阵 $\boldsymbol{E}^k$，并且堆叠相关联的系数 $\left\{\boldsymbol{\alpha}_{ij}(k)\right\}$ 形成向量 $\boldsymbol{a}_k$.

- 更新原子 $\hat{\boldsymbol{d}}_k = \boldsymbol{E}^k \boldsymbol{a}_k^{\mathrm{T}} / \left(\boldsymbol{a}_k \boldsymbol{a}_k^{\mathrm{T}}\right)$ (SGK 公式)，指定 $\boldsymbol{d}_k = \hat{\boldsymbol{d}}_k$.

步骤3：最终去噪:

◇ 使用SGK训练字典 $\hat{\boldsymbol{D}}$，对每一个提取的局部图像补丁 $\boldsymbol{R}_{ij}$X，得到最终的稀疏表示向量 $\hat{\boldsymbol{\alpha}}_{ij}$.

$$\hat{\boldsymbol{\alpha}}_{ij} = \arg\min_{\boldsymbol{\alpha}_{ij}} \left\|\boldsymbol{\alpha}_{ij}\right\|_0 \quad \text{s.t.} \quad \left\|\boldsymbol{R}_{ij}\boldsymbol{X} - \hat{\boldsymbol{D}}\boldsymbol{\alpha}_{ij}\right\|_2^2 \leq (C\sigma)^2.$$

◇ 估计

$$\hat{\boldsymbol{X}} = \left(\lambda \boldsymbol{I}_N + \sum_{ij} \boldsymbol{R}_{ij}^T \boldsymbol{R}_{ij}\right)^{-1} \left(\lambda \boldsymbol{Y} + \sum_{ij} \boldsymbol{R}_{ij}^T \hat{\boldsymbol{D}} \hat{\boldsymbol{\alpha}}_{ij}\right).$$

我们将SGK算法与K-SVD算法同时用于噪声水平为$\sigma = 100$ 的图像"Montage"，如图5.4所示.数值结果表明SGK算法可以得到与K-SVD算法相同的去噪效果.

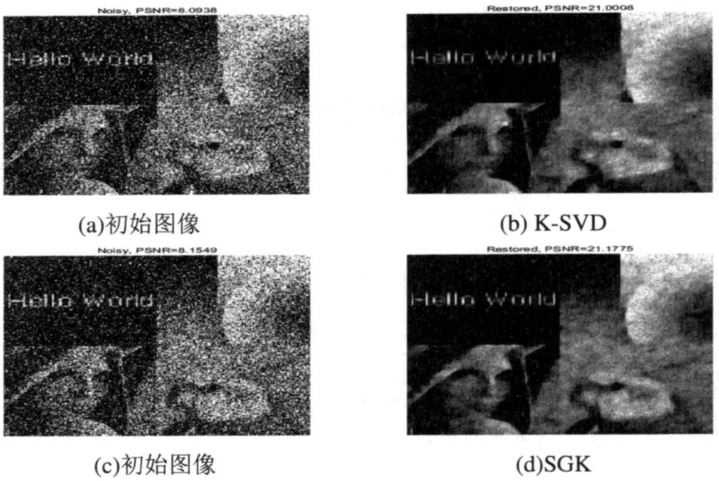

(a)初始图像　(b) K-SVD

(c)初始图像　(d)SGK

图 5.4　使用 K-SVD 和 SGK 进行图像去噪

5.3 本章小结

在本章中，我们简要介绍了机器学习方法和基于稀疏表示的图像去噪算法，具体给出使用K-SVD算法和SGK算法求解高斯去噪优化问题的数值算法.具体对比了在K-SVD算法中采用不同的稀疏编码方式，如正交匹配追踪、截断L_1惩罚、对数惩罚等，得到的图像去噪结果.

参考文献

[1] XIE S, RAHARDJA S. Alternating direction method for balanced image restoration[J]. IEEE Transactions on image processing, 2012, 21(11): 4557-4567.

[2] ALI F E, EL-DOKANY I M, SAAD A A, et al. Curvelet fusion of MR and CT images[J]. Progress in electromagnetics research c, 2008, 3: 215-224.

[3] MA J, PLONKA G. The curvelet transform[J]. IEEE Signal processing magazine, 2010, 27(2): 118-133.

[4] PERONA P, MALIK J. Scale-space and edge detection using anisotropic diffusion[J]. IEEE Transactions on pattern analysis and machine intelligence, 1990, 12(7): 629-639.

[5] LOPEZ-MOLINA C, GALAR M, BUSTINCE H, et al. On the impact of anisotropic diffusion on edge detection[J]. Pattern recognition, 2014, 47(1): 270-281.

[6] GERIG G, KUBLER O, KIKINIS R, et al. Nonlinear anisotropic filtering of MRI data[J]. IEEE Transactions on medical imaging, 1992, 11(2): 221-232.

[7] RUDIN L I, OSHER S, FATEMI E. Nonlinear total variation based noise removal algorithms[J]. Physica D: nonlinear phenomena, 1992, 60(1-4): 259-268.

[8] MARTIN A, GARAMENDI J, SCHIAVI E. MRI TV-rician denoising[C]//International Joint Conference on Biomedical Engineering Systems and Technologies, Springer, Berlin, Heidelberg, 2012.

[9] GETREUER P, TONG M, VESE L A. A variational model for the restoration of MR images corrupted by blur and Rician noise[C]//International Symposium on Visual Computing, Springer, Berlin, Heidelberg, 2011.

[10] Martín A, Schiavi E. Automatic total generalized variation-based DTI Rician de-

noising[C] //International Conference Image Analysis and Recognition, Springer, Berlin, Heidelberg, 2013.

[11] Martín A, Schiavi E, León S. On 1-Laplacian elliptic equations modeling magnetic resonance image rician denoising[J]. Journal of mathematical imaging and vision, 2017, 57(2): 202-224.

[12] MODICA L. The gradient theory of phase transitions and the minimal interface criterion[J]. Archive for rational mechanics and analysis, 1987, 98(2): 123-142.

[13] CHAN T, GOLUB G, MULET P. A nonlinear primal-dual method for total variation-based image restoration[J]. SIAM Journal on scientific computing, 1999, 20(6): 1964-1977.

[14] ZHU M, WRIGHT S, CHAN T. Duality-based algorithms for total-variation-regularized image restoration[J]. Computational optimization and applications, 2010, 47(3): 377-400.

[15] CHAMBOLLE A. An algorithm for total variation minimization and applications[J]. Journal of mathematical imaging and vision, 2004, 20(1): 89-97.

[16] OSHER S, BURGER M, GOLDFARB D, et al. An iterative regularization method for total variation based image restoration[J]. Multiscale modeling and simulation, 2005, 4(2): 460-489.

[17] WU C, TAI X C. Augmented Lagrangian method, dual methods, and split Bregman iteration for ROF, vectorial TV, and high order models[J]. SIAM Journal on imaging sciences, 2010, 3(3): 300-339.

[18] HAN H, HUANG Z. The Tailored finite point method[J]. Computational methods in applied mathematics, 2014, 14(3): 321-345.

[19] HAN H, HUANG Z, KELLOGG R B. A tailored finite point method for a singular perturbation problem on an unbounded domain[J]. Journal of scientific computing, 2008, 36(2): 243-261.

[20] HAN H, HUANG Z. Tailored finite point method based on exponential bases for convection diffusion-reaction equation[J]. Mathematics of computation, 2013, 82(281): 213-226.

[21] HUANG Z, YANG Y. Tailored finite point method for parabolic problems [J]. Computational methods in applied mathematics, 2016, 16(4): 543-562.

[22] HUANG Z, LI Y. Monotone finite point method foe non-equilibrium radiation diffusion equations[J]. BIT Numerical mathematics, 2016, 56(2): 659-679.

[23] HERMAN G,KONG T,CIESIELSKI K.Fuzzy connectedness segmentation:a brief presentation of the literature[C] //International Workshop on Combinatorial Image Analysis,Springer,Cham,2015.21-30.

[24] KASS M,WITKIN A,TERZOPOULOS D.Snakes:Active contour models [J].International journal of computer vision,1988,1(4):321-331.

[25] CHAN T, VESE L A. Active contours without edges [J]. IEEE Transactions on image processing,2001,10(2):266-277.

[26] CASELLES V,KIMMEL R,SAPIRO G.Geodesic active contours[J].International journal of computer vision,1997,22(1):61-79.

[27] GOMAN C,SERRIN J.Sublinear functions of measures and variational integrals[J].Duke mathematical journal,1964,31(1):159-178.

[28] MUMFORD D,SHAH J.Optimal approximations by piecewise smooth functions and associated variational problems[J].Communications on pure and applied mathematics,1989,42(5):577-685.

[29] DAL MASO G,MOREL J,SOLIMINI S.A variational method in image segmentation:existence and approximation results[J].Acta mathematica,1992,168(1):89-151.

[30] VALKONEN T,BREDIES K,KNOLL F.Total generalized variation in diffusion tensor imaging[J].SIAM Journal on imaging sciences,2013,6(1):487-525.

[31] OSHER S,SETHIAN J A.Fronts propagating with curvature-dependent speed:algorithms based on Hamilton-Jacobi formulations[J].Journal of computational physics,1988,79(1):12-49.

[32] VESE L,CHAN T.Amultiphase level set framework for image segmentation using the Mumford and Shah model[J].International journal of computer vision,2002,50(3):271-293.

[33] MERRIMAN B,BENCE J K,OSHER S.Diffusion generated motion by mean curvature[D].Los Angeles :Department of Mathematics,University of California,1992.

[34] ESEDOḠLU S,TSAI Y H R.Thewshold dynamics for the piecewise constant Mumford-Shah functional[J].Journal of computational physics,2006,211(1):367-384.

[35] CHEN Y,TAGARE H D,THIRUVENKADAM S,et al.Using prior shapes in geometric active contours in a variational framework[J].International journal of computer vision,2002,50(3):315-328.

[36] ZHU W, TAI X C, CHAN T. Image Segmentation using Euler's elastica as the regularization[J]. Journal of scientific computing, 2013, 57(2): 414-438.

[37] BAE E, TAI X C, ZHU W. Augmented Lagrangian method for an Euler's elastica based segmentation model that promotes convex contours[J]. Inverse problems and imaging, 2017, 11(1): 1-23.

[38] NITZBERG M, MUMFORD D, SHIOTA T. Filtering, segmentation and depth[M]. Berlin: Springer-Verlag, 1993.

[39] TAI X, HAHN J, CHUNG G J. A fast algorithm for Euler's Elastica model using augmented Lagrangian method[J]. SIAM Journal on imaging sciences, 2011, 4(1): 313-344.

[40] SHEN J, KANG S H, CHAN T F. Euler's Elastica and curvature-based inpainting[J]. SIAM Journal on applied mathematics, 2003, 63(2): 564-592.

[41] BERTALMIO M, SAPIRO G, CASELLES V, et al. Image inpainting[C] // Proceedings of the 27th Annual Conference on Computer Graphics and Interactive Techniques, 2000.

[42] SHEN J, CHAN T F. Mathematicalmodelsforlocal nontexture inpaintings [J]. SIAM Journal on applied mathematics, 2002, 62(3): 1019-1043.

[43] ESEDOḠLU S, SHEN J. Digital inpainting based on the Mumford-Shah-Euler image model[J]. European journal of applied mathematics, 2002, 13(4): 353-370.

[44] BERTOZZI A, ESEDOGLU S, GILLETTE A. Analysis of a two-scale Cahn-Hilliard model for binary image inpainting[J]. Multiscale modeling and simulation, 2007, 6(3): 913-936.

[45] CAHN J W, HILLIARD J E. Free energy of a nonuniform system[J]. The journal of chemical physics, 1958, 28(2): 258-267.

[46] TAYLOR J E, CAHN J W. Linking anisotropic sharp and diffuse surface motion laws via gradient flows[J]. Journal of statistical physics, 1994, 77(1-2): 183-197.

[47] CRIMINISI A, PÉREZ P, TOYAMA K. Region filling and object removal by exemplar-based image inpainting[J]. IEEE Transactions on image processing, 2004, 13(9): 1200-1212.

[48] TANG F, YING Y, WANG J, et al. A novel texture synthesis based algorithm for object removal in photographs[C] // Advances in Computer Sci-

ence Springer Berlin Heidelberg,2004.

[49] CHENG W H,HSIEH C W,LIN S K,et al.Robustalgorithmforexemplar-based image inpainting[C] //Proceedings of International Conference on Computer Graphics,Imaging and Visualization,2005.

[50] ANBARJAFARI G,DEMIREL H.Image super resolution based on interpolation of wavelet domain high frequency subbands and the spatial domain input image[J].ETRI Journal,2010,32(3):390-394.

[51] DENG L J,GUO W,HUANG T Z.Single-image super-resolution via an iterative reproducing kernel Hilbert space method[J].IEEE Transactions on circuits and systems for video technology,2015,26(11):2001-2014.

[52] TSAI R Y,HUANG T S.Multiframe image restoration and registration[J].Multiframe image restoration and registration,1984,1:317-339.

[53] RHEE S,KANG M G.Discrete cosine transform based regularized high-resolution image reconstruction algorithm[J].Optical engineering,1999,38(8):1348-1356.

[54] MALLAT S. A wavelet tour of signal processing [M]. NewYork: Elsevier,1999.

[55] CAI J F,OSHER S,SHEN Z.Convergence of the linearized Bregman iteration for L_1-norm minimization[J].Mathematics of computation,2009,78(268):2127-2136.

[56] HOU L,ZHANG X.Pansharpening image fusion using cross-channel correlation:A framelet-based approach[J].Journal of mathematical imaging and vision,2016,55(1):36-49.

[57] LIU J,ZHANG X,DONG B,et al.A wavelet frame method with shape prior for ultrasound video segmentation[J].SIAM Journal on imaging sciences,2016,9(2):495-519.

[58] HAN J K,KIM H M.Modified cubic convolution scaler with minimum loss of information[J].Optical engineering,2001,40(4):540-546.

[59] RAMPONI G.Warped distance for space-variant linear image interpolation [J].IEEE Transactions on image processing,1999,8(5):629-639.

[60] ASHIBA H I,AWADALLA K H,EL-HALFAWY S M,et al.Adaptive least squares interpolation of infrared images[J].Circuits,systems,and signal processing,2011,30(3):543-551.

[61] EL-KHAMY S E, HADHOUD M M, DESSOUKY M I, et al. Optimization of image interpolation as an inverse problem using the

LMMSE algorithm[C] //Proceedings of the 12th IEEE Mediterranean Electrotechnical Conference(IEEE Cat.No.04CH37521),2004.

[62] EL-KHAMY S E,HADHOUD M M,DESSOUKY M I,et al.Effcient implementation of image interpolation as an inverse problem[J]. Digital signal processing,2005,15(2):137-152.

[63] LERTRATTANAPANICH S, BOSE N K. High resolution image formation from low resolution frames using Delaunay triangulation[J]. IEEE Transactions on image processing,2002,11(12):1427-1441.

[64] KNUTSSON H, WESTIN C F. Normalized and differential convolution [C] // Proceedings of IEEE Conference on Computer Vision and Pattern Recognition,1993.

[65] TAKEDA H,FARSIU S,MILANFAR P.Kernel regression for image processing and reconstruction[J]. IEEE Transactions on image processing, 2007,16(2):349-366.

[66] IRANI M, PELEG S. Improving resolution by image registration[J]. Graphical models and image processing,1991,53(3):231-239.

[67] TIPPING M E,BISHOP C M.Bayesian image super-resolution[C]//Advances in Neural Information Processing Systems,2003.

[68] SCHULTZ R R,STEVENSON R L.A Bayesian approach to image expansion for improved definition[J]. IEEE Transactions on image processing, 1994, 3 (3):233-242.

[69] FARSIU S,ROBINSON M D,ELAD M,et al.Fast and robust multiframe super resolution[J]. IEEE Transactions on image processing, 2004, 13 (10):1327-1344.

[70] BREDIES K,KUNISCH K,POCK T.Total generalized variation[J].SIAM Journal on imaging sciences,2010,3(3):492-526.

[71] TONG W,TAI X.Avariational approach for detecting feature lines on meshes[J].Journal of computational mathematics,2016,34(1):87-112.

[72] MARQUINA A,OSHER S J.Image super-resolution by TV-regularization and Bregman iteration[J].Journal of scientific computing, 2008, 37(3): 367-382.

[73] CHAN T F,MARQUINA A,MULET P.High-order total variation-based image restoration[J].SIAM Journal on scientific computing,2000,22(2): 503-516.

[74] ZHU W.A first-order image denoising model for staircase reduction[J].

Advances in computational mathematics,2019,45(5):3217-3239.
[75] CHEN Y, YU W, POCK T. On learning optimized reaction diffusion processes for effective image restoration[C] //Proceedings of the IEEE Conference on Computer Vision and Pattern Recognition,2015.
[76] YANG J, WRIGHT J, HUANG T S. Image super-resolution via sparse representation[J].IEEE Transactions on image processing,2010,19(11):2861-2873.
[77] DONG C, LOY C C, HE K, et al. Learning a deep convolutional network for image super-resolution[C] //13th European Conference on Computer Vision-ECCV, Zurich, Switzerland, 2014.
[78] KIM J, KWON L J, MU L K. Accurate image super-resolution using very deep convolutional networks[C] // Proceedings of the IEEE Conference on Computer Vision and Pattern Recognition, 2016.
[79] ZHANG X, LU Y, LIU J, et al. Dynamically unfolding recurrent restorer: A moving endpoint control method for image restoration [J]. arXiv preprint:1805.07709,2018.
[80] SHAHAM T R, DEKEL T, MICHAELI T. Singan: Learning a generative model from a single natural image[C] //Proceedings of the IEEE/CVF International Conference on Computer vision,2019.
[81] ZHANG H, DONG B, LIU B. JSR-Net: a deep network for joint spatial-radon domain CT reconstruction from incomplete data[C]//ICASSP 2019—2019 IEEE International Conference on Acoustics, Speech and Signal Processing (ICASSP), Brighton, UK, 2019.
[82] LIU J, WANG X, TAI X. Deep convolutional neural networks with spatial regularization, volume and star-shape priori for image segmentation[J]. arXiv preprint:2002.03989,2020.
[83] MA J, CHEN C, LI C, et al. Infrared and visible image fusion via gradient transfer and total variation minimization[J]. Information fusion,2016,31:100-109.
[84] BURT P J, ADELSON E H. The Laplacian pyramid as a compact image code[M]. Morgan Kaufmann: Readings in computer vision,1987.
[85] WANG W, CHANG F. A multi-focus image fusion method based on Laplacian pyramid[J]. Journal of computers,2011,6(12):2559-2566.
[86] TOET A. Image fusion by a ratio of low-pass pyramid[J]. Pattern recognition letters,1989,9(4):245-253.

[87] CHIPMAN L J,ORR T M,GRAHAM L N.Wavelets and image fusion [C] //Proceedings International Conference on Image Processing, Washington,DC,USA,1995.

[88] LEWIS J J,O'CALLAGHAN R J,NIKOLOV S G,et al.Pixel-and region-based image fusion with complex wavelets[J].Information fusion,2007,8(2):119-130.

[89] KINGSBURY N.Image processing with complex wavelets[J].Mathematical,physical and engineering sciences,1999,357(1760):2543-2560.

[90] NENCINI F,GARZELLI A,BARONTI S,et al.Remote sensing image fusion using the curvelet transform[J]. Information fusion, 2007, 8(2): 143-156.

[91] HARIHARAN H,KOSCHAN A,ABIDI M.The direct use of curvelets in multifocus fusion[C] //2009 16th IEEE International Conference on Image Processing (ICIP),Cairo,Egypt,2009.

[92] NAIDU V.Image fusion technique using multi-resolution singular value decomposition[J].Defence science journal,2011,61(5):479-484.

[93] LI S,KANG X,HU J.Image fusion with guided filtering[J].IEEE Transactions on image processing,2013,22(7):2864-2875.

[94] DA CUNHA A L,ZHOU J,DO M N.Nonsubsampled contourilet transform:filter design and applications in denoising[C] //IEEE International Conference on Image Processing,Genova,Italy,2005.

[95] DA CUNHA A L, ZHOU J, DO M N. The nonsubsampled contourlet transform: theory, design, and applications [J]. IEEE Transactions on image processing,2006,15(10):3089-3101.

[96] MA Y,CHEN J,CHEN C,et al.Infrared and visible image fusion using total variation model[J].Neurocomputing,2016,202:12-19.

[97] LYSAKER M, LUNDERVOLD A, TAI X C. Noise removal using fourth-order partial differential equation with applications to medical magnetic resonance images in space and time[J].IEEE Transactions on image processing, 2003,12:1579-1590.

[98] ZHU W,TAI X C.Image denoising using mean curvature of image surface [J].SIAM Journal on imaging sciences,2012,5(1):1-32.

[99] HUBER P J. Robust estimation of a location parameter[J]. Annals of mathematical statistics,1964,35(1):73-101.

[100] NIKOLOVA M,NG M K.Analysis of half-quadratic minimization meth-

ods for signal and image recovery[J].SIAM Journal on scientific computing,2005,27(3):937-966.

[101] LANDWEBER L.An iteration formula for Fredholm integral equations of the first kind[J]. American journal of mathematics, 1951, 73(3): 615-624.

[102] TIKHONOV A N.On the solution of ill-posed problems and the method of regularization[J].Doklady akademii nauk,1963,151(3):501-504.

[103] LIU R,SHI L,HUANG W,et al.Generalized total variation-based MRI Rician denoising model with spatially adaptive regularization parameters [J].Magnetic resonance imaging,2014,32(6):702-720.

[104] MEYER Y.Oscillating patterns in image processing and nonlinear evolution equations:the fifteenth Dean Jacqueline B.Lewis memorial lectures [M].Boston:American Mathematical Society,2001.

[105] BELLETTINI G,CASELLES V,NOVAGA M.The total variation flow in R^n[J].Journal of differential equations,2002,184(2):475-525.

[106] ZHU W,TAI X,CHAN T.Augmented Lagrangian method for a mean curvature based image denoising model [J]. Inverse problems and imaging,2013,7(4):1409-1432.

[107] CHERFILS L,FAKIH H,MIRANVILLE A.A complex version of the Cahn-Hilliard equation for grayscale image inpainting [J]. Multiscale modeling and simulation,2017,15(1):575-605.

[108] DEMENGEL F,TEMAM R.Convex functions of a measure and applications[J].Indiana university mathematics journal,1984,33(5):673-709.

[109] BOVIK A.Handbook of image and video processing[M].New York:Academic,2010.

[110] GETREUER P, TONG M, VESE L. Total variation based Rician denoising and deblurring model[C] //UCLA CAM Report, 2011, 11 (67).

[111] AUBERT G,KORNPROBST P.Mathematical problems in image processing:partial differential equations and the calculus of variations[M]. Berlin:Springer Science and Business Media,2006.

[112] HUANG Z,LI Y.Monotone finite point method for non-equilibrium radiation diffusion equations[J].BIT Numerical mathematics,2016,56(2): 659-679.

[113] BOYD S,PARIKH N,CHU E,et al.Distributed optimization and statis-

tical learning via the alternating direction method of multipliers[J].Foundations and trends in machine learning,2011,3(1):1-122.

[114] ZHU W.A first-order image restoration model that promotes image contrast preservation[J].Journal of scientific computing,2021,88:1-23.

[115] KINDERLEHRER D,STAMPACCHIA G.An introduction to variational inequalities and their applications[M].Philadelphia:SIAM,2000.

[116] WEICKERT J.Scale-space properties of nonlinear diffusion filtering with a diffusion tensor [R]. Report No. 110, Laboratory of Technomathematics,University of Kaiserslautern,P.O.,1994:1-29.

[117] ABRAMOWITZ M,STEGUN I A.Handbook of mathematical functions with formulas, graphs, and mathematical tables[M]. Washington, D. C., United States:Government Printing Office,1964.

[118] LAFORGIA A, NATALINI P. Some inequalities for modified Bessel functions [J]. Journal of inequalities and applications, 2010: Art. ID 253035.

[119] DIEGO R A,SEGURA J.A new type of sharp bounds for ratios of modified Bessel functions [J]. Journal of mathematical analysis and applications,2016,443:1232-1246.

[120] RABBANI H,NEZAFAT R,GAZOR S.Wavelet-domain medical image denoising using bivariate laplacian mixture model[J].IEEE Transactions on biomedical engineering,2009,56(12):2826-2837.

[121] KREUTZ-DELGADO K, MURRAY J F, RAO B D, et al. Dictionary learning algorithms for sparse representation[J]. Neural computation, 2003,15:349-396.

[122] ELAD M,AHARON M.Image denoising via sparse and redundant representations over learned dictionaries[J].IEEE Transactions on image processing,2006,15:3736-3745.

[123] DAVIS G,MALLAT S,AVELLANEDA M.Adaptive greedy approximations[J].Constructive approximation,1997,13:57-98.

[124] MALLAT S,ZHANG Z.Matching pursuits with time-frequency dictionaries[J].IEEE Transactions on signal processing,1993,41:3397-3415.

[125] TROPP J A.Greed is good:Algorithmic results for sparse approximation [J].IEEE Transactions on information theory,2004,50:2231-2242.

[126] CHEN S S,DONOHO D L,SAUNDERS M A.Atomic decomposition by basis pursuit[J].SIAM Review,2001,43:129-159.

[127] RAO B D, ENGAN K, COTTER S F, et al. Subset selection in noise based on diversity measure minimization[J]. IEEE Transactions on signal processing, 2003, 51: 760-770.

[128] SELESNICK I, LANZA A, MORIGI S, et al. Non-convex total variation regularization for convex denoising of signals[J]. Journal of mathematical imaging and vision, 2020, 62: 825-841.

[129] LOU Y, YIN P, XIN J. Point source super-resolution via non-convex L1 based methods[J]. Journal of scientific computing, 2016, 68: 1082-1100.

[130] FAN J, LI R. Variable selection via nonconcave penalized likelihood and its oracle properties[J]. Journal of the American statistical association, 2001, 96: 1348-1360.

[131] CANDES E J, WAKIN M B, BOYD S. Enhancing sparsity by reweighted 1 minimization[J]. Journal of fourier analysis and applications, 2008, 14: 877-905.

[132] ENGAN K, RAO B D, KREUTZ-DELGADO K. Frame design using focuss with method of optimal directions (mod)[C] //Proceedings of the Nordic Signal Processing Symposium, 1999.

[133] AHARON M, ELAD M, BRUCKSTEIN A. K-SVD: An algorithm for designing overcomplete dictionaries for sparse representation [J]. IEEE Transactions on signal processing, 2006, 54: 4311-4322.

[134] SAHOO S K, MAKUR A. Image denoising via sparse representation sovers equential generalization of K-means (SGK)[C]//9th International Conference on Information, Communications and Signal Processing, 2013.